分析化学中的典型分析方法及新进展研究

王元 著

中国原子能出版社

图书在版编目(CIP)数据

分析化学中的典型分析方法及新进展研究 / 王元著
. -- 北京 : 中国原子能出版社, 2018.4
ISBN 978-7-5022-8959-1

Ⅰ. ①分… Ⅱ. ①王… Ⅲ. ①分析化学—分析方法—研究 Ⅳ. ①O652

中国版本图书馆 CIP 数据核字(2018)第 062858 号

内容简介

分析化学是研究获取物质化学组成和结构信息的分析方法及相关理论的科学,是化学学科的一个重要分支。本书对分析化学中的典型分析方法及新进展进行了研究,主要内容包括:滴定分析法、酸碱滴定法、配位滴定法、氧化还原滴定法、重量分析法和沉淀滴定法、仪器分析法等。本书论述严谨,结构合理,条理清晰,内容丰富新颖,是一本值得学习研究的著作。

分析化学中的典型分析方法及新进展研究

出版发行 中国原子能出版社(北京市海淀区阜成路 43 号 100048)
责任编辑 张 琳
责任校对 冯莲凤
印 刷 北京亚吉飞数码科技有限公司
经 销 全国新华书店
开 本 787mm×1092mm 1/16
印 张 18.25
字 数 237 千字
版 次 2018 年 8 月第 1 版 2024 年 9 月第 2 次印刷
书 号 ISBN 978-7-5022-8959-1 定 价 73.00 元

网址:http://www.aep.com.cn E-mail:atomep123@126.com
发行电话:010－68452845

前　言

分析化学是人们获得物质化学组成、含量和结构等信息的分析方法及有关理论的一门科学，是化学信息科学，包括化学分析和仪器分析两部分内容。近年来，分析化学学科的发展在全球范围内呈现出了前所未有的良好态势，科学研究取得了一系列重大发展，有力地推动了国民经济的发展，尤其是为医药、食品行业的健康发展提供了坚实的保障。

作者结合多年来在化学领域研究的工作积累与研究成果，以目前能查阅到的相关文献资料为基础，撰写了本书。本书的主要特色如下：

(1)注重基础，突出重点

本书注重基本理论和基本概念的阐述，在保持科学性、系统性的基础上，力求深度和广度的适宜，内容充实、体系完整、语言精练、通俗易懂、重点突出。

(2)层次分明，条理清晰

本着循序渐进的原则，书中各章节内容明确、针对性强，对具体分析方法的阐述形成了逐条的观点，可读性强，便于读者学习和掌握。

(3)理论与实际相联系

强调理论和实际应用相联系，在阐述具体方法时，都相应地介绍了该方法的应用。

(4)以培养应用型人才为目标

本书的写作注重对读者分析问题和综合解决问题的培养与提高，在相关章节的论述上列举了一些例题和有公关计算公式，便于读者学以致用。

本书一共七章，第一章绪论，主要介绍分析化学的基础知识以及试样分析、定量分析的相关内容；第二章滴定分析法，主要介绍滴定分析的基础知识、滴定分析的基本操作以及滴定分析中的计算；第三章至第六章介绍了具体分析方法，如酸碱滴定法、配位滴定法、氧化还原法、重量分析法和沉淀滴定法；第七章仪器分析法，主要介绍电化学分析、分光光度分析和气相色谱分析的相关知识，并对荧光分析法和荧光探针进行了研究。

本书的撰写凝聚了作者的智慧、经验和心血，在撰写过程中参考并引用了大量的书籍、专著和文献，在此向这些专家、编辑及文献原作者表示衷心的感谢。由于作者水平所限以及时间仓促，书中难免存在一些不足和疏漏之处，敬请广大读者和专家给予批评指正。

作　者
2017 年 12 月

目录

第一章 绪论

分析化学是研究物质的组成、含量、形态和结构等化学信息的分析方法及有关理论的一门科学，是化学学科的一个重要的分支。分析化学是人们用来认识、解剖自然的重要手段之一，是化学中的信息科学。

第一节 分析化学的任务和作用

一、分析化学的任务

分析化学的主要任务是采用各种方法和手段，获取分析数据，确定物质体系的化学组成、测定其中的有关成分含量以及鉴定物质的形态与结构，从而解决物质的构成及其性质的问题。因此，可将分析化学的任务分为定性分析、定量分析和结构分析三个部分。

定性分析是确定物质的化学组成，解决“物质是什么”的问题，如物质是由哪些元素、离子、原子团、官能团或化合物组成的；定量分析是测定物质中各组分的相对含量，解决“物质有多少”的问题；结构分析是确定物质的化学结构，如分子结构、晶体结构等。

在进行分析工作时，先确定被测物质的定性组成，然后根据组成选择适当的定量分析方法来测定有关组分的含量。如果分析试样的来源、主要成分及主要杂质都已知时，可不进行定性分析，而直接进行组分的定量分析。

二、分析化学的作用

（一）科学技术发展

分析化学作为一门基础学科，是化学学科的一个重要分支。化学学科的每一个分支，如无机化学、有机化学、物理化学及高分子化学等，都需要运用各种分析手段解决科学研究中的问题。如原子、分子学说的创立，原子量的测定，元素周期律的建立以及化学基本定律的建立等，都离不开分析化学。

在其他学科领域，如生物学、医药学、矿物学、地质学、海洋学、环境化学、天文学、考古学、农业科学、食品学等的科学研究中，都需要知道物质的组成、含量、形态与结构等，分析化学作为一种检测手段，为这些学科的发展提供了重要的第一手资料。

（二）国民经济建设

在国民经济建设中，分析化学具有更重要的实际意义，在国民经济的各个部门及各行各业的生产中都发挥着重要作用。例如，从月球上取回一些岩石样品，想要了解月球和地球的岩石组成有何异同，从而推断月球和地球的形成过程有无联系。首先进行样品分析，了解它都含有哪些元素，以及各种元素的组成、含量，然后才能进行其他方面的研究和推证。

1. 农业、工业生产

在农业、工业生产方面，土壤普查、灌溉用水水质的化验、农作物营养诊断、农药残留量的分析、资源勘探、工业原料的选择、生产过程的控制及管理、新产品的开发和研制、成品质量检验、“三废”的处理与综合利用以及新品种培育和遗传工程等的研究，都是以分析结果作为判断的重要依据。

2. 环境保护

在环境保护方面,为了探讨与人类生存和发展密切相关的环境变化规律和制定环保措施,对大气、水质变化的监测,生态平衡的研究,以及评价和治理工农业生产对环境产生的污染等,都需要进行大量的分析检测工作。

3. 医药卫生、国防

在医药卫生、国防等方面,临床诊断和药剂规格的检验、武器装备的研制和生产,以及国家安全部门的侦破工作等,都离不开分析检验。

由此可见,分析化学的应用范围广泛。所以,分析化学有工农业生产的"眼睛"、科学研究的"参谋"之称,它是实现我国工业、农业、国防和科学技术现代化的重要手段和工具。

三、分析化学的分析过程

分析过程包括一个逻辑程序:① 确定题目;② 取得溶解试样;③ 进行必要的分离;④ 做适当的测定;⑤ 报告结果。

(一) 确定题目

在确定题目时,分析工作者会提出一些问题,如在分析过程中需要获得什么数据?应采用何种灵敏度的方法?分析方法必须具备的准确和精密程度如何?可能出现什么干扰以及需要进行什么样的分离?要多长时间得到分析结果?必须处理多少试样?适用的仪器是什么?分析过程费用如何?等等。

胰岛素是治疗糖尿病的常用药品,在人工合成胰岛素的研究中,需要了解:胰岛素是由哪些元素组成的?这些元素在胰岛素中的含量是多少?这些元素都形成什么官能团?这些官能团在胰岛素分子中又是怎样结合排布的?只有掌握这些情况后才能进行人工合成。1922 年,加拿大的奔丁·麦克劳特发现了胰岛素,获得了

1923年诺贝尔奖；1926年阿贝尔从天然物质中分离出结晶状态胰岛素；1955年确定其结构，由16种肽、51种氨基酸组成；1964年上海有机化学研究所首次人工合成了胰岛素。这一系列问题的解决都离不开分析化学。

（二）应用领域中的分析过程

1. 科学技术发展

在科学领域里，需借助分析化学的手段研究具体物质变化规律的问题，从而了解物质在特定条件下发生的质和量的变化，从而总结出有规律性的新发现。因此，在自然科学领域，有关基础学科或应用学科的研究单位，都配备有一个相应水平的中心分析实验室，否则研究工作的进展会受到牵制。

2. 农业生产

在农业生产中，土壤是最重要的生产资料，庄稼生产是从土壤里吸取各种养分，土壤能供给哪些营养元素？它们的含量是多少？这些营养元素都以什么形式存在？当各种自然条件改变时，以不同形式存在的营养元素，又是如何循环变化的？从了解到解决、施肥等措施，控制生物学小循环、生物固氮、磷肥钾肥、稀土微肥，从而达到提高农业生产的目的。农产品质量检验、农药残存量检验、新品种培育等都是以分析检验结果作为重要依据的。

3. 工业生产

在工业生产中，开发矿山，开采石油，矿石和原油的品位高低、品质的优劣，都需要通过分析检验作出判断。工业原料的选择、工艺流程的控制、工业成品的检验、新产品的试制，以及“三废”的综合利用，都必须以分析检验结果为重要依据，因此许多具有一定规模的工厂都配备化验室。所以人们常说分析化学是工农业生产的“眼睛”“前哨”，科学研究的“参谋”，足以说明分析化学在国家建设中起着重要作用。

4. 环境保护

在环境保护方面，对污染的监测，了解污染物在不同环境介质中的迁移转化规律，探讨环境容量、研究生态平衡、提高环境质量，以及评价和治理工农业生产对环境产生的污染等。在线监测技术的发展，使这些检测结果变得更快、更准确。

5. 医药卫生、国防公安

在医药卫生方面，药品检验、新药研究、配合诊断和治疗的化学检验，以及病理和药理的研究，毒品、兴奋剂的检测；国防公安方面，武器装备的研制生产、犯罪活动的侦查破案等，都直接应用分析化学的理论和技术。

第二节　分析方法的分类

分析化学的分类方法很多，除按任务分为定性分析、定量分析和结构分析外，还可根据分析对象的化学属性、待测试样的用量、被测组分含量、测定原理以及操作方法具体要求的不同等类别，分为不同方法。

一、按分析对象的化学属性分类

按分析对象的不同，分析化学可分为无机分析和有机分析。

1. 无机分析

无机分析的对象是无机物，通常要求鉴定物质的组成（元素、离子或化合物）和测定各组分的相对含量。

2. 有机分析

有机分析的对象是有机物，组成有机物的元素种类不多，但结构复杂，除元素分析外，更重要的是官能团分析和结构分析。

二、按待测组分的质量分数分类

根据待测组分的质量分数大小，分析化学可分为常量组分分析、微量组分分析和痕量组分分析等。其中，质量分数在 1% 以上的为常量组分分析，质量分数介于 0.01% ～ 1% 的为微量组分分析，质量分数小于 0.01% 的为痕量组分分析。

三、按试样用量分类

按试样用量多少，分析化学可分为微量分析、半微量分析和常量分析。其中，微量分析的固体试样量为 0.001 ～ 0.01 g，试液体积为 0.01 ～ 1 ml；半微量分析的固体试样量为 0.01 ～ 0.1 g，试液体积为 1 ～ 10 ml；常量分析的固体试样量为 0.1 g 以上，试液体积为 10 ml 以上。

四、按测定原理分类

根据测定原理的不同，分析化学可分为化学分析和仪器分析两类。

（一）化学分析

化学分析以物质的化学反应为基础，是分析化学的基础。如果以 X 代表待测组分，R 代表试剂，P 代表反应产物，根据物质化学反应的计量关系来确定组分的含量，则对于任意化学反应，有

$$X + R \rightarrow P$$

由于采取的测定方法不同，化学分析又分为滴定分析法和重量分析法。

1. 滴定分析法

滴定分析法是指将一种已知准确浓度的试剂溶液 R,滴加到待测物质溶液中,直到所加试剂恰好与待测组分 X 定量反应为止的分析方法,又称容量分析法。可根据试剂溶液 R 的用量和浓度计算待测组分 X 的含量。例如,用酸碱滴定法可以测定酸性或碱性物质的含量,用氧化还原滴定法可以测定还原性或氧化性物质的含量。

在进行工业硫酸纯度的测定时,将已知精确浓度的 NaOH 溶液滴加到试液中,直到全部 H_2SO_4 都生成 Na_2SO_4 为止,此时指示剂变色。然后由 NaOH 溶液的浓度和消耗的体积计算出工业硫酸的纯度。

按滴定反应的类型,可将滴定分析法分为酸碱滴定法、氧化还原滴定法、配位滴定法以及沉淀滴定法等。

2. 重量分析法

重量分析法是通过加入过量的试剂 R,使待测组分 X 完全转化成一难溶的化合物,经过滤、洗涤、干燥及灼烧等一系列步骤,得到组成固定的产物 P,称量产物 P 的质量,就可以计算出待测组分 X 的含量的一种化学分析方法,又称称量分析法。

在进行试样中 SO_4^{2-} 含量的测定时,将样品溶解后,在试液中加入过量的 $BaCl_2$ 试剂,使 SO_4^{2-} 生成难溶的 $BaSO_4$ 沉淀,经过滤、洗涤、灼烧后,称量 $BaSO_4$ 的质量,就可以计算出试样中 SO_4^{2-} 的含量。

化学分析的特点是仪器简单、结果准确、灵敏度低、分析速度慢,适用于常量组分分析。作为分析化学的基础,滴定分析法和称量分析法是经典的化学分析法,通常用于试样中常量组分(1% 以上)的测定。其中,称量分析准确度较高,但操作烦琐费时,目前应用较少;滴定分析操作简便、快速,准确度也较高,是广泛应用的一种定量分析技术。

（二）仪器分析

仪器分析法是以被测物质的物理性质或物理化学性质为基础的分析方法，通常需要使用特殊的仪器实现分析过程，包括光学分析、电化学分析、色谱分析等。近年来，随着科学技术的发展，现代测试技术发展了一些新的仪器分析法，如质谱分析、核磁共振分析、中子活化分析、电感耦合等离子体质谱放射化学分析、能谱分析、电子探针和离子探针微区分析等，而且新的方法正在不断地出现，使仪器分析内容日益丰富。

仪器分析法的优点是操作简便、快速灵敏、准确，适用于微量组分分析。仪器分析法以化学分析法为基础，因此，仪器分析法和化学分析法是密切配合、相互补充的，只有掌握好化学分析法的基础知识和基本技能，才能学好和掌握仪器分析法。

五、按具体要求分类

根据具体要求的不同，分析化学可分为例行分析和仲裁分析。

1. 例行分析

例行分析是指化验室对生产中的样品，按确定的分析方法进行的日常分析，又称为常规分析。为掌握生产情况，要求短时间内报出结果，一般允许分析误差可较大些。

2. 仲裁分析

仲裁分析通常指不同单位对某一样品分析结果有争议时，可由权威单位用指定的方法进行裁决的分析，从而达到较高的准确度，又称为裁判分析。

为满足当代科学技术发展的需要，分析化学正朝着从宏观结构分析到微观结构分析，从总体分析到微区、表面分析，从常量分析、微量分析到微粒分析，从静态追踪到快速反应追踪，从破坏试样分析到无损分析，从组织分析到形态分析，从离线分析到在线分析，从直接分析到遥控分析，从简单体系分析到复杂体系分析等方面发展和完善。由于广泛吸取了当代科学技术的最新成就，分析化学已成为当今最富活力的学科之一。

第三节　试样分析的基本程序

定量分析的任务是确定样品中有关组分的含量。完成一项试样分析任务，一般需要经过五个步骤。

一、分析任务与制订计划

首先需要明确分析任务，包括试样的来源、测定的对象、测定的试样数以及可能存在的影响因素等。同时，根据任务制订一个初步的研究计划，包括分析过程所采用的分析方法、仪器设备、准确度以及精密度要求等。

二、采样与制样

采样是指从整批样品中抽取一部分具有代表性的试样。试样是获得分析数据的基础，指在分析工作中被用来进行分析的物质体系，可以是固体、液体或气体。分析化学对试样的基本要求是在组成和含量上具有一定的代表性，能代表被分析物质的总体。

采样是分析过程的关键环节，合理的取样是分析结果是否准确可靠的基础，如果采样不合理，就不能获得有用的数据，甚至会导致得出错误的结论。

由于分析对象种类繁多、分析目的不同，应根据分析的具体情况选择合理的采样方法，即采样时必须采取特定的方法或顺序。一般来说，需要多点取样，然后将各点取得的样品粉碎之后混合均匀，再从混合均匀的样品中采用四分法来取少量物质作为试样，之后进行分析检测。

对不同的分析对象，其取样方式也不相同。有关的国家标准或行业标准对不同分析对象的取样步骤和细节都有详细的规定。

三、试样的分解

由于试样多种多样，存在形式各不相同，采集的试样不能直接测定，需将试样处理为分析所需的状态。大多是分析方法要求将试样分解后转入溶液中，然后进行测定。分解试样的方法很多，主要有酸溶法、碱溶法和熔融法。操作时可根据试样的性质和分析的要求选用适当的分解方法。在分解试样时，应注意以下几点。

① 待测组分不应该有任何损失。

② 不应引入待测组分和干扰物质。

③ 分解试样最好与分离干扰物质相结合。

④ 试样的溶解必须完全。

四、测定

根据分析要求以及被测组分的性质、含量选择合适的方法进行测定。当分析方法选定后，需进一步优化试验条件，进行分析质量控制，从而确保分析结果符合要求。

五、计算并报告分析结果

运用统计学的方法对分析所提供的信息进行有效的处理，借助计算机技术和专用数据处理软件，对大量数据或信息处理计算出组分的含量，进行分析判断，并写出分析实验报告。

第四节　定量分析中的误差

定量分析的目的是准确测定试样中各组分的含量。但是，在分析过程中，由于受某些主客观条件的制约，所得的结果与实际不同，这一差值称为误差。误差是客观存在的，因此，必须认识分析过程中各种误差产生的原因及其规律，从而采取有效措施对分析误差加以有效控制，获得较为准确的分析结果。

一、定量分析的结果评价

在实际工作中，即使采用最可靠的方法、最精密的仪器，由最熟练的操作人员在相同条件下对同一试样进行多次测定，也不能得到完全一致的结果。作为分析人员，不仅要能测定各组分的含量，还应该对测定结果做出评价，判断结果的可靠程度，查出产生误差的原因，并采取措施减少误差，使分析结果达到规定的准确度，以满足分析工作的需要。

（一）准确度与误差

准确度表示测定结果与真实值相接近的程度，通常用误差表示。测定结果与真实值的差值越小，测定结果的准确度越高。此差值称为绝对误差。

$$\text{绝对误差}(E) = \text{测定值}(x) - \text{真实值}(T)$$

绝对误差不能确切地反映测定值的准确度。例如，分析天平的称量误差为 ±0.000 1 g，称量两份实际质量为 1.513 1 g 及 0.151 3 g 的试样，得 1.513 0 g 及 0.151 2 g，两者的绝对误差均为0.000 1 g，但称量的准确度却不同。前者的绝对误差只占其真实值的0.007%，后者则为0.07%。这种绝对误差在真实值中所占比率称为相对误差（以百分数或千分数表示）。

$$\text{相对误差}(E_r) = \frac{\text{绝对误差}(E)}{\text{真实值}(T)} \times 100\%$$

显然，被测的量较大时，相对误差比较小，测定的准确度也就相应地较高。

此外，绝对误差和相对误差都有正负之分，正误差表示测定值偏高，负误差表示测定值偏低。

（二）精密度和偏差

在实际分析工作中，一般要对试样进行多次平行测定，得出测定结果的平均值。精密度指多次测定的结果间相互接近的程度，通常用偏差表示。偏差越小，说明测定结果彼此之间越接近，精密度越高，也就是说测定结果的再现性好。再现性指不同人、不同实验室，相同方法相同条件下结果的一致性；重复性指相同的人、实验室在相同方法、条件下结果的一致性。

1. 绝对偏差和相对偏差

个别测定值与几次测定值结果的平均值之差称为绝对偏差，以 d_i 表示。

$$d_i = x_i - \bar{x}$$

式中，x_i 为个别测定值；$\bar{x}$ 为几次测定结果的平均值。

绝对偏差在平均值中所占的百分率或千分率称为相对偏差，以 Rd_i 表示。

$$Rd_i = \frac{d_i}{\bar{x}} \times 100\%$$

同样地，绝对偏差和相对偏差都有正、负之分，它们都是表示个别测定值与平均值之间的精密度。

2. 平均偏差和相对平均偏差

常用平均偏差表示多次测定结果的精密度，平均偏差指各次偏差绝对值的算术平均值，以 $\bar{d}$ 表示。

$$\bar{d} = \frac{\sum_{i=1}^{n} |d_i|}{n} = \frac{|d_1| + |d_2| + \cdots + |d_n|}{n}$$

相对平均偏差是指平均偏差在平均值中所占比率，通常以 $R\bar{d}$ 表示。

$$R\bar{d} = \frac{\bar{d}}{\bar{x}} \times 100\%$$

平均偏差与相对平均偏差均无正、负之分，取偏差的绝对值是为了避免正负偏差相互抵消。例如，根据表 1-1 中的两组数据，求平均偏差及相对平均偏差。

表 1-1 根据数据计算平均偏差、相对平均偏差

第一组		第二组	
x_i	d_i	x_i	d_i
37.20	0.16	37.24	0.12
37.32	0.04	37.26	0.10
37.34	0.02	37.36	0.00
37.40	0.04	37.44	0.08
37.52	0.16	37.48	0.12
$\bar{x}=37.36$	$\bar{d}=0.08$	$\bar{x}=37.36$	$\bar{d}=0.08$
相对平均偏差 0.21%		相对平均偏差 0.21%	

显然，第一组数据中有两个较大的绝对偏差，但在平均偏差中反映不出来。由此可得出结论，平均偏差不能准确表示精密度。

3. 标准偏差和变异系数

在数理统计中，常用标准偏差来衡量精密度，以 s 表示。

$$s=\sqrt{\frac{\sum_{i=1}^{n} d_i^2}{n-1}}$$

计算标准偏差时，是将各次测定结果的偏差加以平方，可以避免各次测量偏差相加时正负抵消，大偏差能更显著地反映出来。因此标准偏差可以更确切地说明测定数据的精密度。

在某些情况下，也使用变异系数 CV（即相对标准偏差 RSD）来说明测定数据的精密度。

$$CV=\frac{s}{\bar{x}}\times 1\ 000‰$$

上述两组数据的标准偏差和变异系数分别是 0.12、3.2‰ 及 0.11、2.9‰，明显地看出第一组数据的精密度比第二组要差些。

由此可见,标准偏差才能准确表示精密度。

【例 1-1】 用称量法测定钢铁中镍的质量分数,得到的结果如下:10.48%,10.37%,10.47%,10.43%,10.40%。计算分析结果的标准偏差。

解:$\bar{x} = 10.43\%$

$s = [(10.48\% - 10.43\%)^2 + (10.37\% - 10.43\%)^2 + (10.47\% - 10.43\%)^2 + (10.43\% - 10.43\%)^2 + (10.40\% - 10.43\%)^2/(5-1)]^{0.5} = 0.046\ 37\%$

在一般的化学分析中,平均测定数据不多,常采用极差来估计误差的范围。以 R 表示极差。

$$R = \text{测定最大值} - \text{测定最小值}$$

$$\text{相对极差} = \frac{R}{\bar{x}} \times 100\%$$

(三)精密度与准确度的关系

精密度以平均值为衡量标准,表示测定结果的重复性,只与偶然误差有关;准确度则以真实值为衡量标准,表示测定结果的正确性,由系统误差和偶然误差所决定。

现甲、乙、丙、丁四人分析同一试样中某组分质量分数的结果见表 1-2。

表 1-2 不同分析人员同一试样测定结果

序号	甲	乙	丙	丁
数据分布				

通过分析表 1-2 中数据分布,可得以下分析结果。

① 甲的精密度高,但是准确度偏低。

② 乙的平均值虽也接近于真实值,但几个数据彼此相差甚远,而仅是由于正负误差相互抵消才凑巧使结果接近真实值,因而其结果也是不可靠的。

③ 丙的准确度与精密度均良好,结果较为可靠。

④ 丁的精密度与准确度均较差。

因此,精密度高只表明偶然误差较小,不一定能保证准确度高,只有找出精密而不准确的原因,并加以校正,就可以使测定结果既精密又准确。所以,精密度是保证准确度的先决条件,即准确度高一定需要精密度高;精密度差,所测定结果不可靠,就失去了衡量准确度的前提。

(四) 公差

公差是对测定结果允许误差的一种表示方法。如果测定值超过允许的公差范围,称为"超差",该项分析就需要重新检测。公差范围一般是根据实际情况和生产需要对测定结果的准确度的要求而确定。表1-3为一般工业分析允许误差范围。

表1-3　一般工业分析允许误差范围

组分含量/%	80～90	40～80	20～40	10～20	5～10	1～5	0.1～1	0.01～0.1	0.001～0.01
允许误差范围/%	0.4～0.3	0.6～0.4	1.0～0.6	1.2～1.0	1.6～1.2	5.0～1.6	20～5.0	50～20	100～50

由于各分析方法所能达到的准确度不同,其允许公差范围也不同,如称量分析与滴定分析法的相对误差小(2‰),而比色、极谱等分析方法的相对误差就较大(百分之几)。当组分含量高时,允许相对误差要小一些,含量低时允许相对误差就要大一些。

一般的工业分析中,允许相对误差常在千分之几到百分之几。例如,对钢中硫含量分析的允许公差范围规定见表1-4。

表1-4　钢中硫含量分析的允许公差范围

硫含量/%	≤0.02	0.02～0.05	0.05～0.10	0.10～0.20	0.20以上
公差(绝对误差)/%	±0.002	±0.004	±0.006	±0.010	±0.015

例如,由于两次测得钢中硫含量的结果分别为0.036%、

0.042%,则两次结果之差为 0.006%,此值小于允许误差绝对值的两倍。所以,可用两次测得值的平均值 0.039% 作为分析结果。

二、定量分析中的误差来源

根据误差的性质与产生的原因,可将误差分为系统误差和偶然误差两类。

(一) 系统误差

系统误差是由于某种固定的原因所造成的误差,又称为可定误差。

1. 系统误差的特点

① 重现性:在同一条件下,当进行多次测定时,系统误差会重复出现。

② 单向性:系统误差对分析结果的影响较为固定,其正负、大小都有一定的规律性。

③ 可测性:系统误差的大小往往可以估计,且可用方法加以减小校正。

2. 系统误差的分类

根据系统误差产生的原因,可将系统误差分为方法误差、仪器误差、试剂误差以及操作误差。

(1) 方法误差

方法误差是由于实验设计或分析方法本身的不足所造成的系统误差。例如,在重量分析中,由于沉淀的溶解度及共沉淀而产生的误差;在滴定分析中,由于反应进行不完全、化学计量点和滴定终点不相吻合,以及其他副反应的发生等,都会系统地影响分析测定,使分析结果偏高或偏低。

方法误差对测定结果的影响较大,一般需要通过分析方法的正确选择或对分析方法的校正来消除方法误差。

(2) 仪器误差

仪器误差主要是由于仪器不合格、不够准确或未经校准所造成的系统误差。例如，天平砝码和量器刻度不够准确等，在使用过程中就会使测定结果产生误差。

(3) 试剂误差

试剂误差是由于试剂不纯或蒸馏水中含有微量杂质所引起的误差。例如，蒸馏水中含有微量杂质或含有对测定有干扰的试剂时，试剂失效造成试剂误差。

(4) 操作误差

操作误差主要是指由于分析者个人对操作规程与控制操作条件的掌握稍有出入而引起的误差。例如，滴定分析中对滴定终点颜色的判断，有的敏锐，有的迟钝；有的偏深，有的偏浅；读取滴定管刻度值时经常偏高或偏低等。

从以上产生误差的情况看，有一种误差的绝对值在多次测定中保持不变，可称为恒差。例如，滴定分析中借助指示剂确定终点，由于个人的掌握颜色偏深，平行测定时，每次多用 0.05 ml。另一种误差的绝对值在多次测定中是可以变的，但其相对误差保持不变。例如，滴定分析中所使用的基准物质若含有水分，则称取量越大，所含水分也越多，按比例增长，也可称比例误差。

(二) 偶然误差

偶然误差也称随机误差，是由于分析过程中某些偶然的、不确定因素所造成的误差。偶然误差在分析操作中往往难以察觉，也难以控制。例如，由于温度、气压、温度的微小波动，仪器性能的微小变化等原因所引起的误差。

偶然误差影响测定结果的精密度。在同一条件下多次测定所出现的偶然误差，其大小、正负不固定，是非单向性的，因此偶然误差不能避免或加以校正。

如果对同一样品进行多次测量，就会发现大误差出现的概率小，而小误差出现的概率大，且绝对值相同的正、负误差出现的概率大致相等,常可以相互抵消,即偶然误差服从一定的统计规律——正态分布。也就是说,无限多次测定的偶然误差的代数和为零。因此,在分析过程中,通常采用增加平行测定次数、取平均值表示测定结果的方法减小偶然误差。

在分析化学中,除了系统误差和偶然误差外,还有一类"过失误差",这种误差是由于分析操作人员的粗心大意或不遵守操作规程所引起的误差。如仪器失灵、器皿不洁净、试剂被污染、加错试剂、看错砝码、读错刻度、溶液溅失、记录错误和计算错误等因过失而造成的错误结果,这些是没有办法减免误差的,因此,必须严格遵守操作规程,认真仔细地进行实验,如发现错误测定结果,应予以剔除,不能将它与其他结果放在一起计算平均值。

三、定量分析中误差的减免

衡量一个分析结果的好坏都离不开准确度和精密度两个方面。准确度由系统误差决定;精密度由偶然误差决定。在分析工作中应尽量消除或校正系统误差,减少偶然误差,以保证分析结果的准确度。

(一)选择合适的分析方法

待测组分的含量不同,对分析结果的准确度要求也不同。虽然称量分析和滴定分析方法的灵敏度不高,但对于高含量组分的测定,能获得比较准确的结果,相对误差是千分之几。若改用比色分析,则相对误差可达百分之几。

对于低含量组分的测定,称量分析和滴定分析的灵敏度达不到要求,而一般仪器分析法的灵敏度较高、绝对误差较小,其相对误差虽然较大,但可以满足要求。常量分析方法不能用来测定微量组分,同样地,常量组分也不能用微量分析方法测定,以避免形成误差。例如,在测定含量约为 0.50% 的某组分时,若用比色分析方法的相对误差为 2%,则分析结果的绝对误差为 $0.50\% \times 0.02 = 0.01\%$,这样的误差是允许的。

在选择分析方法时，除考虑组分含量高低外，同时还要考虑干扰情况，要尽量选择无干扰、不需要分离、操作简便的方法，以避免操作手续繁杂带来的误差。

（二）减小测量误差

在称量分析中，测量误差主要在称量过程中产生。一般分析天平的称量误差为±0.000 1 g，称取一份试样需要称量两次，可能引起的最大误差是±0.000 2 g，为了使称量的相对误差不超过0.1%，则试样的最低质量应该是：

$$试样质量 = \frac{绝对误差}{相对误差} = \frac{0.0002\ g}{0.001} = 0.2\ g$$

在滴定分析中，测量误差主要是在体积测量过程中产生的。一般常量滴定管读数常有±0.01 ml 的误差，完成一次滴定需要读数两次，这样可能引起的最大误差是±0.02 ml。为了使测量时的相对误差小于0.1%，消耗滴定剂的体积一般保持在30 ml左右。

测量的准确度只需与方法的准确度相适应。例如，采用比色分析方法的相对误差为2%，在称取0.5 g试样时，试样的称量误差应小于0.5 g×2% = 0.01 g。为了减小称量误差，往往将称量准确度提高一个数量级，即称准至±0.001 g左右。

（三）增加平行测定次数

增加平行测定次数可以减少偶然误差。偶然误差是由偶然因素引起的，在相同情况下，如果进行很多次重复测定，则可发现偶然误差的分布服从一般的统计规律，其特点是：

① 绝对值相等的正、负误差出现的概率相等；

② 小误差出现的概率大，大误差出现的概率小，个别特别大的误差出现的概率极小。

偶然误差的这种规律性，可用图1-1所示的曲线表示，这个曲线称为误差的正态分布曲线，也称高斯分布曲线。这条曲线的形状是对称的，中央呈高峰，两边越来越低。

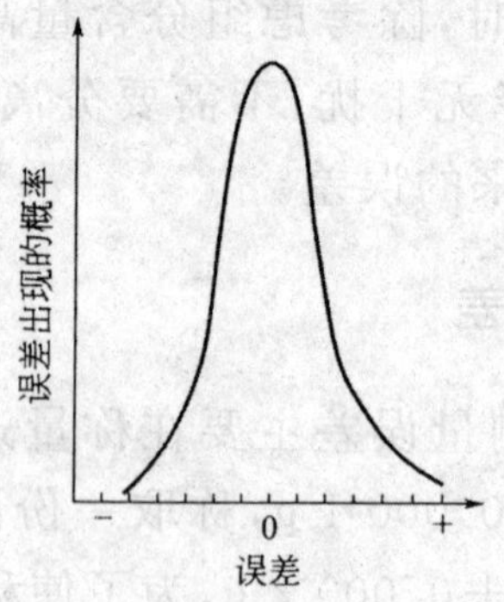

图 1-1　误差的正态分布曲线

从上述规律可以看出，随着测定次数的增加，偶然误差的算术平均值将逐渐减小。因此，在消除系统误差的前提下，测定次数越多，分析结果的算术平均值就越接近于真实值。因此，在一般化学分析中，进行平行测定 2～4 次，基本上可以得到比较满意的分析结果。若准确度要求更高，可适当增加测定次数。

（四）消除测定过程中的系统误差

系统误差是由某些固定原因造成的误差，因此可根据具体情况选用不同方法来检验和校正。

1. 对照试验

对照试验是检验系统误差的有效方法。进行对照试验时，常用组成与待测试样相近、已知准确含量的标准试样，按选定的测定方法进行分析，得到测定结果后将其与标准值进行显著性检验，判断有无系统误差；也可以用不同的可靠分析方法，或者由不同的分析人员分析同一试样互相对照。

如果对试样的组成不完全清楚，可以采用“加入回收法”进行试验。在试样中加入已知量的待测组分的纯物质进行对照试验。根据加入的待测组分回收量计算回收率，从而判断测定过程中是否存在系统误差。其中，回收率计算如下：

$$回收率(\%)=\frac{加入纯物质后的测得量-加入前的测得量}{纯物质加入量}\times 100\%$$

回收率的范围通常为95%～105%。回收率越接近100%，说明系统误差越小，方法准确度越高。

2. 空白试验

由试剂、溶剂不纯或器皿引入杂质所造成的系统误差，一般可以通过空白试验扣除。空白试验是在不加试样的情况下，按照试样的分析步骤和条件进行的分析试验，所得结果称“空白值”，从试样的测定结果中扣除空白值。

空白值应该不大，若有异常，应通过选用纯度更高的试剂、改用适当的器皿或使用合格溶剂等途径来降低空白值。

3. 校准仪器

由测量仪器不准确引起的系统误差，可以通过校准仪器来减少。在准确度要求较高的分析过程中，对所用的测量仪器如滴定管、移液管、容量瓶以及天平砝码等必须进行校准，并在计算时直接应用校正值。

在一系列操作过程中应该使用同一套仪器，这样可以使仪器误差抵消。例如，一份试样需称量两次，其中重复使用相同砝码的误差就可以互相抵消。

4. 校正方法

某些分析方法的系统误差可用其他方法进行校正。如在称量分析中，待测组分沉淀绝对完全是不可能的，其溶解部分可采用其他方法测量，予以校正。

第五节　分析结果的处理

在定量分析中，需要精确地进行各种测定以及正确地记录数据和计算，从而获得准确的分析结果。因此，正确地记录实验数据和规范地进行数据处理是非常重要的。

一、原始数据的处理

记录实验数据是良好的实验习惯，准确地分析测定要求分析者细致、认真，记录数据清楚、整洁；修改数据必须遵守有关规定，并注意测量所能达到的有效数字。

1. 使用专门的记录本

实验人员应有专门的实验记录本，并标上页码数，不得撕去其中任何一页。且不允许将数据记在单页纸上或纸片上，或随意记在任何地方。

2. 应及时、准确地记录

在实验过程中出现的各种测量数据及有关现象，都应及时、准确而清楚地记录下来，记录实验数据时，要实事求是，切忌夹杂主观因素。

实验过程中涉及的特殊仪器型号和标准溶液的浓度、室温等，也应及时地记录下来。

3. 注意有效数字

实验过程中记录测量数据时，应注意有效数字的位数和仪器的精度一致。如滴定管和吸量管的读数应记录至 0.01 ml，分析天平称量时，要求记录至 0.000 1 g。

4. 相同数据的记录

实验记录的每一个数据都是测量结果，所以在进行平行测定时，即使数据完全相同也应如实记录下来。

5. 数据的改动

在实验过程中，如发现数据中有需要改动的地方，可将该数据用一横划去，并在其上方写出正确的数字。

6.用笔

数据记录要用钢笔或圆珠笔，不得使用铅笔。

二、一般分析结果的处理

在忽略系统误差的情况下，进行定量分析实验，一般要对每种试样平行测定 2～3 次，先计算算术平均值，再计算相对平均偏差。如果相对平均偏差 $R\overline{d} \leqslant 0.2\%$，认为符合要求，取其平均值作为最后的测定结果。否则，重做实验。

如果制定分析标准、涉及重大问题的试样分析、科研成果等所需要的精确数据，就不能这样简单处理。此时，需要多次对试样进行平行测定，将取得的多次测定结果用统计方法进行处理。

三、可疑数据的取舍

在一组平行测定中，常会出现个别数据与平均值的差值较大的情形，这种明显偏离平均值的测定值称为可疑值。

对于可疑值，首先从技术上查清出现的原因。如果查明是由于技术上的失误造成的，则不管此数据是否为异常值，都必须舍弃，不必进行统计检验。对于那些查不出原因的可疑值，则不能随意进行取舍，必须进行统计学检验。通过检验，区分数据是否超出统计学所允许的合理误差范围，对于异常值，需舍去。

常用的可以数据取舍方法有 $4\overline{d}$ 法和 Q 检验法。

（一）$4\overline{d}$ 法

$4\overline{d}$ 法处理数据的步骤如下：

① 将可疑值除外，求出其余数据的平均值 $\overline{x}_{n-1}$ 和 $4\overline{d}$。

② 求出可疑值与 $\overline{x}_{n-1}$ 之差的绝对值。

③ 将绝对值与 $4\overline{d}_{n-1}$ 进行比较,若 $|$可疑值$-\overline{x}_{n-1}| \geqslant 4\overline{d}_{n-1}$,则舍去此可疑值,否则应保留。

$4\overline{d}$ 法运算简单,但统计处理不够严密,适用于平行 4～8 次的测定,且要求不高的实验数据处理。

【例 1-2】 标定 HCl 标准滴定溶液浓度时,得到下列数据:0.103 2 $mol \cdot L^{-1}$、0.104 3 $mol \cdot L^{-1}$、0.102 9 $mol \cdot L^{-1}$、0.103 6 $mol \cdot L^{-1}$,试根据 $4\overline{d}$ 法判断 0.104 3 $mol \cdot L^{-1}$ 是否该舍去。

解:4 个数据中可疑值为 0.104 3 $mol \cdot L^{-1}$。其余数据的 $\overline{x}$ 和 $\overline{d}$ 为

$$\overline{x} = \frac{0.103\,2 + 0.102\,9 + 0.103\,6}{3}\ mol \cdot L^{-1} = 0.103\,2\ mol \cdot L^{-1}$$

$$\overline{d} = \frac{|0| + |-0.000\,3| + |0.000\,4|}{3} = 0.000\,23$$

$$4\overline{d} = 4 \times 0.000\,23 = 0.000\,92$$

而

$$|可疑值 - \overline{x}_{n-1}| = |0.104\,3 - 0.103\,2| = 0.001\,1 \geqslant 4\overline{d}_{n-1}$$

故数据 0.104 3 $mol \cdot L^{-1}$ 应舍去。

(二)Q 检验法

Q 检验法的处理步骤如下:

① 将测得数据由小到大排列为 $x_1, x_2, \cdots, x_n$,求出最大值和最小值之差,即极差 $x_n - x_1$。

② 求出值 x_n 或 x_1 与邻近数据之差 $x_n - x_{n-1}$,或 $x_2 - x_1$。

③ 计算 Q 值,其公式为

$$Q_{计} = \frac{x_n - x_{n-1}}{x_n - x_1} \text{ 或 } Q_{计} = \frac{x_2 - x_1}{x_n - x_1}$$

④ 根据所要求的置信度和测定次数,查表 1-5 得出 $Q_{查}$。如果 $Q_{计} > Q_{查}$,则应将该可疑值舍弃,否则应该保留。

Q 检验法符合数理统计原理,计算简便,适用于平行 3～10 次测定数据的检验。

表 1-5 不同置信度下的 Q 值

测定次数 n	90%	95%	99%	测定次数 n	90%	95%	99%
3	0.94	0.98	0.99	7	0.51	0.59	0.68
4	0.76	0.85	0.93	8	0.47	0.54	0.63
5	0.64	0.73	0.82	9	0.44	0.51	0.60
6	0.56	0.64	0.74	10	0.41	0.48	0.57

【例 1-3】 测定试样中钙的质量分数分别为 22.38%、22.39%、22.36%、22.40% 和 22.44%。试用 Q 检验法判断 22.44% 是否应舍去(置信度为 90%)。

解:极差为

$$x_n - x_1 = 22.44\% - 22.36\% = 0.08\%$$

可疑值与邻近数据之差为

$$x_n - x_{n-1} = 22.44\% - 22.40\% = 0.04\%$$

$$Q_{计} = \frac{x_n - x_{n-1}}{x_n - x_1} = \frac{0.04\%}{0.08\%} = 0.50$$

查表得 $n = 5$,置信度为 90% 时,$Q_{查} = 0.64$。

因为 $Q_{计} < Q_{查}$,所以 22.44% 应当保留。

第六节 分析化学的发展趋势

分析化学是一门古老的科学,它的起源可以追溯到古代炼金术。从历史的发展角度看,可以说,最早期的化学主要是分析化学性质,到 19 世纪末,分析化学由鉴定物质组成的化学定性手段与定量技术所组成,仍只算是一门技术。它对元素的发现和对地质、矿产资源的勘探、利用等,都起过重要的作用。此外,定量分析对工农业生产的发展,特别是对于许多化学基本定律的确定,做出过巨大的贡献。但分析化学作为一门独立的学科出现的时间较晚。

20 世纪以来，随着现代科学技术的发展以及相邻学科间的相互渗透，分析化学的发展经历了三次变革。

1.20 世纪初的二三十年间

在这一阶段，人们借助当时的物理化学成就，利用当时物理化学中的溶液平衡理论、动力学理论及各种实验方法等，深入研究分析化学中的理论问题，如沉淀的生成、共沉淀现象、指示剂作用原理、滴定曲线和终点误差、催化反应和诱导反应、缓冲作用原理等大大地丰富了分析化学的内容，使分析化学从一种技术变成了一门学科。

2.20 世纪 40 年代以后的几十年间

第二次世界大战以后，随着物理学与电子学的发展，分析化学开始以物理方法为原理，以分析仪器为工具，即所谓的“分析化学正走出化学”著名论点。

从 20 世纪 70 年代开始，分析化学经受了从内涵到外延的极为深刻冲击，各相关学科对分析化学的要求已不再局限于回答“是什么”和“有多少”等定性、定量分析的基本问题，而是要求提供更全面、更准确的结构与成分表征信息，提出了多维多析的色谱分析理论，这就要求分析化学走出“纯化学领域”，成为一门综合性、现代化的学科 —— 分析学科。

在这一历史发展阶段中，要求分析化学能提供各种非常灵敏、准确而快速的分析方法。例如，半导体材料的纯度需要达到 9 个 9 以上，而要测定这种超纯物质中的痕量杂质，显然是个非常困难的问题，在这种新形势的推动下，仪器分析（光谱、质谱、核磁共振等）改变了经典化学分析为主的局面，使分析化学有了一个飞跃，而其最重要的特点，是各种仪器分析方法和分离技术的广泛应用。在这期间，分析化学对于生产实际和科学技术所做的贡献是前所未有的。

3. 20 世纪后期至今

随着以计算机应用为主要标志的信息时代的来临，整个科学技术的发展具有旺盛的活力。现代分析化学正在把化学与数学、物理学、计算机科学、生物学、信息科学结合起来，发展成为一门多学科的综合性科学——分析科学。它不只限于测定物质的组成和含量，还要对物质的状态、结构以及化学行为和生物活性等做出瞬时追踪、无损伤和在线监测等分析及过程控制，甚至要求直接观察到原子和分子的形态与排列。在科学技术飞跃发展的21世纪，分析化学将会更广泛地吸取当代科学技术的最新成就，进一步丰富自身的内容，在国民经济的各个领域发挥越来越大的作用。

近几十年来，生产和科学技术的高速发展，一方面丰富了分析化学的内容，为分析化学提供了新的理论、方法和手段；另一方面对分析化学提出了更多的任务和更高的要求。例如，在原子能工业中，反应堆材料的有害杂质不能大于 $10^{-6}\%$ ～ $10^{-4}\%$；在半导体技术中使用的超纯物质，要求对其杂质分析的灵敏度应达到 $10^{-8}\%$ ～ $10^{-6}\%$；在环境监测中需要定时、定点地收集大量数据；在冶金工业中需要快速检测炼钢炉中钢水的组分；在宇宙科研中需要发展星际遥测、遥控和自动化分析技术等。由此可见，分析对象和分析任务不断地扩大和复杂化是决定分析化学今后发展的重要因素。

分析化学的任务不再限于测定物质的成分和含量，而是还需知道结构、价态以及状态等。因而它活动的领域也由宏观发展到微观，从总体进入到微区、表面和薄层，由表观深入到内部，从静态扩展到动态。

随着基础理论研究的进步，各门学科将向分析化学的渗透，分析化学所应用的原理、方法以及各种分析方法的相互结合，正在不断地得到丰富和发展。

分析化学目前正在向着仪器化、自动化、智能化的方向发展，许多经典的分析方法也逐步同仪器的使用结合起来。电子技术和电子计算机在分析化学中的应用，四大波谱与计算机的联合使用，分离与检测技术的联合使用，气质、液质色谱联用、原子荧光分析、毛细管电泳、超临界流体色谱等给这种发展提供了广阔的前景，分析化学在完成这些新任务的过程中，将得到进一步的发展。

当代分析化学发展的趋势，在分析理论上与其他学科相互渗透，在分析方法上趋向于各类方法相互融合，在分析技术上趋向于准确、灵敏、快速、遥测和自动化。例如，在化学分析中，由于使用选择性高的试剂或掩蔽剂，提高了测定的特效性、灵敏度，减少了分析操作步骤，加快了分析速度。在仪器分析中，由于电子工业、真空技术和激光技术的发展和应用，以及新型仪器的出现和新的测试方法的运用，大大提高了分析的灵敏度。仪器分析的微型计算机化和完全自动化以及多机联用，提高了分析自动化的程度，使近代分析化学不仅能解决物质的组分分析问题，而且还在组分价态、配合状态、元素与元素间的联系、未知物结构剖析和元素在微区中的空间分布等方面解决了许多新课题。

尽管分析化学的发展日新月异，但始终离不开化学处理和溶液平衡的理论，化学分析目前仍然是分析化学的基础。经典的分析方法仍然普遍应用。

第二章　滴定分析法

滴定分析法是化学分析中最重要的分析方法之一，它是通过滴定操作，根据与被测组分反应所需标准滴定溶液的体积和浓度，来确定试样中待测组分含量的一种分析方法。

第一节　滴定分析概述

一、滴定分析法的特点

滴定分析又称容量分析，是定量分析中的一个重要组成部分。它是将一种已知准确浓度的试剂溶液滴加到一定量待测溶液中，直到所加试剂与待测物质定量反应为止。然后根据试剂溶液的浓度和用量，利用化学反应的计量关系计算待测物质的含量。如反应：

$$aA + bB = cC + dD$$

这种已知准确浓度的试剂溶液称为标准溶液，或称滴定剂。用滴定管将标准溶液滴加到待测溶液中的操作过程称为滴定。当滴入的标准溶液与待测物质的量相当时，即恰好按照化学计量关系定量反应时，就达到了“化学计量点”。

滴定分析通常用于常量组分测定。滴定分析法比较准确，正常情况下，滴定的相对误差在0.1%左右。滴定分析在生产实践和科学实验中具有广泛的实用性。

二、滴定分析法的分类

（一）酸碱滴定法

酸碱滴定法是以质子传递反应为基础的滴定分析法。其反应实质可表示为

$$H_3O^+ + OH^- \rightleftharpoons 2H_2O$$

$$HA(\text{酸}) + OH^- \rightleftharpoons A^- + H_2O$$

$$A^-(\text{碱}) + H_3O^+ \rightleftharpoons HA + H_2O$$

酸碱滴定法可用酸作标准溶液测定碱及碱性物质；也可用碱作标准溶液测定酸及酸性物质。

（二）配位滴定法

配位滴定法是以配位反应为基础的滴定分析法。常用乙二胺四乙酸的钠盐（简称 EDTA）作标准溶液，测定各种金属离子的含量。其反应如下：

$$M^{n+} + Y^{4-} \Longrightarrow MY^{n-4}$$

式中，M^{n+} 表示金属离子；Y^{4-} 表示 EDTA 的阴离子。

（三）沉淀滴定法

沉淀滴定法是以沉淀反应为基础的滴定分析法。最常用的是以硝酸银作标准溶液测定卤化物的含量，例如：

$$Ag^+ + Cl^- \Longrightarrow AgCl\downarrow$$

（四）氧化还原滴定法

氧化还原滴定法是以氧化还原反应为基础的滴定分析法，可以测定各种氧化性和还原性物质的含量，以及一些能与氧化剂或还原剂起定量反应的物质含量。如用高锰酸钾标准溶液滴定二价铁离子，其反应如下：

$$MnO_4^- + 5Fe^{2+} + 8H^+ \Longrightarrow Mn^{2+} + 5Fe^{3+} + 4H_2O$$

上述方法各有其特点和局限性，同一种物质有时可用几种不同的方法进行测定。

三、滴定的主要方式

（一）直接滴定法

用标准溶液直接滴定待测溶液的方法称为直接滴定法。凡满足滴定分析要求的化学反应，都可以应用直接滴定法进行滴定。直接滴定法是滴定分析法中最常用、最基本的滴定方式。

（二）返滴定法

当反应物为固体，或者试液中待测组分与滴定剂间的反应不能立即完成，或者滴定时没有合适的指示剂时，均可采用返滴定法完成滴定。该法是先准确地加入一定量过量的滴定剂，待反应完全后，再用另一种标准溶液滴定剩余的滴定剂。这种方式称为返滴定法，也称回滴法或剩余量滴定法。

（三）置换滴定法

当滴定剂与待测物质间不按一定反应式进行或伴有副反应时，可采用置换滴定法。即先用适当的试剂与待测物质反应，使待测组分定量地置换成另一可被滴定的物质，然后再用滴定剂进行滴定。例如，$Na_2S_2O_3$ 不能直接滴定 $K_2Cr_2O_7$ 及其他强氧化剂，因为在酸性溶液中，这些强氧化剂均将 $S_2O_3^{2-}$ 氧化为 $S_4O_6^{2-}$ 及部分的 SO_4^{2-}，反应没有一定的计量关系，无法计算。如果在酸性的 $K_2Cr_2O_7$ 溶液中先加入过量 KI，$K_2Cr_2O_7$ 能将 I^- 氧化产生相当量的 I_2，产生的 I_2 即可用 $Na_2S_2O_3$ 进行滴定。这就是用 $K_2Cr_2O_7$ 标定 $Na_2S_2O_3$ 标准溶液浓度的方法。

（四）间接滴定法

有时待测物质不能与滴定剂直接反应，但可以通过另外的化学反应间接进行测定。例如，Ca^{2+} 在溶液中没有可变价态，不能直接用氧化还原法测定，但若将 Ca^{2+} 先与 $C_2O_4^{2-}$ 作用，使其完全沉淀为 CaC_2O_4。经过滤、洗涤，纯净的 CaC_2O_4 用硫酸溶解，就可用 $KMnO_4$ 标准溶液滴定与 Ca^{2+} 结合的 $C_2O_4^{2-}$，从而间接测定 Ca^{2+} 的含量。

第二节　基准物质与标准滴定溶液

滴定分析中，标准滴定溶液的浓度和滴定消耗的体积是计算待测组分含量的主要依据，它的浓度准确与否直接关系到滴定分析结果的准确度。

一、基准物质

能用于直接配制或标定标准滴定溶液浓度的物质称为基准物质（也称标准物质）。基准物质必须符合下列条件：

① 物质必须具有足够的纯度，其纯度一般为 99.99% 以上，杂质含量应低于分析方法允许的误差范围。

② 物质的组成恒定并与化学式相符。若含结晶水，结晶水的数量也应与化学式一致，例如草酸 $H_2C_2O_4 \cdot 2H_2O$ 等。

③ 性质稳定、易溶解。在烘干、放置和称量过程中不发生变化，如不风化、不潮解、不与空气中的 CO_2 反应。

④ 基准物质的摩尔质量尽可能大，这样可减少因称量造成的误差。

⑤ 参加反应时，应按反应式定量进行，没有副反应。

在生产、贮运过程中基准物质中可能会进入少量水分和杂质，因此，在使用前必须经过一定的处理。常用基准物质的干燥条件和应用见表 2-1。

表 2-1 常用基准物质的干燥条件和应用

基准物质		干燥条件	处理后组成	应用
名称	化学式			
碳酸氢钠	$NaHCO_3$	300℃	Na_2CO_3	标定酸
无水碳酸钠	Na_2CO_3	300℃	Na_2CO_3	标定酸
硼砂	$Na_2B_4O_7 \cdot 10H_2O$	放于装有 NaCl 和蔗糖饱和溶液的干燥器中	$Na_2B_4O_7 \cdot 10H_2O$	标定酸
草酸	$H_2C_2O_4 \cdot 2H_2O$	室温空气干燥	$H_2C_2O_4 \cdot 2H_2O$	标定碱或 $KMnO_4$
邻苯二甲酸氢钾	$KHC_8H_4O_4$	105 ～ 110℃	$KHC_8H_4O_4$	标定碱
重铬酸钾	$K_2Cr_2O_7$	(120 ± 2)℃	$K_2Cr_2O_7$	标定还原剂
溴酸钾	K_2BrO_3	130℃	K_2BrO_3	标定还原剂
碘酸钾	KIO_3	105 ～ 110℃	KIO_3	标定还原剂
三氧化二砷	As_2O_3	室温，硫酸干燥器中保存	As_2O_3	标定还原剂
草酸钠	$Na_2C_2O_4$	(105 ± 2)℃	$Na_2C_2O_4$	标定氧化剂
碳酸钙	$CaCO_3$	110℃	$CaCO_3$	标定 EDTA
锌	Zn	室温，干燥器中保存	Zn	标定 EDTA
氧化锌	ZnO	800℃	ZnO	标定 EDTA
氯化钠	NaCl	500 ～ 600℃	NaCl	标定 $AgNO_3$
氯化钾	KCl	500 ～ 600℃	KCl	标定 $AgNO_3$
硝酸银	$AgNO_3$	硫酸干燥器中保存	$AgNO_3$	标定氯化物

二、标准滴定溶液

标准滴定溶液的浓度，通常用物质的量浓度或滴定度表示。

（一）物质的量浓度

国际单位制（SI）和我国法定计量单位制都把“物质的量”作为一个基本量，并规定以“摩尔”作为物质的量的基本单位，以“mol”表示。

物质的量浓度是指单位体积溶液中所含溶质 A 的物质的量，以符号 c_A 表示，即

$$c_A = \frac{n_A}{V}$$

式中，n_A 为溶质 A 的物质的量，单位 mol；V 为溶液的体积，单位 L 或 ml。

物质的量是一系统的物质的量。该系统中所包含的基本单元数与 0.012 kg 碳－12 的原子数目相等。如果系统中物质 A 的基本单元数目与 0.012 kg 碳－12 的原子数目一样多，则物质 A 的物质的量 n_A 就是 1 mol。基本单元可以是原子、分子、离子、电子及其他粒子，或者是这些例子的特定组合。因此，在使用物质的量时，基本单元应予指明。这就是说，物质的量 n_A 的数值取决于基本单元的选择。例如，98.08 g 的硫酸，以 H_2SO_4 作基本单元时，其 $n(H_2SO_4)$ 为 1 mol；若以 $\frac{1}{2}H_2SO_4$ 作基本单元，则 $n(\frac{1}{2}H_2SO_4)$ 为 2 mol。由此可见，同样质量的物质，其物质的量可因选用的基本单元不同而不同。同样，在使用物质的量的导出量如摩尔质量、物质的量浓度等，也必须指明基本单元。

摩尔质量是单位物质的量所具有的质量，以 M 表示，其 SI 单位是 $kg \cdot mol^{-1}$，分析常用 $g \cdot mol^{-1}$ 为单位。摩尔质量的数值与选定的基本单元有关。例如 $M(H_2SO_4)$ 为 $98.08\ g \cdot mol^{-1}$，$M(\frac{1}{2}H_2SO_4)$ 为 $49.04\ g \cdot mol^{-1}$。

物质 A 的物质的量 n_A 与物质 A 的质量 m_A 的关系为

$$n_A = \frac{m_A}{M_A}$$

则物质的量浓度 c_A 为

$$c_A = \frac{m_A}{M_A V}$$

所有定量分析的有关计算都可以由这三个基本公式解决。在运用等物质的量规则时，一定要采用物质的基本单元。

【例 2-1】 称取 Na_2CO_3 53.00 g 配制成 200.0 ml 溶液，分别以 Na_2CO_3 及 $\frac{1}{2}Na_2CO_3$ 作基本单元时，求 Na_2CO_3 溶液的物质的量浓度。

解：

$$M(Na_2CO_3) = 105.99\ g \cdot mol^{-1}$$

$$M\left(\frac{1}{2}Na_2CO_3\right) = 53.00\ g \cdot mol^{-1}$$

$$n(Na_2CO_3) = \frac{53.00}{105.99} = 0.5000\ mol$$

$$n\left(\frac{1}{2}Na_2CO_3\right) = \frac{53.00}{53.00} = 1.000\ mol$$

$$c(Na_2CO_3) = \frac{0.500\ 0}{0.2000} = 2.500\ mol \cdot L^{-1}$$

$$c\left(\frac{1}{2}Na_2CO_3\right) = \frac{1.000}{0.200\ 0} = 5.000\ mol \cdot L^{-1}$$

（二）滴定度

滴定度是指每毫升标准滴定溶液相当待测组分的质量(g 或 mg)，用 $T_{B/A}$ 表示，A 是标准滴定溶液，B 是待测组分。例如 $T_{Na_2CO_3/HCl} = 0.005\ 300\ g \cdot mL^{-1}$，表示 1 ml HCl 标准滴定溶液相当于 0.005 300 g Na_2CO_3。

这种标准滴定溶液的浓度表示方法，在工矿企业的例行分析中尤其是中间控制分析(简称中控分析）使用最为方便。只需将滴定所用标准滴定溶液的体积乘以滴定度，即得到待测组分的质量。例如用上述标准滴定溶液滴定某纯碱试液 25.00 ml，用去标准滴定溶液 21.00 ml，则此纯碱试液中含 Na_2CO_3 为

$$0.005\ 300\ g \cdot mL^{-1} \times 21.00\ ml = 0.111\ 3\ g$$

Na_2CO_3 的质量浓度为

$$\frac{0.1113\ \mathrm{g}}{25\times10^{-3}\ \mathrm{L}}=4.452\ \mathrm{g\cdot L^{-1}}$$

有时滴定度也可以用每毫升标准滴定溶液所含溶质的质量表示，如 $T_{NaOH}=0.003\ 246\ \mathrm{g\cdot mL^{-1}}$，即每毫升 NaOH 标准溶液中含有 NaOH 0.003 246 g。但这种表示方法不如前一种表示方法应用广泛。

三、标准滴定溶液的配制

标准滴定溶液配制的方法一般有两种，即直接配制法和间接配制法(标定法)。

（一）直接配制法

准确称取一定量的基准物质，溶解后定量转移入容量瓶中，加蒸馏水稀释至一定刻度，充分摇匀。根据称取基准物质的质量和容量瓶的容积，即可计算出其准确度。

例如准确称取 4.903 0 g 基准 $K_2Cr_2O_7$，用蒸馏水溶解后，定量转移至 1 L 容量瓶中，稀释至刻度，充分摇匀，即得到 $c\left(\frac{1}{6}K_2Cr_2O_7\right)=0.1000\ \mathrm{mol\cdot L^{-1}}$ 的 $K_2Cr_2O_7$ 标准滴定溶液。直接配制法最大的优点是操作简便，配制好的溶液可直接用于滴定。

由于符合基准试剂的物质种类有限，同时不少标准滴定溶液不能用直接法配制。例如，NaOH 试剂易吸收水分和 CO_2、$KMnO_4$ 易分解等，因此可采用标定的方法来制备。

（二）间接配制法

间接配制法又称标定法，是将一般试剂先配成所需的近似浓度溶液，制备标准滴定浓度值应在规定浓度值的 ±5% 的范围内。然后用基准物质或另一种标准滴定溶液来测定其准确的浓度，一般称这种测定操作过程为标定。

1.用基准物质标定

称取一定质量的基准物质，溶解后用待标定的溶液进行滴定。然后根据基准物质的质量与消耗标准滴定溶液的体积，即可计算出待标定溶液的准确浓度。

$$c = \frac{m_{基} \times 1000}{M_{基} \times V_{标}}$$

式中，$m_{基}$ 为基准物质质量，单位 g；$M_{基}$ 为标定时，消耗待标定溶液的体积，单位 ml；$V_{标}$ 为基准物的摩尔质量，单位 $g \cdot mol^{-1}$。

例如，NaOH 标准溶液的配制，一般是先配制成近似浓度的溶液，然后用基准物质邻苯二甲酸氢钾来标定 NaOH 溶液的准确浓度。

标定时，一般应平行测定 2 ～ 3 次，取算术平均值为测定结果，且滴定结果的相对偏差不得超过 0.2%。标定好的标准滴定溶液应妥善保存。标定时的实验条件应与此标准滴定溶液测定某组分时的条件尽量一致，以消除由于实验条件影响所造成的误差。

2.用标准滴定溶液标定

有一部分标准滴定溶液，没有合适的用以标定的基准物质，只能用已知浓度的标准滴定溶液与被标定溶液互相滴定来进行标定。根据两种溶液所消耗的体积及标准滴定溶液的浓度，可计算出待标定溶液的准确浓度，这种方法也称为互标法或比较法。

$$c_1 V_1 = c_2 V_2$$

$$c_2 = \frac{c_1 V_1}{V_2}$$

式中，c_1 为已知浓度的标准溶液的物质的量浓度，单位 $mol \cdot L^{-1}$；V_1 为已知浓度的标准溶液的体积，单位 ml；c_2 为待标定溶液的物质的量浓度，单位 $mol \cdot L^{-1}$；V_2 为待标定溶液的体积，单位 ml。

此种方法的准确度较用基准试剂标定法低。

对于常用的标准滴定溶液的配制和标定应按国家标准方法

进行。

在分析中为减少系统误差，要求保持标定过程中的反应条件和测定样品时的条件力求一致。

有些厂矿要求配备指定浓度的标准滴定溶液，如0.100 0 mol·L^{-1}、0.050 00 mol·L^{-1}等。在配制时，溶液浓度一般略高或略低于指定浓度，可以用稀释或加浓溶液来进行调整。两种方法的计算如下。

① 当标定浓度较指定浓度略高时，需加水稀释。

设标定后浓度为c_1，溶液体积为V_1；欲配指定浓度为c_2，加水体积为V_2，加水后总体积为(V_1+V_2)，由稀释定律得

$$c_1V_1 = c_2(V_1+V_2)$$

则

$$V_2 = \frac{c_1V_1 - c_2V_1}{c_2} = \frac{V_1(c_1-c_2)}{c_2}$$

【例 2-2】 浓度为0.103 4 mol·L^{-1} NaOH标准溶液，体积为10 L。欲调整成0.100 0 mol·L^{-1}，求需加蒸馏水的体积。

解：已知条件：$c_1 = 0.103\,4\ \text{mol}\cdot\text{L}^{-1}$，$V_1 = 10\ \text{L}$

$$c_2 = 0.100\,0\ \text{mol}\cdot\text{L}^{-1}$$

$$V_2 = \frac{c_1V_1 - c_2V_1}{c_2} = \frac{0.103\,4\times10 - 0.100\,0\times10}{0.100\,0}$$

$$= 0.34\ \text{L} = 340\ \text{ml}$$

准确量取340 ml蒸馏水，加入10 L溶液中摇匀后，再进行标定。

② 当标定浓度较指定浓度略稀时，需加浓溶液进行调整。设标定浓度为c_1；溶液体积为V_1；欲配制指定浓度为c_2；需加浓溶液$c_{浓}$的体积为$V_{浓}$；则溶液总体积应为$(V_1+V_{浓})$，由稀释定律得

$$c_1V_1 + c_{浓}V_{浓} = c_2V_{总} = c_2(V_1+V_{浓})$$

$$V_{浓} = \frac{c_2V_1 - c_1V_1}{c_{浓}-c_2} = \frac{c_{浓}(c_2-c_1)}{c_{浓}-c_2}$$

【例 2-3】 标定HCl溶液浓度为0.099 02 mol·L^{-1}，体积为10 L，欲配成0.100 0 mol·L^{-1}，求应加多少12.00 mol·L^{-1}浓盐

酸？

解：已知条件： $c_1 = 0.099\ 02\ \text{mol} \cdot \text{L}^{-1}, V_1 = 10\ \text{L}$

$c_2 = 0.100\ 0\ \text{mol} \cdot \text{L}^{-1}, c_{浓} = 12.00\ \text{mol} \cdot \text{L}^{-1}$

则

$$V_{浓} = \frac{0.100\ 0 \times 10 - 0.099\ 02 \times 10}{12.00 - 0.100\ 0}$$

$$= 0.000\ 824\ \text{L} = 0.82\ \text{ml}$$

取 0.82 ml 12 mol·L^{-1} 的盐酸，加入 10 L 溶液中，摇匀后进行再标定。

在实际操作时，方法 ① 较为方便，即配制稍浓溶液需加少量水后进行再标定。若采用方法 ②，由于加浓溶液量很小，较难操作，易使标定出现反复。标定时，要求相对误差不大于 0.2%。

第三节 滴定分析基本操作

一、滴定管

（一）滴定管的种类

滴定管是准确测量放出液体体积的玻璃量器，为量出式（Ex）计量玻璃仪器。按其容积不同，分为常量、半微量及微量滴定管；按构造上的不同，又可分为普通滴定管和自动滴定管等。

常量滴定管中最常用的是容积为 50 ml 的滴定管，这种滴定管上刻有 50 个等分的刻度（单位为 ml），每一等分再分 10 格（每格 0.1 ml），在读数时，两小格间还可估出一个数值（可读至 0.01 ml）。此外，还有容积为 100 ml 和 25 ml 的常量滴定管，分刻度值为 0.1 ml。容积为 10 ml、分刻度值为 0.05 ml 的滴定管有时称为半微量滴定管。

在滴定管的下端有一玻璃活塞的称为酸式滴定管；带有尖嘴

玻璃管和胶管连接的称为碱式滴定管，如图 2-1 所示。

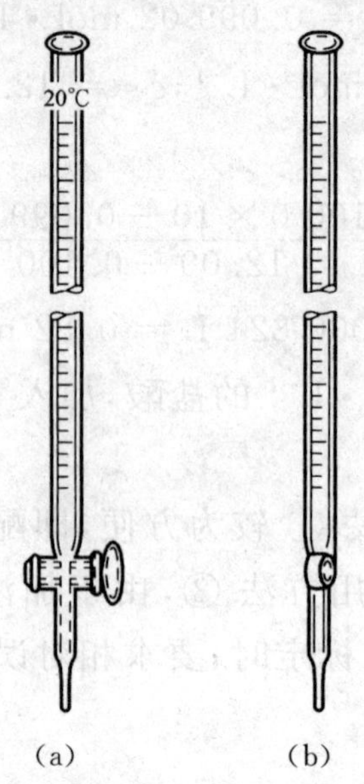

图 2-1　滴定管

(a) 酸式滴定管；(b) 碱式滴定管

微量滴定管如图 2-2 所示，这是测量小量体积液体时用的滴定管，它的分刻度值为 0.005 ml 或 0.01 ml，容积有 1～5 ml 各种规格。使用时，打开活塞 1，微微倾斜滴定管，从漏斗 2 注入溶液，当溶液接近量管的上端时，关闭活塞 1，继续向漏斗加入溶液至占满漏斗容积的 2/3 左右止。滴定前先检查管内，特别是两活塞间是否有气泡，如有应设法排除。打开活塞 3，调节液面至零线，滴定完毕，读数后，打开活塞 1 让溶液流向刻度管，经调节后又可进行第二份滴定。

自动滴定管是上述滴定管的改进，它的不同点就是灌装溶液半自动化，如图 2-3 所示。储液瓶 1 用于储存标准溶液，常用储液瓶的容积为 1 ～ 2 L。量管 5 以磨口接头(或胶塞)2 与储液瓶连接起来，使用时，以双连球 4 打气通过玻璃管 8 将液体压入量管并将其充满。玻璃管 7 末端是一毛细管，它准确位于量管“0”的标线上。因此，当溶液压入量管略高出“0”的标线时，用手按下通气口 3，让压力降低，此时溶液即自动向右虹吸到储液瓶中，使量管中液面恰好位于零线上。6是防御管，为了防止标准溶液吸收空气中的CO_2和水分，可在防御管中填装碱石灰。

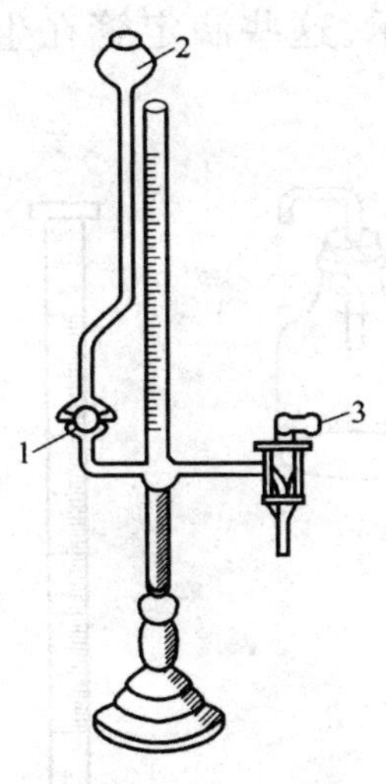

图 2-2　微量滴定管

1,3— 活塞；2— 漏斗

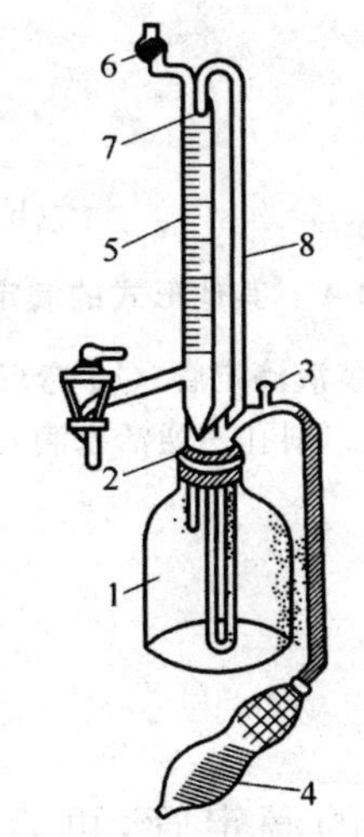

图 2-3　自动滴定管

1— 储液瓶；2— 磨口接头(或胶塞)；3— 通气口；4— 双连球；
5— 量管；6— 防御管；7,8— 玻璃管

自动滴定管的构造比较复杂，但使用比较方便，适用于经常使用同一标准溶液的日常例行分析工作。

除上述几种滴定管以外，还有高位自动装液滴定管、弯形活塞滴定管、二斜孔三通活塞滴定管和读数比较方便的蓝线衬背式滴定管等，如图 2-4 所示。这些滴定管在生产单位的应用也比较广泛。

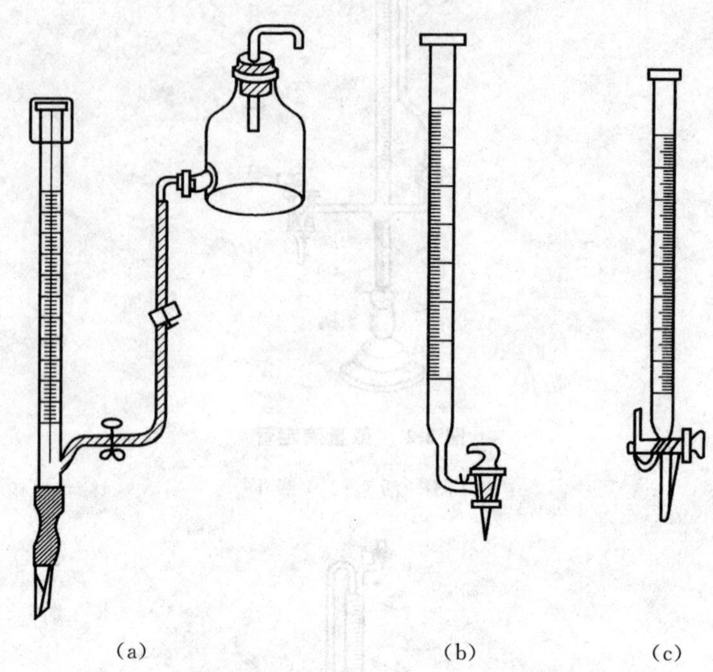

(a)　(b)　(c)

图 2-4　其他形式的滴定管

(a) 高位自动装液滴定管；(b) 弯形活塞滴定管；(c) 二斜孔三通活塞滴定管

（二）滴定管的准备

1. 洗涤

无明显油污、不太脏的滴定管，可直接用自来水冲洗或用肥皂水、洗衣粉水泡洗（不可用去污粉刷洗，以免划伤内壁，影响体积的准确测量）。若有油污、不易洗净时，可用铬酸洗液洗涤。

2. 涂油

涂油（涂一薄层凡士林或真空油脂）目的是使酸式滴定管活

塞与塞套密合不漏水、转动灵活。

3. 试漏

① 酸式滴定管的试漏。关闭活塞，装入蒸馏水至一定刻线，直立滴定管约 2min。仔细观察刻线上的液面是否下降、滴定管下端有无水滴滴下、活塞隙缝中有无水渗出，然后将活塞转动 180° 后等待 2min 再观察，如有漏水现象重新擦干涂油。

② 碱式滴定管的试漏。装蒸馏水至一定刻线，直立滴定管约 2min，仔细观察刻线上的液面是否下降或滴定管下端尖嘴上有无水滴滴下，若有应调换胶管中的玻璃珠，再进行试漏。

4. 装溶液和赶气泡

处理好的滴定管即可装标准溶液。为了确保标准溶液浓度不变，应先用待装的标准溶液淋洗滴定管 2 ～ 3 次，每次用约 10 ml，从下口放出少量(约 1/3) 以洗涤尖嘴部分，然后关闭活塞横持滴定管并慢慢转动，使溶液与整个管内壁接触，最后将溶液从管口全部倒出弃去(不要打开活塞，以防活塞上的油脂进入管内)。如此淋洗 2 ～ 3 次后，便可装入标准溶液至“0” 刻线以上，然后转动活塞使溶液迅速冲下排出下端存留的气泡，然后再调节液面至 0.00 ml 处。

碱式滴定管赶气泡的方法是将胶管向上翘起，用力捏挤玻璃珠使溶液从尖嘴喷出，以排除藏在玻璃珠附近的气泡(必须对光检查胶管内气泡是否完全赶尽)，赶尽后再调节液面至 0.00 ml 处。

(三) 滴定

滴定前，先记下滴定管液面的初读数。滴定时，应使滴定管尖嘴部分插入锥形瓶口(或烧杯口) 下 1 ～ 2 cm 处。滴定速度不能太快，以每秒 3 ～ 4 滴为宜，切不可成液柱流下。边滴边摇(或用玻璃棒搅拌烧杯中的溶液)。向同一方向作圆周旋转，而不应前后振动，因为那样会溅出溶液。临近终点时，应1滴或半滴地加入，并用洗瓶吹入少量水冲洗锥形瓶内壁，使附着在瓶壁上的溶液全部流下，然后摇动锥形瓶，观察终点是否已达到（为便于观察，可在锥形瓶下放一块白瓷板），如终点未到，继续滴定，直至准确到达终点为止。

（四）读数

为了获得正确的读数数据，应按下列要求完成。

① 注入溶液或放出溶液后，需等待 30 s～1 min 后才能读数（使附着在内壁上的溶液流下）。

② 滴定管应垂直地夹在滴定台上读数，或用两手指拿住滴定管的上端使其垂直后读数。

③ 对于无色溶液或浅色溶液，应读弯月面下缘实线的最低点，即读数时视线与弯月面下缘实线的最低点在同一水平面上，如图 2-5(a) 所示。对于有色溶液，应使视线与液面两侧的最高点相切，如图 2-5(b) 所示。初读数和终读数应采用同一基准。

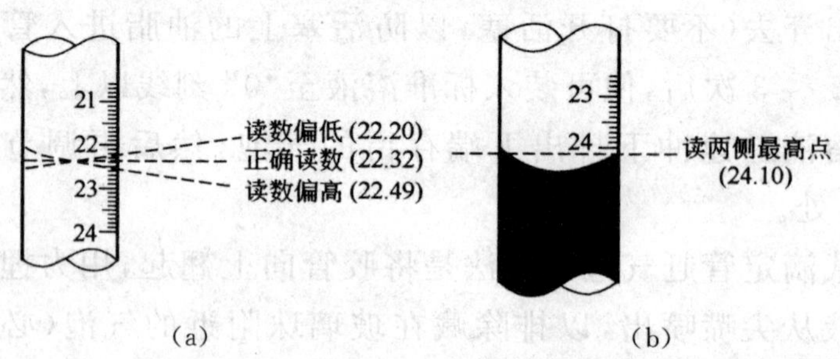

图 2-5　普通滴定管读数

(a) 无色或浅色溶液读数；(b) 有色溶液读数

④ 有一种蓝线衬背的滴定管，它的读数方法（对无色溶液）与上述不同，无色溶液有两个弯月面相交于滴定管蓝线的某一点，如图 2-6 所示。读数时视线应与此点在同一水平面上，对有色溶液读数方法与上述普通滴定管相同。

⑤ 滴定时，最好每次都从 0.00 ml 开始，这样可固定在某一段体积范围内滴定，减小测量误差。读数必须准确到 0.01 ml。

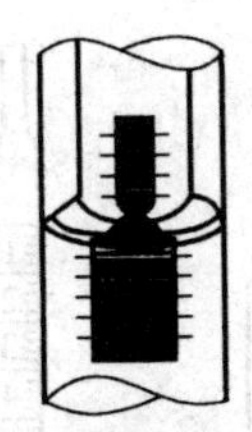

图 2-6　蓝线滴定管读数

⑥ 对于初学者，可采用读数卡来协助读数，读数卡可用黑纸或涂有黑长方形（约 3 cm×1.5 cm）的白纸制成。读数时，将读数卡放在滴定管背后，使黑色部分在弯月面下约 1 mm 处，此时即可看到弯月面的反射层成为黑色，然后读此黑色弯月面下缘的最低点，如图 2-7 所示。

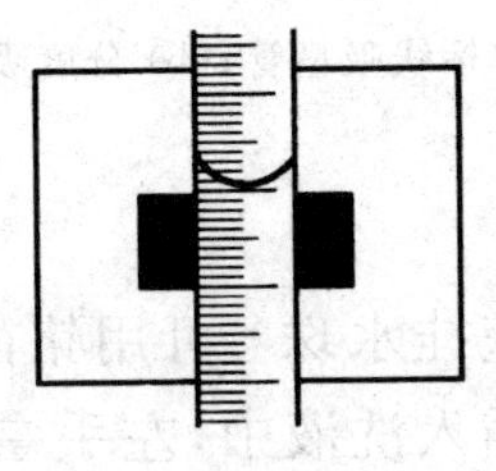

图 2-7　借黑纸卡读数

二、单标线吸量管和分度吸量管

单标线吸量管是中间有一膨大部分（称为球部）的玻璃管，球的上部和下部均为较细窄的管颈，出口缩至很小，以防过快流出溶液而引起误差，管颈上部刻有一环形标线，如图 2-8(a) 所示。常用的单标线吸量管有 5 ml、10 ml、15 ml、20 ml、25 ml、50 ml 等规格。

分度吸量管是具有分刻度的玻璃管，两头直径较小，中间管身直径相同，可以转移不同体积的液体，如图 2-8(b) 所示。常用的分度吸量管有 0.5 ml、1 ml、2 ml、5 ml、10 ml 等规格。

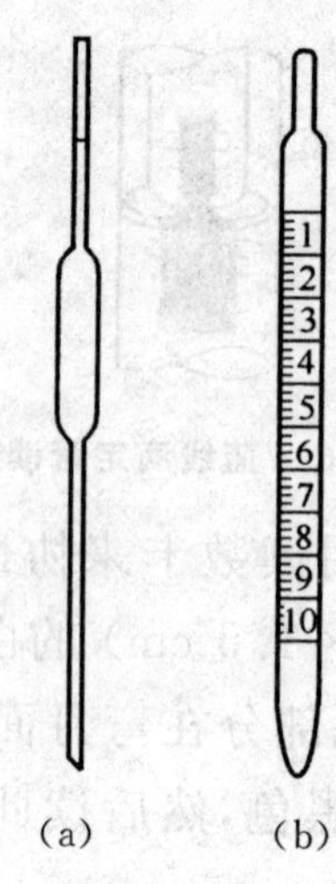

图 2-8 吸量管

(a) 单标线吸量管；(b) 分度吸量管

(一) 洗涤

吸量管较脏时(内壁挂水珠)可用铬酸洗液洗涤。方法是：右手持吸量管，管的下口插入洗液中，左手拿洗耳球，先把球内空气挤出，然后把球的尖端接在吸量管的上口处，缓慢地松开左手手指，将洗液吸入管内直至上升到刻度以上部分，稍等片刻后，将洗液放回原瓶中。

(二) 吸取溶液

在用洗净的吸量管吸取溶液之前，为避免吸量管尖端上残留的水滴进入所要移取的溶液中，使溶液的浓度改变，应先用滤纸将吸量管尖端内外的水吸干。然后再用少量要移取的溶液置换 3 次，以保证转移的溶液浓度不变。用右手的拇指和中指捏住吸量管的上端，将管的下口插入欲取溶液至少 10 mm 深(插入不要太浅或太深，太浅会产生吸空，把溶液吸到洗耳球内弄脏溶液，太深又会在管外黏附溶液过多)，左手拿洗耳球，先捏瘪排除球中空气，迅速将球口对准吸量管的上口，按紧勿使漏气。慢慢松开左手，当液面上升到标线以上时，迅速用右手食指按紧吸量管管口

（同时移开洗耳球），如图 2-9 所示。右手的食指应稍带潮湿，便于调节液面。

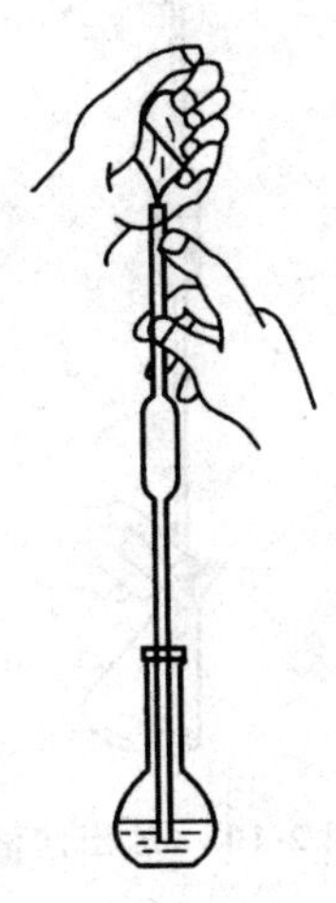

图 2-9 吸取溶液

（三）调节液面

将吸量管提离液面，垂直地拿着吸量管并使出口尖端仍靠在盛溶液器皿的内壁上，略微放松食指，使管内溶液慢慢从下口流出，直至溶液的弯月面底部与标线相切为止，立即用食指压紧管口。将尖端的液滴靠壁去掉，移出吸量管，插入承接溶液的器皿中。

（四）放出溶液

承接溶液的器皿如果是锥形瓶，应使锥形瓶倾斜，约成 15°角，保持吸量管垂直，管下端紧靠锥形瓶内壁，放开食指，让溶液沿瓶壁流下，如图 2-10 所示。流完后管尖端接触瓶内壁约 15 s（A级）后，再将吸量管移去。残留在管末端的少量溶液，不可用外力强使其流出，因校准吸量管时已考虑了末端保留溶液的体积。

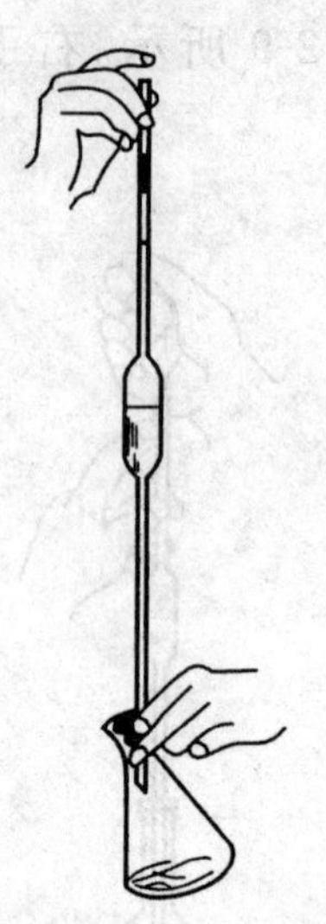

图 2-10　放出溶液

管上标有“吹”字，即溶液将流尽时，应将管尖残留液吹出，不允许保留。

三、容量瓶

容量瓶是一种细颈梨形平底的玻璃瓶，带有玻璃磨口塞或塑料塞（图 2-11），颈上有一环形标线，表示在所指定的温度（一般为 20℃）下液体充满至标线时，液体的体积恰好与瓶上所标记的体积相等。常见的容量瓶规格有 10 ml、25 ml、50 ml、100 ml、250 ml、500 ml、1 000 ml 和 2 000 ml 等。

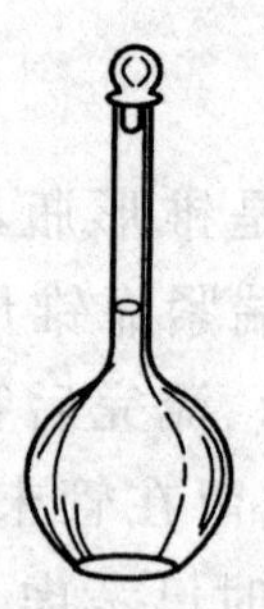

图 2-11　容量瓶

容量瓶的使用方法如下：

（一）试漏

使用前，应先检查容量瓶瓶塞是否密合。将水装入到标线附近盖上塞，用右手食指按住塞，左手指尖拿住瓶底边缘，倒立容量瓶不少于 10 s，观察瓶口是否有水渗出，如果不漏，把瓶直立后，转动瓶塞约 180° 后再倒立试一次。如果容量瓶瓶塞漏水，该容量瓶不能使用。

（二）洗涤

先用自来水洗，后用蒸馏水淋洗 2 ～ 3 次。如果较脏时，可用铬酸洗液洗涤，洗涤时将瓶内水尽量倒尽，然后倒入铬酸洗液 10 ～20 ml，盖上塞，边转动边向瓶口倾斜，至洗液布满全部内壁。放置数分钟，倒出洗液，用自来水冲洗，再用蒸馏水淋洗后备用。

（三）转移

若要将固体物质配制准确浓度的溶液，通常是将固体物质放在小烧杯中用水溶解后，再定量地转移到容量瓶中。转移时，用右手拿玻璃棒，左手拿烧杯。玻璃棒插入容量瓶内，烧杯嘴紧靠玻璃棒，使溶液沿玻璃棒慢慢流下，玻璃棒下端要靠近瓶颈内壁，但不要太接近瓶口，如图 2-12 所示。

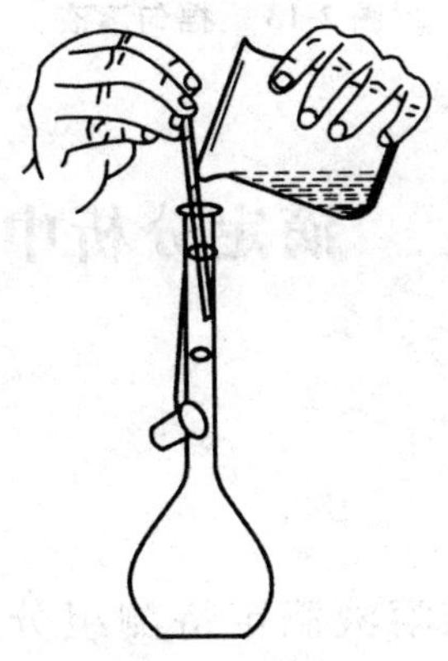

图 2-12　转移溶液

（四）稀释

溶液转入容量瓶后，加蒸馏水稀释至容积的3/4处，此时将容量瓶平摇几次，作初步混匀。然后继续加蒸馏水，近标线时应小心地逐滴加入，直至溶液的弯月面与标线相切为止。盖紧塞子。

（五）摇匀

左手食指按住塞子，右手指尖顶住瓶底边缘，将容量瓶倒转并振荡，再倒转过来，如图 2-13 所示，仍使气泡上升到顶。如此反复 15 ～ 20 次，使容量瓶内溶液充分混合均匀。

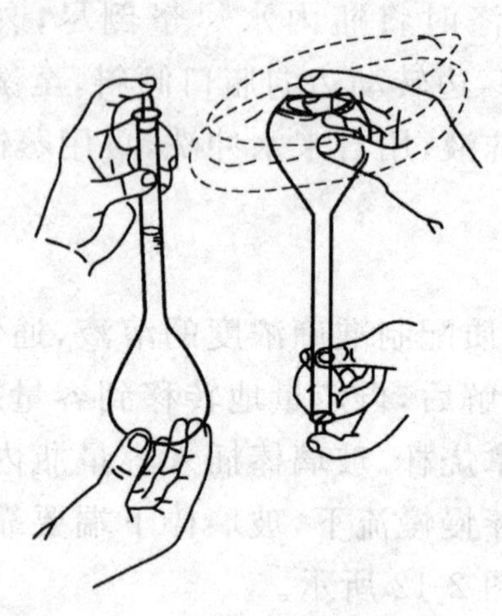

图 2-13　摇匀溶液

第四节　滴定分析中的计算

一、计算原则

滴定分析是用标准溶液滴定待测组分溶液。当滴定达到化学计量点时，待测组分的物质的量 n_A 与标准溶液的物质的量 n_A 相等，这就是等物质的量反应规则。它是滴定分析计算的基础。

二、计算示例

(一)两种溶液之间的换算

如果 c_A、c_B 分别代表滴定剂 A 和待测物 B 两种溶液的浓度,V_A、V_B 分别代表两种溶液的体积,则当反应到达化学计量点时

$$n_A = n_B$$

或
$$c_A V_A = c_B V_B \tag{2-1}$$

如用 NaOH 标准溶液滴定 H_2SO_4 溶液时,其反应式为

$$2NaOH + H_2SO_4 = Na_2SO_4 + 2H_2O$$

在上式中,H_2SO_4 转移 2 个质子,因此选取 $\frac{1}{2}H_2SO_4$ 作为硫酸的基本单元;而 NaOH 接受一个质子,因此 NaOH 的基本单元就是其化学式。

参加反应的硫酸的物质的量为

$$n\left(\frac{1}{2}H_2SO_4\right) = c\left(\frac{1}{2}H_2SO_4\right)V(H_2SO_4)$$

参加反应的 NaOH 的物质的量为

$$n(NaOH) = c(NaOH)V(NaOH)$$

滴定到化学计量点时

$$c\left(\frac{1}{2}H_2SO_4\right)V(H_2SO_4) = c(NaOH)V(NaOH)$$

【例 2-4】 滴定 25.00 ml NaOH 溶液需 $c\left(\frac{1}{2}H_2SO_4\right) = 0.200\ 0\ mol \cdot L^{-1}$ 的硫酸溶液 20.00 ml,求 $c(NaOH)$。

解:根据参加反应的物质的量相等的原则,有

$$c(NaOH)V(NaOH) = c\left(\frac{1}{2}H_2SO_4\right)V(H_2SO_4)$$

$$c(\mathrm{NaOH})=\frac{c\left(\frac{1}{2}\mathrm{H_2SO_4}\right)V(\mathrm{H_2SO_4})}{V(\mathrm{NaOH})}$$

$$=\frac{0.2000\times20.00\times10^{-3}}{25.00\times10^{-3}}$$

$$=0.1600\ \mathrm{mol\cdot L^{-1}}$$

式(2-1)也适用于有关溶液配制及稀释的计算。

【例 2-5】 现有 2 000 ml 浓度为 0.102 4 mol・L^{-1} 的某标准溶液,欲将其浓度恰好调整为 0.100 0 mol・L^{-1},需加入多少毫升水?

解:因是同一种物质的溶液,基本单元一致,$c_A V_A = c_B V_B$ 中脚标 A、B 分别代表稀释前后溶液的两种状态。

设应加水 $V_{水}$(ml),则 $V_B = V_A + V_{水}$

由 $$c_A V_A = c_B V_B$$

得 $$c_A V_A = c_B (V_A + V_{水})$$

$$0.1024\times2000\times10^{-3}=0.1000\times(2000+V_{水})10^{-3}$$

$$V_{水}=48.00\ \mathrm{ml}$$

(二) 溶液与物质的质量之间的换算

物质的质量为 m_B 时,其物质的量 n_B 为

$$n_B=\frac{m_B}{M_B}$$

当此物质 B 与浓度为 c_A、体积为 V_A 的标准溶液作用完全时,根据等物质的量反应规则,可得

$$c_A V_A=\frac{m_B}{M_B} \tag{2-2}$$

【例 2-6】 选用邻苯二甲酸氢钾作基准物质,标定浓度为 0.2 mol・L^{-1} NaOH 溶液的准确浓度。今欲控制消耗 NaOH 溶液体积在 25 ml 左右,应称取基准物质的质量为多少克?如改用草酸($H_2C_2O_4\cdot2H_2O$) 作基准物质,又应称取多少克?

解:邻苯二甲酸氢钾与氢氧化钠的反应为

$$\text{C}_6\text{H}_4(\text{COOH})(\text{COOK}) + \text{NaOH} = \text{C}_6\text{H}_4(\text{COONa})(\text{COOK}) + H_2O$$

在反应中，$\text{C}_6\text{H}_4(\text{COOH})(\text{COOK})$ 及 NaOH 间反应转移一个质子，故其基本单元都是各自的化学式。

设应称取邻苯二甲酸氢钾的质量为 m_1，由题意可得

$$c(\text{NaOH})V(\text{NaOH}) = \frac{m_1}{M(\text{KHC}_8\text{H}_4\text{O}_4)}$$

$$m_1 = c(\text{NaOH})V(\text{NaOH})M(\text{KHC}_8\text{H}_4\text{O}_4)$$

又 $$M(\text{KHC}_8\text{H}_4\text{O}_4) = 204.2\ \text{g} \cdot \text{mol}^{-1}$$

则 $$m_1 = 0.2 \times 25 \times 10^{-3} \times 204.2 = 1.0\ \text{g}$$

草酸与氢氧化钠的反应为

$$H_2C_2O_4 + 2\text{NaOH} = Na_2C_2O_4 + 2H_2O$$

因为草酸在反应中给出两个质子，故其基本单元为 $\frac{1}{2}(H_2C_2O_4 \cdot 2H_2O)$。

设应称取草酸的质量为 m_2，同理可得

$$m_2 = c(\text{NaOH})V(\text{NaOH})M\left[\frac{1}{2}(H_2C_2O_4 \cdot 2H_2O)\right]$$

又 $$M\left[\frac{1}{2}(H_2C_2O_4 \cdot 2H_2O)\right] = \frac{1}{2} \times M(H_2C_2O_4 \cdot 2H_2O)$$

$$= \frac{1}{2} \times 126.07$$

$$= 63.04\ \text{g} \cdot \text{mol}^{-1}$$

则 $$m_2 = 0.2 \times 25 \times 10^{-3} \times 63.04 = 0.32\ \text{g}$$

由例2-6可以看出，邻苯二甲酸氢钾的摩尔质量为204.2 g·mol^{-1}，草酸的摩尔质量为63.04 g·mol^{-1}，若与相同物质的量的氢氧化钠作用，前者应称1.0 g左右，而后者只需称0.32 g左右。称取这两份基准物质的质量引入的相对误差（%）分别为

$$\frac{\pm 0.000\,2}{1.0} \times 100\% = 0.02\%$$

$$\frac{\pm 0.0002}{0.32} \times 100\% = 0.06\%$$

可见，对于摩尔质量大的基准物质，标定时称取的质量多一些，因而引入的称量误差就小一些。

式(2-2) 还适用于根据所需溶液的浓度及体积计算溶质的质量，根据基准物质的质量及标准溶液所消耗的体积计算标准溶液的浓度等。

【例 2-7】 已知浓硫酸的密度 ρ 为 1.84 g · ml^{-1}，其中 H_2SO_4 的含量 w 为 95.6%。今取该硫酸 5.00 ml，稀释至 1 000 ml，计算所配溶液的浓度 $c\left(\frac{1}{2}H_2SO_4\right)$ 及 $c(H_2SO_4)$。

解：5.00 ml 中含硫酸的质量

$$m(H_2SO_4) = \rho V w = 1.84 \times 5.00 \times 95.6\% = 8.80\ \text{g}$$

稀释后溶液中所含硫酸的质量不变，由式(2-2) 可得

$$\frac{m(H_2SO_4)}{M\left(\frac{1}{2}H_2SO_4\right)} = c\left(\frac{1}{2}H_2SO_4\right)V(H_2SO_4)$$

又 $$M\left(\frac{1}{2}H_2SO_4\right) = 49.04\ \text{g} \cdot \text{moL}^{-1}$$

则 $$c\left(\frac{1}{2}H_2SO_4\right) = \frac{m(H_2SO_4)}{M\left(\frac{1}{2}H_2SO_4\right)V(H_2SO_4)} = \frac{8.80}{49.04 \times 1000 \times 10^{-3}} = 0.179\ \text{mol} \cdot \text{L}^{-1}$$

又 $$M(H_2SO_4) = 98.08\ \text{g} \cdot \text{mol}^{-1}$$

则 $$c(H_2SO_4) = 0.0897\ \text{mol} \cdot \text{L}^{-1}$$

从上述计算看出，当物质的质量 m 及溶液体积 V 同定时，该物质的摩尔质量所选基本单元不同，溶液的浓度 c 也不同。

【例 2-8】 欲配制 $c\left(\frac{1}{6}K_2Cr_2O_7\right) = 0.1000\ \text{mol} \cdot \text{L}^{-1}$ 的 $K_2Cr_2O_7$ 标准溶液 250.0 ml，应称取 $K_2Cr_2O_7$ 多少克？

解：由式(2-2) 可得

$$\frac{m(K_2Cr_2O_7)}{M\left(\frac{1}{6}K_2Cr_2O_7\right)} = c\left(\frac{1}{6}K_2Cr_2O_7\right)V(K_2Cr_2O_7)$$

又 $$M\left(\frac{1}{6}K_2Cr_2O_7\right) = \frac{1}{6}\times M(K_2Cr_2O_7)$$
$$= \frac{1}{6}\times 294.2$$
$$= 49.03\ g\cdot mol^{-1}$$

$$m(K_2Cr_2O_7) = c\left(\frac{1}{6}K_2Cr_2O_7\right)V(K_2Cr_2O_7)M\left(\frac{1}{6}K_2Cr_2O_7\right)$$
$$= 0.100\,0\times 250.0\times 10^{-3}\times 49.03$$
$$= 1.226\ g$$

（三）待测组分含量的计算

待测组分含量是指待测组分占试样中的质量分数 w_B（以 % 表示）。设试样质量为 m，试样中待测组分的质量为 m_B，则待测组分 B 的质量分数为

$$w_B = \frac{m_B}{m}\times 100\%$$

再将式(2-2) $m_B = c_A V_A M_B$ 代入，则

$$w_B = \frac{c_A V_A M_B}{m}\times 100\% \qquad (2\text{-}3)$$

【例 2-9】 测定 Na_2CO_3 试样的含量时，称取试样 0.200 9 g，滴定至终点时消耗 $c\left(\frac{1}{2}H_2SO_4\right) = 0.202\,0\ mol\cdot L^{-1}$ 的硫酸溶液 18.32 ml，求试样中 Na_2CO_3 的含量（以 % 表示）。

解：反应式为

$$H_2SO_4 + Na_2CO_3 = Na_2SO_4 + H_2O + CO_2\uparrow$$

由于反应中硫酸和碳酸钠间转移两个质子，因此其基本单元分别为 $\frac{1}{2}H_2SO_4$ 和 $\frac{1}{2}Na_2CO_3$。

已知 $M\left(\frac{1}{2}H_2SO_4\right) = 49.04\ g\cdot mol^{-1}$，$M\left(\frac{1}{2}Na_2CO_3\right) =$

53.00 g · moL^{-1}，则

$$w(Na_2CO_3) = \frac{0.2020 \times 18.32 \times 10^{-3} \times 53.00}{0.2009} \times 100\%$$

$$= 97.62\%$$

在分析实践中，有时不是滴定全部试样溶液，而是取其中一部分进行滴定。在这种情况下，应将 m 值乘以适当的分数。如将 m(g) 试样溶解后定容为 250.0 ml，取出 25.00 ml 进行滴定，则每份试样质量应是 $m \times \frac{25.00}{250.0}$。如果在滴定待测试液的同时做了空白试验，则式(2-3) 中的 V_A 应减去空白试验所消耗的标准溶液的体积 V_A。

（四）滴定度与物质的量浓度之间的换算

滴定度是指 1 ml 标准溶液相当于待测物质的质量，以 T 表示。式(2-2) 中为 1 ml 时所得 m_B 即为滴定度，写成为 $T_{B/A}$。

$$c_A V_A = \frac{m_B}{M_B}$$

$$c_A \times 1 \times 10^{-3} = \frac{T}{M_B}$$

则
$$T = c_A \times 10^{-3} \times M_B \tag{2-4}$$

或
$$c_A = \frac{T \times 10^3}{M_B} \tag{2-5}$$

【例 2-10】 计算 $c(HCl) = 0.1015$ mol · L^{-1} 的 HCl 溶液对 Na_2CO_3 的滴定度。

解：由式(2-4) 得

$$T(Na_2CO_3/HCl) = c(HCl) \times 10^{-3} M\left(\frac{1}{2}Na_2CO_3\right)$$

$$= 0.1015 \times 10^{-3} \times 53.00$$

$$= 0.005380 \text{ g} \cdot \text{mL}^{-1}$$

第三章　酸碱滴定法

酸碱滴定法是一类以酸碱反应为基础的分析方法，是分析实验中最重要的检测方法之一，广泛用于测定各种酸、碱及能与酸、碱直接或间接发生质子转移的物质。该方法具有操作简便、快速、准确等特点，在药品、食品质量控制中应用很普遍。

第一节　酸碱滴定法概述

酸碱滴定法是利用酸碱中和反应来进行滴定分析的方法，又称为中和滴定法。其反应实质是 H^+ 与 OH^- 中和生成难解离的水。

$$H^+ + OH^- \rightleftharpoons H_2O$$

酸碱中和反应的特点是：反应速率快，瞬时即可完成；反应过程简单；有很多指示剂可供选用以确定滴定终点。这些特点都符合滴定分析对反应的要求。常见的酸、碱及能与酸碱作用的物质，都可以采用酸碱滴定法来滴定。因此，许多化工产品检验包括生产中间控制分析，都广泛使用酸碱滴定法。

一、酸的浓度和酸度

酸的浓度和酸度是两个不同的概念。酸的浓度又叫酸的分析浓度，它是指某种酸的物质的量浓度，即酸的总浓度，包括溶液中未解离酸的浓度和已解离酸的浓度。

酸度是指溶液中氢离子的浓度，由于$[H^+]$（表示 H^+ 的平衡浓度）一般都比较小，通常用 pH 表示，即

$$pH = -\lg[H^+]$$

在水溶液中,强酸和强碱可完全解离为相应的阳离子和阴离子。因此,由强酸或强碱溶液的浓度即可直接得出$[H^+]$或$[OH^-]$(表示 OH^- 的平衡浓度)。

对于弱酸和弱碱,其浓度 c 是指溶液中已解离酸和未解离酸两部分溶液之和。例如,HAc 溶液的浓度为 c,在溶液中解离达到平衡时:

$$HAc \rightleftharpoons H^+ + Ac^-$$

平衡浓度:$[HAc]$、$[H^+]$、$[Ac^-]$

溶液浓度(分析浓度):c

$$c = [HAc] + [H^+] = [HAc] + [Ac^-]$$

HAc 溶液的酸度则为 HAc 解离平衡时的$[H^+]$。

同样,碱的浓度和碱度在概念上也是不同的。碱度通常用 pOH 表示。对于水溶液(25℃),则

$$pH + pOH = 14.0$$

本书采用字母 c_a、c_b 表示酸或碱的分析浓度,c_a 表示盐的分析浓度,而用方括号“[]”表示解离后某种组分的平衡浓度。浓度的单位均为 $mol \cdot L^{-1}$,K_a、K_b 表示酸或碱的解离常数。

二、水溶液中氢离子浓度的计算

1. 强酸、强碱溶液

一元强酸,如 HCl$pH = -\lg[H^+] = -\lg c_a$ (3-1)

一元强碱,如 NaOH$pOH = -\lg[OH^-] = -\lg c_b$ (3-2)

2. 弱酸弱碱

一元弱酸,如 HAc,$c_a/K_a \geqslant 500$ 时

$$[H+] = \sqrt{K_a c_a} \tag{3-3}$$

一元弱碱,如 NH_3,$c_b/K_b \geqslant 500$ 时

$$[OH^-] = \sqrt{K_b c_b} \tag{3-4}$$

二元弱酸，如 $H_2C_2O_4$，$c_a/K_{a_1} \geqslant 500$ 时

$$[H^+]=\sqrt{K_{a_1}c_a} \tag{3-5}$$

多元弱酸(碱)在水溶液中分步逐级解离，一般以第一级为主，H^+ 浓度或 OH^- 浓度可按一元弱酸(碱)来计算。

3. 水解性盐溶液

强碱弱酸盐，如 $NaAc$ $$[OH^-]=\sqrt{\frac{K_w}{K_a}c_s} \tag{3-6}$$

强酸弱碱盐，如 NH_4Cl $$[H^+]=\sqrt{\frac{K_w}{K_b}c_s} \tag{3-7}$$

弱酸弱碱盐，如 NH_4Ac $$[H^+]=\sqrt{K_w\frac{K_a}{K_b}} \tag{3-8}$$

二元弱酸强碱盐，如 Na_2CO_3 $$[OH^-]=\sqrt{\frac{K_w}{K_{a_2}}c_s} \tag{3-9}$$

酸式盐，如 $NaHCO_3$ $$[H^+]=\sqrt{K_{a_1}K_{a_2}} \tag{3-10}$$

NaH_2PO_4 $$[H^+]=\sqrt{K_{a_1}K_{a_2}} \tag{3-11}$$

Na_2HPO_4 $$[H^+]=\sqrt{K_{a_2}K_{a_3}} \tag{3-12}$$

第二节 水溶液中的酸碱平衡

一、酸碱质子理论

1. 基本概念

根据酸碱质子理论，酸是能给出质子的物质，碱是能接受质子的物质。

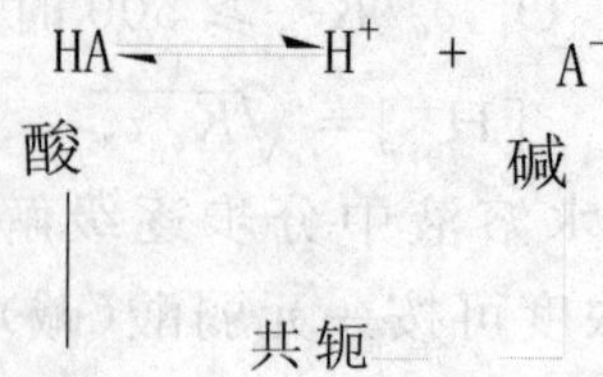

上述反应称为酸碱半反应。反应中或是 HA 失去一个质子生成其共轭碱 A^-；或是碱 A^- 得到一个质子转变成其共轭酸 HA。HA 和 A^- 称为共轭酸碱对，共轭酸碱彼此只相差一个质子。

酸碱的定义是广义的，可以是中性分子，也可以是阳离子或阴离子。

例如：　　　　　　　　　　　酸　　　　碱

$$HAc \rightleftharpoons H^+ + Ac$$

$$NH_4^+ \rightleftharpoons H+^+ + NH_3$$

$$H_2PO_4 \rightleftharpoons H+^+ + HPO_4^{2-}$$

在上述酸碱半反应中，$H_2PO_4^{2-}$ 既可以是酸，又可以是碱，这类物质称为两性物质。

酸碱反应实质上是发生在两对共轭酸碱对之间的质子转移反应，它由两个酸碱半反应组成。

例如，在水溶液中发生的 HCl 与 NH_3 的反应为

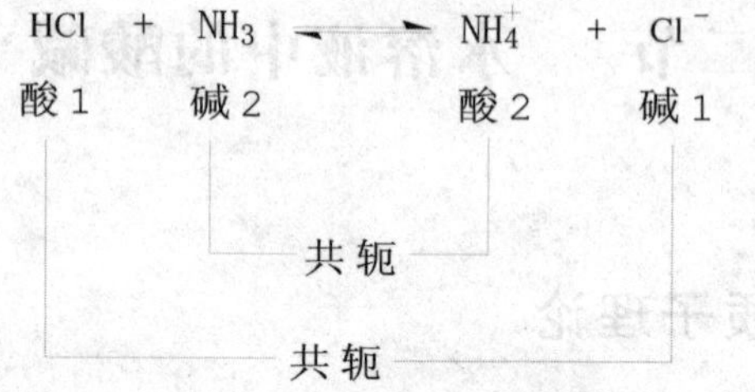

上述反应实际上包含了如下两个反应：

$$HCl + H_2O \rightleftharpoons H_3O^+ + Cl^-$$

$$NH_3 + H_3O^+ \rightleftharpoons NH_4^+ + H_2O$$

质子的转移是通过水完成的。水分子既能接受质子又能给出质子，因此它也是两性物质。一般意义上，盐的水解反应也是质子转移反应。

$$Ac^- + H_2O \rightleftharpoons HAc + OH^-$$

$$NH_4^+ + H_2O \rightleftharpoons NH_3 + H_3O^+$$

溶剂水分子之间的质子转移作用通常称为质子自递反应,从本质上来说这种反应也是酸碱反应:

$$H_2O + H_2O \rightleftharpoons H_3O^+ + OH^-$$

$$H_2O \quad + \quad H_2O \rightleftharpoons H_3O^+ \quad + \quad OH^-$$

酸 1　　碱 2　　酸 2　　碱 1

共轭

共轭

参与反应的两个共轭酸碱对是 H_3O^+ 与 H_2O 和 H_2O 与 OH^-。

2. 酸碱反应的平衡常数

通常我们用反应平衡常数来衡量酸碱反应进行的程度。如弱酸 HA、弱碱 A^- 在水溶液中的离解反应,即它们与溶剂之间的酸碱反应为

$$HA + H_2O \rightleftharpoons H_3O + A^-$$

$$A + H_2O \rightleftharpoons HA + OH^-$$

上述反应的平衡常数称为酸、碱的离解常数,分别用 K_a 或 K_b 来表示:

$$K_a = \frac{[A^-][H_3O^+]}{[HA]}$$

$$K_b = \frac{[HA][OH^-]}{[A^-]}$$

3. 共轭酸碱对的 K_a 与 K_b 及其相互关系

酸的强度和它将质子给予溶剂分子的能力与溶剂分子接受的能力;碱的强度取决于它从溶剂分子中接受质子的能力和溶剂分子给出质子的能力,可以理解为酸碱的强度受酸碱的性质和溶剂的影响。如 NH_3 在水中是弱碱,而在甲酸中其碱性强得多。这是

因为甲酸的酸性比水强，它比水容易将质子给予 NH_3，从而增强了 NH_3 的碱性。

在水溶液中，酸碱强度取决于酸将质子给予水分子或碱从水分子中接受质子的能力，通常用其在水中的离解常数 K_a 与 K_b 的大小来衡量。酸（碱）的离解常数越大，其酸（碱）性越强。

通常 $HClO_4$、H_2SO_4、HCl、HNO_3 在水溶液中都是很强的酸，如果浓度不是太大，它们之间的质子转移会进行得十分完全，因而不能体现两者之间酸强度的差别，也就是说 H_3O^+ 是水溶液中存在的最强酸的形式。可以想象，上述酸的共轭碱 ClO_4^-、SO_4^{2-}、Cl^- 和 NO_3^- 都是极弱的碱，几乎没有从 H_3O^+ 接受质子的能力。同理，OH^- 也是水溶液中最强碱的存在形式。

二、水溶液中酸度对弱酸（碱）存在型体的影响

在弱的酸碱平衡体系中，多种型体同时存在。例如 HAc 在水中的平衡体系中，就同时存在 HAc、Ac^- 两种型体。当酸度改变时，溶液中各种存在型体的浓度会随之发生变化。通常我们将某种型体的平衡浓度占总浓度的比例，称为分布系数，习惯用 δ 表示。一旦溶液的酸度发生改变，组分的分布系数也会发生相应的变化。我们把组分的分布系数与溶液酸度关系的曲线称为分布曲线。

1. 一元弱酸溶液中各型体的分布系数与分布曲线

以 HAc 为例进行说明。它在溶液中的存在型体有两种，即 HAc 和 Ac^-。设其总浓度为 $c(HAc)$，HAc 和 Ac^- 的平衡浓度分别为 $[HAc]$ 和 $[Ac^-]$，则有

$$c(HAc)=[HAc]+[Ac^-] \quad K_a=\frac{[A^-][H_3O^+]}{[HA]}$$

HAc 和 Ac^- 的分布系数分别为

$$\delta(HAc)=\frac{[HAc]}{c(HAc)}=\frac{[HAc]}{[HAc]+[Ac]}=\frac{1}{1+\frac{[Ac^-]}{[HAc]}}$$

$$=\frac{1}{1+\frac{K_a}{[H^+]}}=\frac{[H^+]}{[H^+]+K_a}$$

$$\delta(Ac^-)=\frac{[Ac^-]}{c(HAc)}=\frac{[Ac^-]}{[HAc]+[Ac^-]}=\frac{K_a}{[H^+]+K_a}$$

$$\delta(HAc)+\delta(Ac^-)=1$$

因此由酸的 K_a 和溶液的 pH 值就可计算出两种型体的分布系数，进而根据总浓度 c 和有关的分布系数，就可以计算出在某一酸度的溶液中，一元弱酸两种存在型体的平衡浓度。

【例 3-1】　计算在 pH = 5.00 时，0.10 mol·L^{-1} 的 HAc 溶液的 $\delta(HAc)$、$\delta(Ac^-)$以及各存在型体的平衡浓度。

解：查表可知：$K_a(HAc)=1.8\times10^{-5}$；pH = 5.00 时，$[H^+]=1.0\times10^{-5}$ mol·L^{-1}，则

$$\delta(HAc)=\frac{[H^+]}{[H^+]+K_a(HAc)}=\frac{1.0\times10^{-5}}{1.0\times10^{-5}+1.8\times10^{-5}}$$

$$\delta(Ac^-)=1-\delta(HAc)=0.64$$

$$[HAc]=c(HAc)\delta(HAc)=0.10\ \text{mol}\cdot\text{L}^{-1}\times0.36$$
$$=3.6\times10^{-2}\ \text{mol}\cdot\text{L}^{-1}$$

$$[Ac^-]=c(HAc)\delta(Ac^-)=0.10\ \text{mol}\cdot\text{L}^{-1}\times0.64$$
$$=6.4\times10^{-2}\ \text{mol}\cdot\text{L}^{-1}$$

这里以 pH 为横坐标，以各存在型体的分布系数为纵坐标，得到酸碱型体分布图，如图 3-1 所示，即 δ-pH 曲线图。从图 3-1 中可以看到，$\delta(HAc)$随 pH 值增大而减小，$\delta(Ac^-)$随 pH 增大而增大。当溶液的 pH = pK_a 时，$\delta(HAc)=\delta(Ac^-)=0.5$，即溶液中 HAc 和 Ac^- 各占一半；当 pH < pK_a 时，$\delta(HAc)>\delta(Ac^-)$，即溶液中 HAc 为主要存在型体；而当 pH > pK_a 时，$\delta(HAc)<\delta(Ac^-)$，则溶液中主要以 Ac^- 型体存在。

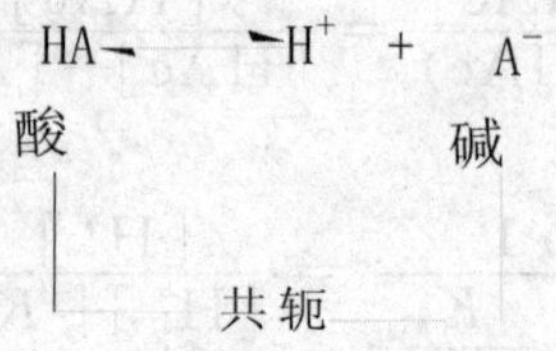

图 3-1 HAc 溶液的 δ-pH 曲线图

从上面讨论可知，在平衡状态下，分布系数的大小与酸（碱）本身的强弱，即 $K_a(K_b)$ 的大小以及溶液的 pH 值有关。对于某酸碱而言，分布系数只是溶液中 $[H^+]$ 的函数，通过控制酸度可得到所需要的型体。这个结论适合于任何一元弱酸溶液。对于一元弱碱溶液，也可做相同的处理。

2. 多元酸溶液中各型体的分布系数与分布曲线

以二元酸草酸为例，它在溶液中以 $H_2C_2O_4$、$HC_2O_4^-$ 和 $C_2O_4^{2-}$ 3 种型体存在。若 $H_2C_2O_4$ 的总浓度为 $c(H_2C_2O_4)$，3 种存在型体的平衡浓度分别为 $[H_2C_2O_4]$、$[HC_2O_4^-]$ 和 $[C_2O_4^{2-}]$，根据物料平衡，草酸的总浓度为这 3 种存在型体的平衡浓度之和，即

$$c(H_2C_2O_4) = [H_2C_2O_4] + [HC_2O_4^-] + [C_2O_4^{2-}]$$

根据相应离解常数的表达式有

$$K_{a_1} = \frac{[H^+][HC_2O_4^-]}{[HC_2O_4^-]};K_{a_2} = \frac{[H^+][C_2O_4^{2-}]}{[HC_2O_4^-]}$$

则 3 种存在型体的分布系数分别为

$$\delta(H_2C_2O_4) = \frac{[H_2C_2O_4]}{c(H_2C_2O_4)} = \frac{[H_2C_2O_4]}{[H_2C_2O_4] + [HC_2O_4^-] + [C_2O_4^{2-}]}$$

$$= \frac{1}{1 + \frac{[HC_2O_4^-]}{[H_2C_2O_4]} + \frac{[C_2O_4^{2-}]}{[H_2C_2O_4]}} = \frac{1}{1 + \frac{K_{a_1}}{[H^+]} + \frac{K_{a_1}K_{a_2}}{[H^+]^2}}$$

$$= \frac{[H^+]^2}{[H^+]^2 + K_{a_1}[H^+] + K_{a_1}K_{a_2}}$$

同理可得

$$\delta(HC_2O_4^-) = \frac{K_{a_1}[H^+]}{[H^+]^2 + K_{a_1}[H^+] + K_{a_1}K_{a_2}}$$

$$\delta(C_2O_4^{2-})=\frac{K_{a_1}K_{a_2}}{[H^+]^2+K_{a_1}[H^+]+K_{a_1}K_{a_2}}$$

$$\delta(H_2C_2O_4)+\delta(HC_2O_4^-)+\delta(C_2O_4^{2-})=1$$

$H_2C_2O_4$ 各存在型体的分布曲线图如图 3-2 所示。

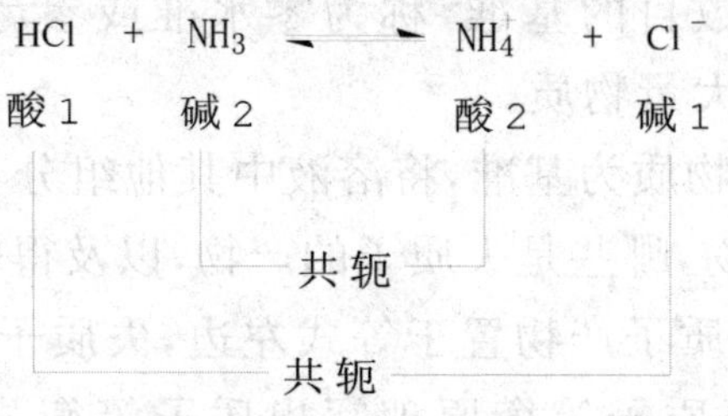

图 3-2　$H_2C_2O_4$ 溶液的 δ-pH 分布曲线图

从图 3-2 可以看到：二元弱酸有两个 pK_a，即 pK_{a_1}，和 pK_{a_2}，以它们为界，可分为 3 个区域：$pH<pK_{a_1}$ 时，$H_2C_2O_4$ 占优势；$pH=pK_{a_1}$ 时，$H_2C_2O_4$ 和 $HC_2O_4^-$ 的浓度相等；$pK_{a_1}<pH<pK_{a_2}$ 时，以 $HC_2O_4^-$ 为主要存在型体；$pH=pK_{a_2}$ 时，$HC_2O_4^-$ 和 $C_2O_4^{2-}$ 的浓度相等；$pH>pK_{a_2}$，以 $C_2O_4^{2-}$ 为主要存在型体。

对于多元弱酸 H_nA 来说，在溶液中可能存在 $n+1$ 种型体，各型体的分布系数的计算式类似，具有相同的分母项，分子依次是分母的相应项。如三元酸 H_3PO_4 的 4 种存在型体之一 PO_4^{3-} 的分布系数计算式为

$$\delta(PO_4^{3-})=\frac{K_{a_1}K_{a_2}K_{a_3}}{[H^+]^3+K_{a_1}[H^+]^2+K_{a_1}K_{a_2}[H^+]+K_{a_1}K_{a_2}K_{a_3}}$$

对于多元碱溶液，也可做相同的处理。

三、质子平衡（质子条件）

从酸碱质子理论可知，酸碱反应实质上是质子的转移。从酸碱发生反应直至反应达到平衡，酸总共给出的总的质子量与碱得到的总的质子量在数量上是相等的，因此可以推断酸失去质子后的产物和碱得到质子后的产物在浓度上必然有联系，酸碱之间质子转移的这种数量关系的数学表达式叫质子等衡式，也叫质子条

件，以 PBE 表示。

质子条件通常是在平衡状态下将溶液中各组分得失质子的关系直接写出来，这种写法的要点如下：

① 选取零水准。找出平衡体系中参与质子转移的原始形式作为计算质子得失数目的基准，称为零水准或参考水准。它一般是参与质子转移的大量物质。

② 以零水准物质为基准，将溶液中其他组分与之比较，找出哪些是得质子的产物，哪些是失质子的产物，以及得失质子的数目。

③ 通常将得质子产物置于等式左边，失质子产物置于等式右边，然后根据得失质子等衡原理写出质子等衡式（得失质子产物浓度前乘以得失质子数）。值得注意的是：在 PBE 中不包括零水准本身的有关项，也不含有与质子转移无关的组分，对于多元酸碱组分一定要注意其平衡浓度前的系数，它等于与零水准比较时该型体得失质子的数目。

【例 3-2】 写出 HAc 水溶液的质子条件式。

解：在 HAc 水溶液中大量存在的参与质子转移的原始形式是 HAc 和 H_2O，以它们为零水准，溶液中得失质子的反应如下：

$$H_2O + H_2O \rightleftharpoons H_3O^+ + OH^-$$

$$HAc + H_2O \rightleftharpoons H_3O^+ + Ac^-$$

可见，得质子产物为 H_3O^+，失质子产物为 OH^- 和 Ac^-，得失质子数目均为 1。根据得失质子数相等的原则，故 HAc 水溶液的质子条件式为

$$[H_3O^+] = [OH^-] + [Ac^-]$$

可简写为

$$[H^+] = [OH^-] + [Ac^-]$$

【例 3-3】 写出 Na_2S 水溶液的质子条件式。

解：在 Na_2S 水溶液中，S^{2-} 和 H_2O 是参加质子转移的原始形式（Na^+ 未参加质子转移）。因此，S^{2-} 和 H_2O 为该体系的零水准。以零水准为基准，溶液中得失质子的反应如下：

$$H_2O + H_2O \rightleftharpoons H_3O^+ + OH^-$$

$$S^{2-}+H_2O \rightleftharpoons HS^-+OH^-$$

$$S^{2-}+2H_2O \rightleftharpoons H_2S+2OH^-$$

对 S^{2-} 来说，HS^- 和 H_2S 是得质子产物，其中 HS^- 得 1 个质子，H_2S 得 2 个质子。对 H_2O 来说，H_3O^+ 是得质子产物，OH^- 是失质子产物，得失质子数目各为 1。根据得失质子等衡原理，可写出 Na_2S 水溶液的 PBE 为

$$[OH^-]=[H_3O^+]+[HS^-]+[H_2S]$$

这种方法熟练掌握后，则就无须把溶液中可能存在的平衡都写出来，而直接写出质子条件式，可将 H_3O^+ 简写为 H^+。

如 NaAc 水溶液的 PBE 为

$$[OH^-]=[H^+]+[HAc]$$

H_2CO_3 水溶液的 PBE 为

$$[H^+]=[HCO_3^-]+2[CO_3^{2-}]+[OH^-]$$

对于较复杂体系（零水准较多），可采用图表的方式找出体系中存在的其他酸碱组分及其得失质子的数目。

【例 3-4】　写出 $NH_4H_2PO_4$ 水溶液的质子条件式。

解：在 $NH_4H_2PO_4$ 水溶液中，选择 H_2O、NH_4^+ 和 $H_2PO_4^-$ 为零水准物质。溶液中的质子反应如下：

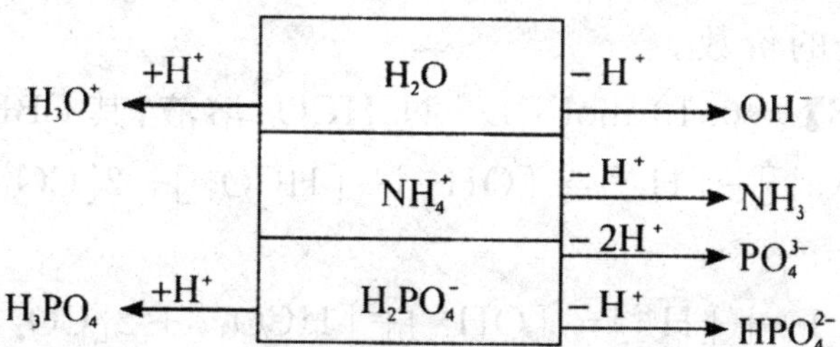

故 PBE 为：$[H_3O^+]+[H_3PO_4]=[HPO_4^{2-}[+2]PO_4^{3-}[+]NH_3[+]OH^-]$。

四、酸碱溶液 pH 的计算

（一）水溶液中酸碱平衡的处理方法

酸碱溶液中平衡型体之间存在三大平衡关系：① 质量（物料）

平衡；② 电荷平衡；③ 质子平衡。

1. 质量平衡

平衡状态时，溶质的各型体平衡浓度之和与溶质分析浓度为等衡关系，称为质量平衡，其数学表达式称为平衡方程式。

【例 3-5】 0.10mol · L HAc 溶液，其 MBE 为

$$[HAc]+[Ac^-]=C_{HAc}=0.10\ mol \cdot L^{-1}$$

【例 3-6】 0.10 mol · L^{-1} $NaHCO_3$ 溶液，其 MBE 为

$$[H_2CO_3]+[HCO_3^-]+[C_3^{2-}]=[Na^+]$$

$$=C_{NaHCO_3}=0.10\ mol \cdot L^{-1}$$

2. 电荷平衡

处于平衡状态的水溶液是电中性的，即溶液中荷正电质点电荷之和必等于荷负电质点电荷之和。其数学表达式称为电荷平衡式(charge balance equation CBE)。

【例 3-7】 浓度为 0.10 mol · L^{-1} HAc 溶液，其 CBE 为

$$[H^+]=[Ac^-]+[OH^-]$$

对多价阳(阴) 离子，平衡浓度各项中还有相应的系数，其值为相应离子的价数。

【例 3-8】 0.10 mol · L^{-1} $NaHCO_3$ 溶液，其 CBE 为

$$[Na^+]+[H^+]=[OH^-]+[HCO_3^-]+2[CO_3^{2-}]$$

或

$$0.10+[H^+]=[OH^-]+[HCO_3^-]+2[CO_3^{2-}]$$

3. 质子平衡

酸碱反应的实质是质子的转移。酸碱反应达到平衡时，酸与碱之间得失质子的等衡关系称为质子平衡，其数学表达式为质子条件式(proton balance equation PBE)。常用零水准法列出 PBE。

① 选择适当的基准态物质(零水准)，基准态物质通常是溶液中大量存在并参与质子转移的物质。

② 根据质子转移数相等的数量关系写出PBE，PBE中不包括基准态物质。

【例 3-9】 $NaHCO_3$ 溶液，溶液中大量存在并参与质子转移的物质是 HCO_3^- 与 H_2O。它们之间质子转移情况如下：

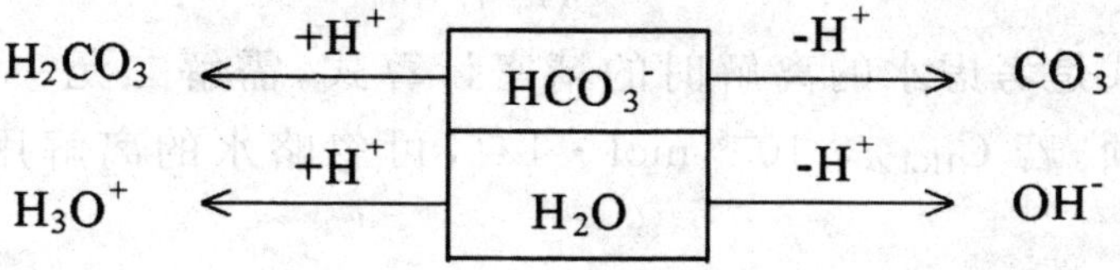

$$H_2CO_3 \xleftarrow{+H^+} \boxed{HCO_3^-} \xrightarrow{-H^+} CO_3^-$$
$$H_3O^+ \xleftarrow{+H^+} \boxed{H_2O} \xrightarrow{-H^+} OH^-$$

PBE 为：$[H_2CO_3]+[H_3O^+]=[CO_3^{2-}]+[OH^-]$

【例 3-10】 $(NH_4)_2HPO_4$ 溶液，质子转移的情况如下：

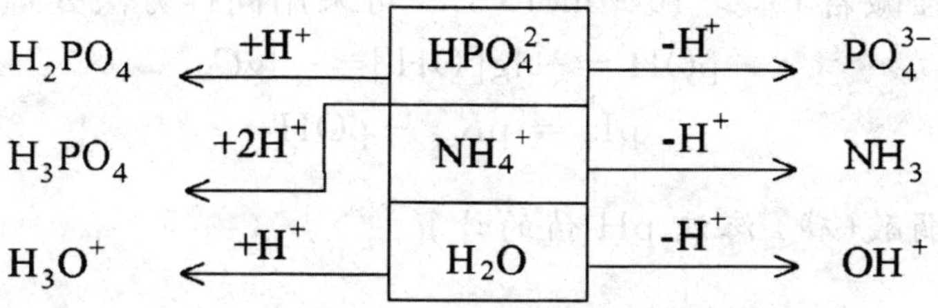

$$H_2PO_4 \xleftarrow{+H^+} \boxed{HPO_4^{2-}} \xrightarrow{-H^+} PO_4^{3-}$$
$$H_3PO_4 \xleftarrow{+2H^+} \boxed{NH_4^+} \xrightarrow{-H^+} NH_3$$
$$H_3O^+ \xleftarrow{+H^+} \boxed{H_2O} \xrightarrow{-H^+} OH^+$$

PBE 为：$[H^+]+[H_2PO_4^-]+2[H_3PO_4]=[NH_3]+[PO_4^{3-}]+[OH^-]$

对于复杂的酸碱平衡还可联立 MBE 和 CBE 求得 PBE。

【例 3-11】 写出和的缓冲体系的质子条件式。

MBE $[HA]+[A^-]=C_a+C_b$

CBE $[K^+]+[H^+]=[OH^-]+[A^-]$

其中 $[K^+]=C_b$

即将 MBE 与 CBE 式联立可得 PBE $[HA]+[H^+]=C_a+[OH^-]$

PBE 完整地反映了酸碱平衡体系中得失质子的严密数量关系，是推导各种酸碱溶液酸碱度计算公式的依据。

（二）酸碱溶液 pH 的计算

1. 一元强酸（碱）溶液 pH 的计算

以 C $mol \cdot L^{-1}$ HCl 溶液为例讨论，其质子条件式为

$$[H^+] = [OH^-] + [Cl^-]$$

式中$[Cl^-]$即为 HCl 的浓度 C_{HCl}；而$[OH^-]$来源于水的离解$[OH^-] = K_w/[H^+]$，代入质子条件式有

$$[H^+] = \frac{K_w}{[H^+]} + C_{HCl} \tag{3-13}$$

该式是考虑水的离解时的精密计算式，需解二元一次方程，比较麻烦。若 $C_{HCl} > 10^{-6}\ mol \cdot L^{-1}$，可忽略水的离解用近似式计算：

$$[H^+] = C_{HCl}$$

$$pH = -\lg[H^+] = -\lg C_a \tag{3-14}$$

对强碱若 $C_b > 10^{-6}\ mol \cdot L^{-1}$ 可采用同样方法处理得

$$pOH = -\lg[OH] = -\lg C_b$$

$$pH = pK_w - pOH$$

2. 弱酸(碱) 溶液 pH 值的计算

(1) 一元弱酸溶液

一元弱酸(HA)的质子条件式是

$$[H^+] = [OH^-] + [A^-]$$

$$[H^+] = \frac{K_w}{[H^+]} + \frac{K_a[HA]}{[H^+]}$$

$$[H^+] = \sqrt{K_a[HA] + K_w} \tag{3-15}$$

式中，$[HA] = C_a - ([H^+] - [OH^-])$，展开后则为含$[H^+]$的一元三次方程，实际工作中可根据具体情况对式(3-15)做近似处理，计算更方便。

$$[HA] = C_a - ([H^+] - [OH^-]) \approx C_a - [H^+]$$

当 $C_a/K_a < 500$，$CK_a \geqslant 20K_w$ 时，即酸不是太弱，可忽略水的离解，式(3-15) 可简化成近似式：

$$[H^+] = \sqrt{K_a[HA]} = \sqrt{K_a(C_a - [H^+])} \tag{3-16}$$

$$[H^+]^2 + K_a[H^+] - C_aK_a = 0$$

$$[H^+] = \frac{-K_a + \sqrt{K_a^2 + 4CK_a}}{2} \tag{3-17a}$$

当 $C_a/K_a \geqslant 500, C_aK_a \geqslant 20K_w$ 时，即酸不太弱，浓度也不太小，酸和水的离解对总浓度的影响均可忽略，$[HA]=C_a-[H^+]\approx C_a$，则式(3-16)可简化成最简式：

$$[H^+]=\sqrt{C_aK_a} \tag{3-17b}$$

一元弱碱溶液的处理与一元弱酸相似，只需将式中的 C_a、$[H^+]$和 K_a 以 C_b、$[OH^-]$和 K_b 代之即可。

其近似式为

$$[OH^-]=\frac{K_b+\sqrt{K_b^2+4C_bK_b}}{2} \tag{3-18a}$$

最简式为

$$[OH^-]=\sqrt{C_bK_b} \tag{3-18b}$$

【例 3-12】 计算 0.10 mol·L^{-1}HAc，pK_a = 4.76 溶液的 pH 值。

解：因为 $CK_a=0.10\times10^{-4.76}=10^{-5.76}>20K_w$

所以水的酸性可忽略，又 $C/K_a=0.10\div10^{-4.76}>500$ 故可用式(4-17b)式计算。

$$[H^+]=\sqrt{K_aC_a}=\sqrt{0.10\times10^{-4.76}}$$
$$=10^{-2.88}\ \text{mol}\cdot\text{L}^{-1}$$

【例 3-13】 计算 0.10 mol·L^{-1}NaAc 溶液的 pH 值。$K_a=1.8\times10^{-5}$。

解：Ac^- 是 HAc 的共轭碱，其 $K_b=\frac{K_w}{K_a}=\frac{1.0\times10^{-14}}{1.8\times10^{-5}}=5.6\times10^{-10}$，因为 $C/K_b=0.10\div5.6\times10^{-10}>500$，$CK_b=0.10\times5.6\times10^{-10}>20K_w$，故用式(4-18b)式计算$[OH^-]$。

即

$$[OH]=\sqrt{C_bK_b}=\sqrt{0.10\times5.6\times10^{-10}}$$
$$=7.5\times10^{-6}\ \text{mol}\cdot\text{L}^{-1}$$
$$\text{pOH}=5.13\quad \text{pH}=8.87$$

(2) 多元弱酸(碱)溶液

多元酸碱溶液呈分步离解，如 H_2A 存在两个酸碱平衡：

$$H_2A \rightleftharpoons H^+ + HA^- \quad K_{a_1}$$

$$HA^- \rightleftharpoons H^+ + A^{2-} \quad K_{a_2}$$

$$H_2O \rightleftharpoons H^+ + OH^-$$

当 $K_{a_1} \geqslant K_{a_2}$ 时，即 $CK_{a_1} \geqslant 100K_{a_2}$，第二步离解可忽略。这时二元酸按一元酸来处理，即

近似式为

$$[H^+] = \frac{-K_{a_1} + \sqrt{K_{a_1}^2 + 4C_a K_{a_1}}}{2} \tag{3-19a}$$

最简式为

$$[H^+] = \sqrt{C_a K_{a_1}} \tag{3-19b}$$

同理，对于二元碱：若 $CK_{b_1} \geqslant 100K_{a_2}$，则二元碱按一元弱碱处理。

近似式为：$$[OH^-] = \frac{-K_{b_1} + \sqrt{K_{b_1}^2 + 4C_b K_{b_1}}}{2} \tag{3-20a}$$

最简式为：

$$[OH^-] = \sqrt{C_b K_{b_1}} \tag{3-20b}$$

3. 其他溶液 pH 的计算

上述详细介绍了酸碱溶液pH的计算方法，其他溶液pH的计算方法可依此类推。由于滴定分析涉及的分析对象大多是常量分析，只需对溶液的pH作大概的估计，一般情况下，采用最简式计算即可满足要求。

(1) 两性物质pH计算的最简式

$$[H^+] = \sqrt{K_{a_1} K_{a_2}} \tag{3-21}$$

使用条件：　$CK_{a_2} \geqslant 20K_w \quad C \geqslant 20K_{a_1}$

其他两性物质，如 $NaHPO_4$ 溶液，上述各式中只需将 K_{a_1} 和 K_{a_2} 分别用 K_{a_2} K_{a_3} 代替即可。对于类似于两性物质的一元弱酸弱碱盐，如 NH_4Ac、NH_4CN 等，将各式中 K_{a_1} 以弱酸(HAc、HCN)的 K_a 代替 K_{a_1}，以共轭酸(NH_4^+)的 K_a 代替 K_{a_2} 即可。

【例 3-14】　计算 0.050 $mol \cdot L^{-1}$ $NaHCO_3$ 溶液的 pH 值。

解：已知 $pK_{a_1} = 6.38 \quad pK_{a_2} = 10.25$

因为 $CK_{a_2} = 20K_w, C > 20K_{a_1}$

故采用最简式(3-21) 计算

$$[H^+] = \sqrt{K_{a_1} K_{a_2}}$$

$$= \sqrt{10^{-6.38} \times 10^{-10.25}}$$

$$= 10^{-8.32} \ mol \cdot L^{-1}$$

$$pH = 8.32$$

(2) 缓冲溶液 pH 计算的最简式

$$pH = pK_a + \lg \frac{C_b}{C_a} \tag{3-22}$$

使用条件：$C_a > 20[H^+] > 20[OH^-], C_b > 20[OH^-] > 20[H^+]$

【例 3-15】　计算 NH_3(0.20 $mol \cdot L^{-1}$)-NH_4Cl(0.10 $mol \cdot L^{-1}$) 溶液的 pH。已知 $pK_b = 4.76$。

解：NH_3-NH_4Cl 为碱性范围的缓冲体系，则

$$pK_a = pK_w - pK_b = 14.00 - 4.76$$

$$= 9.24$$

$$pH = pK_a + \lg \frac{CNH_3}{NH_4^+} = 9.24 + \lg \frac{0.20}{0.30}$$

$$= 9.06$$

因为 C_{NH_3} 与 $C_{NH_4^+} \gg [OH^-](10^{-4.94}) \gg [H^+](10^{-9.06})$，故用最简式(3-22) 计算是合理的，结果是正确的。

第三节　酸碱缓冲溶液

一、缓冲作用的原理及 pH 的计算

1. 缓冲作用的原理

以 HAc-NaAc 溶液为例，说明缓冲溶液的作用原理。在溶液

中 NaAc完全离解成 Na^+ 和 Ac^-，HAc则部分离解为 H^+ 和 Ac^-。

$$NaAc = Na^+ + Ac^-$$

$$HAc \rightleftharpoons H^+ + Ac^-$$

此时溶液中存在着共轭酸碱对 HAc和 Ac^-。当向此溶液中加入少量强酸(如 HCl)时。加入的 H^+ 与溶液中的碱 Ac^- 反应生成难离解的共轭酸 HAc，使平衡向左移动，溶液中$[H^+]$增加不多，即 pH 变化很小。当向此溶液中加入少量强碱(如 NaOH)时，加入的 OH^- 与溶液中的 H^+ 反应生成 H_2O，促使 HAc 继续电离出质子，以补充消耗掉的 H^+，使平衡向右移动。溶液中 H^+ 降低也不多，pH 变化仍很小。如果将溶液加水稀释，HAc 和 Ac^- 的浓度都相应降低，使 HAc 的离解度相应增加，$[H^+]$或 pH 仍然变化不大。

2. 缓冲溶液 pH 的计算

一般情况下缓冲溶液的 pH 值可从酸的离解平衡计算得出。以弱酸 HA 及其共轭碱 A^- 组成的缓冲溶液为例，设弱酸及其共轭碱的浓度分别为 cHA 及 cA^-，则

$$HA \rightleftharpoons H^+ + A^-$$

$$NaAc = Na^+ + Ac^-$$

$$K_a = \frac{[H^+][A^-]}{[HA]}$$

$$[H^+] = K_a \times \frac{[HA]}{[A^-]}$$

由于 HA 及 A^- 浓度较大，它们可互相抑制对方与水进行的质子转移反应，加之同离子效应的存在，使得 HA 的离解度更小，可以认为$[HA] \approx c$HA；又因 NaA 是强电解质，所以$[A^-] \approx cA^-$。因此

$$[H^+] = K_a \times \frac{c(HA)}{c(A^-)}$$

$$pH = pK_a + \lg \frac{cA^-}{cHA} \tag{3-23}$$

式中，K_a 为弱酸的离解常数；cHA 弱酸的分析浓度，单位 $mol \cdot L^{-1}$；cA^- 共轭碱的分析浓度，单位 $mol \cdot L^{-1}$。

这是计算缓冲溶液 pH 的最简公式。对于由弱酸及其共轭碱所组成的缓冲溶液。其 K_b 值则由 $K_b = \frac{K_w}{K_a}$ 求得。

【例 3-16】　计算 $c(NH_4Cl) = 0.10\ mol \cdot L^{-1}$ 的 NH_4Cl 和 $c(NH_3) = 0.20\ mol \cdot L^{-1}$ 的氨水组成的缓冲溶液的 pH 值。

解：已知 NH_3 的 $K_b = 1.8 \times 10^{-5}$，则 NH_4^+ 的 $K_a = \frac{K_w}{K_b} = \frac{1.0 \times 10^{-14}}{1.8 \times 10^{-5}} = 5.6 \times 10^{-10}$。

由式(3-23) 得

$$pH = pK_a + \lg \frac{c(NH_3)}{c(NH_4^+)} = 9.26 + \lg \frac{0.2}{0.1} = 9.56$$

【例 3-17】　分别计算向 50 ml 的 $0.10\ mol \cdot L^{-1}$ HAc—$0.10\ mol \cdot L^{-1}$ NaAc 缓冲溶液中加入 0.050 ml1.0 $mol \cdot L^{-1}$ HCl、0.050 ml 1.0 $mol \cdot L^{-1}$ NaOH 或加水稀释 10 倍后溶液的 pH。$K_{HAc} = 1.8 \times 10^{-5}$。

解：原缓冲溶液的 pH 为

$$[H^+] = K_a \times \frac{[HAc]}{[Ac^-]} = 1.8 \times 10^{-5} \times \frac{0.10}{0.10}$$

$$= 1.8 \times 10^{-5}\ mol \cdot L^{-1}$$

$$pH = 4.74$$

当向上述缓冲溶液中加入 0.050 ml 1.0 $mol \cdot L^{-1}$ HCl 时，即向缓冲溶液加入 $[H^+] = \frac{0.050}{50} \times 1.0 = 1.0 \times 10^{-3}\ mol \cdot L^{-1}$，$H^+$ 和 Ac^- 生成 HAc，因此，溶液中增加 $[HAc] = 1.0 \times 10^{-3}\ mol \cdot L^{-1}$，$[Ac^-]$ 减少了 $1.0 \times 10^{-3}\ mol \cdot L^{-1}$，故

$$[Ac^-] = 0.10 - 1.0 \times 10^{-3} = 0.099\ mol \cdot L^{-1}$$

$$[HAc] = 0.10 + 0.001 = 0.101\ mol \cdot L^{-1}$$

$$[H^+] = K_a \times \frac{[HAc]}{[Ac^-]} = 1.8 \times 10^{-5} \times \frac{0.101}{0.099}$$

$$= 1.84 \times 10^{-5}\ \mathrm{mol \cdot L^{-1}}$$

$$\mathrm{pH} = 4.73$$

当向上述缓冲溶液中加入 0.050 mL 1.0 $\mathrm{mol \cdot L^{-1}}$ NaOH 时，$[Ac^-]$增加了 $1.0\times10^{-3}\ \mathrm{mol \cdot L^{-1}}$，[HAc]减少了 $1.0\times10^{-3}\ \mathrm{mol \cdot L^{-1}}$，所以

$$\mathrm{pH} = 4.75$$

如果将上述缓冲溶液稀释 10 倍，则 $[\mathrm{HAc}] = [\mathrm{Ac^-}] = 0.010\ \mathrm{mol \cdot L^{-1}}$，代入计算式中，pH 不变。

$$[\mathrm{H^+}] = 1.8 \times 10^{-5} \times \frac{0.010}{0.010} = 1.8 \times 10^{-5}\ \mathrm{mol \cdot L^{-1}}$$

$$\mathrm{pH} = 4.74$$

通过以上计算，可以看出向缓冲溶液中加入少量的酸或碱或者将溶液稀释，缓冲溶液 pH 不变。

二、缓冲容量和缓冲范围

1. 缓冲容量

缓冲溶液的缓冲作用是有一定限度的。当加入的酸或碱超过一定量时，缓冲溶液的缓冲能力将消失。因此，任何缓冲溶液都是有一定的缓冲能力。

缓冲容量是反映缓冲溶液缓冲能力的标尺。一般以使 1L 缓冲溶液的 pH 改变一个 pH 单位所需要加入强酸或强碱的量来表示。所需强酸或强碱的量越大，缓冲容量越大。

首先，缓冲容量的大小与组成缓冲溶液的浓度有关。比如 0.1 $\mathrm{mol \cdot L^{-1}}$ HAc-0.1 $\mathrm{mol \cdot L^{-1}}$ NaAc 缓冲溶液，pH = 4.74，使 pH 改变 1 个单位，即 pH = 3.74，需要加入酸量为 $x\ \mathrm{mol \cdot L^{-1}}$，则

$$\mathrm{pH} = \mathrm{p}K_a - \lg \frac{c(\mathrm{HAc})}{c(\mathrm{Ac^-})}$$

$$3.74 = 4.74 - \lg \frac{0.1 + x}{0.1 - x}$$

$$x = 0.08\ \mathrm{mol \cdot L^{-1}}$$

如果 0.1 mol · L^{-1} HAc-0.1 mol · L^{-1} NaAc 缓冲溶液 pH 由 4.74 变为 3.74，需要加入酸量为 y mol · L^{-1}，则

$$3.74 = 4.74 - \lg \frac{0.1 + y}{0.1 - y}$$

$$y = 0.08\ \text{mol} \cdot \text{L}^{-1}$$

可见，组成缓冲溶液的浓度增大 10 倍，改变 1 个 pH 单位，需加的酸量也增大 10 倍，即缓冲容量也增大 10 倍。

其次，缓冲容量还受缓冲溶液两种组分的浓度的影响。比如 0.18 mol · L^{-1} HAc-0.02 mol · L^{-1} NaAc 缓冲溶液，pH 为 3.79，pH 由 3.79 变为 2.79 时，需加入的酸量为 x mol · L^{-1}. 则

$$2.79 = 3.79 - \lg \frac{0.18 + x}{0.02 - x}$$

$$x = 0.0018\ \text{mol} \cdot \text{L}^{-1}$$

综上计算，0.1 mol · L^{-1} HAc-0.1 mol · L^{-1} NaAc 缓冲溶液 pH 改变 1 个单位[$c(HAc) + c(Ac^-) = 0.2$ mol · L^{-1}，$c(HAc)$: $c(Ac^-) = 1:1$]，需加酸 0.08 mol · L^{-1}。而 0.18 mol · L^{-1} HAc－0.02 mol · L^{-1} NaAc缓冲溶液[$c(HAc) + c(Ac^-) = 0.2$ mol · L^{-1}，$c(HAc)$: $c(Ac^-) = 9:1$]pH 改变 1 个单位. 需加酸 0.001 8 mol · L^{-1}，可见后者缓冲容量降低。因此，缓冲溶液两组分浓度比值为 1 : 1 时. 缓冲容量最大，此时溶液 pH = pK_a，pOH = pK_b。当两组分浓度比值为 9 : 1(或 1 : 9) 时，缓冲容量变小。当浓度比值超过 10 : 1 或 1 : 10 时，缓冲溶液的缓冲能力更小。

2. 缓冲范围

一般规定，缓冲溶液两组分浓度比在 1 : 10 和 10 : 1 之间，即为缓冲溶液有效的缓冲范围，简称缓冲范围。这个范围为

弱酸及其共轭碱缓冲体系(1/10 ～ 10/1)　pH = $pK_a \pm 1$

弱碱及其共轭酸缓冲体系(1/10 ～ 10/1)　pOH = $pK_b \pm 1$

例如，HAc-NaAc 缓冲体系，$pK_a = 4.74$，其缓冲范围是 pH = 4.74 ± 1，即 3.74 ～ 5.74。$NH_3 \cdot H_2O$-NH_4Cl 缓冲体系 ($pK_b = 4.74$)，其缓冲范围为 pH = 9.26 ± 1。

三、缓冲溶液的选择和配制

1. 缓冲溶液的选择原则

分析化学中用于控制溶液酸度的缓冲溶液很多，选择缓冲溶液时，遵循的基本原则是：缓冲溶液对分析反应没有干扰，有足够的缓冲容量及其 pH 应在所要求稳定的酸度范围之内。

例如，需要 pH 为 5.0 左右的缓冲溶液，则可选择 HAc－NaAc 缓冲体系，因为 HAc 的 $pK_a = 4.74$，与所需的 pH 接近。同理，如需要 pH 为 9.5 左右的缓冲溶液，可选择 $NH_3 \cdot H_2O$-NH_4Cl 体系，因 NH_4^+ 的 $pK_a = 9.26$。若分析反应要求溶液的酸度在 pH 0 ～ 2 或 pH 12 ～ 14 的范围内，则可用强酸或强碱控制溶液的酸度。表 3-1 列出了常用的酸碱缓冲溶液，供实际选择时参考。

表 3-1　常用的酸碱缓冲溶液

缓冲溶液的组成		共轭酸碱对	pK_a	pH 范围
酸的组成	碱的组成			
盐酸	氨基乙酸	$^+NH_3CH_2COOH/^+NH_3CH_2COO^-$	2.35	1.0 ～ 3.7
甲酸	氢氧化钠	$HCOOH/HCOO^-$	3.77	2.8 ～ 4.6
乙酸	乙酸钠	HAc/Ac^-	4.74	3.7 ～ 5.7
盐酸	六亚甲基四胺	$(CH_2)_6N_4H^+/(CH_2)_6N_4$	5.13	4.2 ～ 6.2
磷酸二氢钠	磷酸氢三钠	$H_2PO_4^-/HPO_4^{2-}$	7.21	5.9 ～ 8.0
盐酸	三乙醇胺	$^+NH(CH_2CH_2OH)_3/N(CH_2CH_2OH)_3$	7.76	6.7 ～ 8.7
氯化铵	氨水	NH_4^+/NH_3	9.26	8.3 ～ 10.2
碳酸氢钠	碳酸钠	HCO_3^-/CO_3^{2-}	10.32	9.2 ～ 11.0
磷酸氢二钠	氢氧化钠	HPO_4^{2-}/PO_4^{3-}	12.32	11.0 ～ 13.0

2. 缓冲溶液的配制

(1) 普通缓冲溶液

简单缓冲体系的配制方法可利用有关公式计算得到。

【例 3-18】 欲配制 pH＝5.00、$c(HAc)=0.20\ mol\cdot L^{-1}$ 的缓冲溶液 1L，需 $c(HAc)=1.0\ mol\cdot L^{-1}$ 的 HAc 及 $c(NaAc)=1.0\ mol\cdot L^{-1}$ 的 NaAc 溶液各多少毫升？

解：已知 pH ＝ 5.00，$c(HAc)=0.20\ mol\cdot L^{-1}$，有

$$c(Ac^-)=\frac{K_a c(HAc)}{[H^+]}=\frac{1.8\times10^{-5}\times0.20}{1.0\times10^{-5}}=0.36\ mol\cdot L^{-1}$$

需浓度 $1.0mol\cdot L^{-1}$ 的 HAc 和 NaAc 体积分别为

$$V(HAc)=\frac{0.20\times1000}{1.0}=200\ ml$$

$$V(NaAc)=\frac{0.36\times1000}{1.0}=360\ ml$$

将 200 ml 浓度为 $1.0\ mol\cdot L^{-1}$ 的 HAc 溶液和 360 ml，浓度为 $1.0\ mol\cdot L^{-1}$ 的 NaAc 溶液混合后，用水稀释至 1 000 ml，即得 pH ＝5.00 的 HAc-NaAc 缓冲溶液。

(2) 标准缓冲溶液

标准缓冲溶液的 pH 是在一定温度下实验测得的 H^+ 活度的负对数。标准缓冲溶液可用作测量某溶液 pH 的参照溶液。几种常用的标准缓冲溶液列于表 3-2 中。

表 3-2　几种常用的标准缓冲溶液

标准缓冲溶液	pH(25℃)
饱和酒石酸氢钾($0.034mol\cdot L^{-1}$)	3.56
邻苯三甲酸氢钾($0.05mol\cdot L^{-1}$)	4.01
$0.025mol\cdot L^{-1}KH_2PO_4-0.025mol\cdot L^{-1}Na_2HPO_4$	6.86
$0.01mol\cdot L^{-1}$ 硼砂	9.18

第四节　酸碱指示剂

所谓酸碱指示剂指的是当溶液的 pH 发生变化时，它的颜色也随着发生变化的化合物，这类化合物通常为结构复杂的酸或弱

碱。一般情况可将酸碱指示剂分为三类：① 单色指示剂，只对酸或碱中的一种有颜色的变化；② 双色指示剂，指示剂对酸液和碱液两种不同的颜色有变化；③ 混合指示剂，由两种或两种以上酸碱指示剂按一定比例混合的指示剂称为混合指示剂。它与前两种指示剂的最大区别是：混合指示剂利用了颜色之间的互补，具有很窄的变色范围，且在滴定终点有很敏锐的颜色变化，其变色与某一 pH 值相关，而无变色范围，因此变色更为敏锐。

一、变色原理

当溶液 pH 值发生变化时，作为酸碱指示剂的有机弱酸（碱）可能失去质子由酸式型体转变成为它的共轭碱式型体。在此过程中，质子的转移使指示剂本身的结构改变了，从而引起溶液颜色的变化。

酚酞是酸碱滴定法中常用的指示剂之一，它是一种二元弱酸，在溶液中存在如下平衡：

酸式，无色 $\underset{H^+}{\overset{OH^-}{\rightleftharpoons}}$ 酸式，无色 $\underset{H^+}{\overset{OH^-}{\rightleftharpoons}}$ 碱式，红色

在酸性溶液中，酚酞以无色分子或离子存在，因此不显色。而在碱性溶液中，酚酞失去质子，转变为醌式结构后显红色，属单色指示剂。注意，由于醌式酸盐在碱性介质中很不稳定，它会慢慢地转化成无色的羧酸盐式，因此酚酞仅能在稀碱中使用。

又如甲基橙，它是一种偶氮类有机弱碱，也是酸碱滴定法中常用的指示剂，它在溶液中存在如下平衡：

$$N(H_3C)_2-C_6H_4-N{=}N-C_6H_4-SO_3^- \underset{OH^-}{\overset{H^+}{\rightleftharpoons}} \overset{+}{N}(H_3C)_2{=}C_6H_4{=}N-NH-C_6H_4-SO_3^-$$

碱式（偶氮式），黄色　　　　酸式（醌式），红色

当溶液酸度增大时，平衡向右移动，甲基橙主要以醌式结构存在，此时溶液由黄色转变为红色；而当溶液的碱度增大时，甲基橙主要以偶氮式结构存在，溶液则由红色转变为黄色。

二、变色范围

酸碱指示剂的变色范围，可由指示剂在溶液中的离解平衡过程来解释，以弱酸型指示剂 HIn 为例：

$$HIn = H^{+} + In^{-}$$

酸式色

$$K_{HIn} = \frac{[H^{+}][In—^{-}]}{[HIn]}$$

$$\frac{[In—^{-}]}{[HIn]} = \frac{[K_{HIn}]}{[H^{+}]}$$

式中，K_{HIn} 为指示剂的解离常数；[In—⁻]和[HIn]分别为指示剂的碱式色和酸式色的浓度。

从上式可见：溶液的颜色是由[In—⁻]/[HIn]的比值来决定的，而此比值又与[H⁺]和 K_{HIn} 有关。在一定温度下，K_{HIn} 是一个常数，因此，此比值[In—⁻]/[HIn]仅为[H⁺]的函数，当溶液中[H⁺]发生改变时，[In—⁻]/[HIn]比值即发生改变，致使溶液的颜色也发生变化。共有以下三种情况：

① 当[In—⁻]/[HIn]≤1/10 时，$pH \leqslant pK_a - 1$，只能观察出酸式(HIn)色；

② 当[In—⁻]/[HIn]≥10 时，$pH \geqslant pK_a + 1$，观察到的是指示剂的碱式色；

③ 当 1/10＜[In—⁻]/[HIn]＜10 时，$pH = pK_a \pm 1$，观察到的是混合色，人眼一般难以识别。

当指示剂的酸式型体与碱式型体的浓度相等，即[In—⁻]/[HIn]＝1 时，则溶液的 $pH = pK_a$，称此 pH 值为指示剂的理论变色点，$pH = pK_{HIn} \pm 1$ 为指示剂的变色范围。

应该指出，指示剂的实际变色范围不是计算出来的，而是依靠人眼目测出来的。由于一般人对各种颜色的敏感程度不同，加上两种颜色的互相掩盖影响观察，所以实际变色范围与理论变色范围是有差别的，大多数指示剂的变色范围是 1.6 ～ 1.8pH 单位。

三、影响指示剂变色范围的因素

影响指示剂变色范围的因素主要有以下几点：① 温度，主要引起指示剂离解常数的变化，从而影响变色范围；② 溶剂，不同溶剂的质子自递常数不同，使 K_{HIn} 也不同；③ 离子强度，离子强度增加时，理论变色点的 pH 值减小。指示剂用量多一点或少一点，不会影响指示剂的变色范围。但是，如果指示剂用量太多，不仅会消耗一些滴定剂，而且还因底色过深影响滴定过程颜色变化的观察及终点的判断。因此，尤其是采用双色指示剂时，用量少的为宜。

第五节　酸碱滴定曲线及指示剂的选择

在酸碱滴定过程中，滴定终点可借助指示剂颜色的变化给以确认，然而，指示剂颜色的变化完全取决于溶液 pH 的变化。国此，为了给某一特定酸碱反应选择合适的指示剂，必须了解在其滴定过程中溶液 pH 的变化，特别是化学计量点附近 pH 的变化。把滴定过程中 pH 随标准溶液滴加量[或不同中和（或滴定）程度，以 % 表示]变化而改变的曲线叫作滴定曲线。各种不同类型的酸碱滴定过程中 H^+ 浓度的变化规律是各不相同的，下面分别进行讨论。

一、强碱滴定强酸

强酸或强碱的滴定. 因为它们在溶液中全部离解，滴定的基本反应为

$$H^+ + OH^- \longrightarrow H_2O$$

现以 0.1000 $mol \cdot L^{-1}$，的 NaOH 溶液滴定 20.00 ml 0.1000 $mol \cdot L^{-1}$ 的 HCl 溶液为例，说明强碱滴定强酸过程中溶液 pH 的变化和指示剂的选择。

该滴定过程可分为四个阶段。

1. 滴定前

溶液的 pH 由 HCl 溶液的初始浓度决定。即

$$[H^+] = 0.1000\ mol \cdot L^{-1}$$

$$pH = 1.00$$

2. 滴定开始至化学计量点前

溶液的 pH 取决于剩余 HCl 溶液的浓度。例如，滴定进行到 90%，即滴入 NaOH 溶液 18.00 ml 时，剩余 HCl 溶液 2.00 ml，则

$$[H^+] = \frac{2.00 \times 0.1000}{20.00 + 18.00} = 5.26 \times 10^{-3}\ mol \cdot L^{-1}$$

$$pH = 2.28$$

滴定进行到 99.9%，即滴入 NaOH 溶液 19.98 ml 时，剩余 HCl 溶液 0.02 ml，则

$$[H^+] = \frac{0.02 \times 0.1000}{20.00 + 19.98} = 5.00 \times 10^{-5}\ mol \cdot L^{-1}$$

$$pH = 4.30$$

3. 化学计量点时

溶液的 pH 由生成产物的离解决定。滴定进行到 100%，即滴入 NaOH 溶液 20.00 ml 时，溶液中 H^+ 全部被中和，溶液呈中性。$[H^+]$来自水的离解。

$$[H^+] = [OH^-] = 1.0 \times 10^{-7}\ mol \cdot L^{-1}$$

$$pH = 7.00$$

4. 化学计量点后

溶液的 pH 由过量的 NaOH 浓度决定。如滴定进行到 100.1%，即滴

入 NaOH 溶液 20.02 ml。时，NaOH 溶液过量 0.02 ml,(过量 0.1%)，则

$$[OH^-]=\frac{0.02\times 0.1000}{20.00+20.02}=5.00\times 10^{-5}\ mol\cdot L^{-1}$$

$$pOH=4.30\quad pH=9.70$$

其他各点可参照上述方法逐一计算，将计算结果列于表 3-3 中。按表 3-3 中的数据以滴加的 NaOH 体积(ml)为横坐标，以 pH 为纵坐标绘制关系曲线，就得到酸碱滴定曲线图，如图 3-3 所示。

表 3-3　0.100 0 mol·L^{-1} NaOH 滴定 20.00 ml

0.100 0 mol·L^{-1} HCl 时 pH 的变化

加入 NaOH 溶液的体积 /ml	HCl 被滴定的体积分数 /%	剩余 HCl 溶液体积 /ml	过量 NaOH 溶液体积 /ml	$[H^+]$/ ($mol\cdot L^{-1}$)	pH
0.00	0.0	20.00		1.00×10^{-1}	1.00
18.00	90.0	2.00		5.26×10^{-3}	2.28
19.80	99.0	0.20		5.02×10^{-4}	3.30
19.98	99.9	0.02		5.00×10^{-5}	4.30
20.00	100.0	0		1.00×10^{-7}	7.00
20.02	100.1		0.02	2.00×10^{-10}	9.70
20.20	101.0		0.20	2.01×10^{-11}	10.70
22.00	110.0		2.00	2.10×10^{-12}	11.68
40.00	200.0		20.00	3.00×10^{-13}	12.52

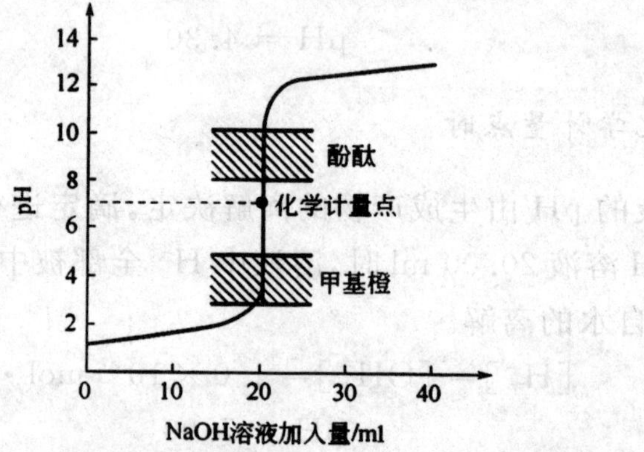

图 3-3　0.100 0 mol·L^{-1} NaOH 溶液滴定 0.100 0 mol·L^{-1} HCl 溶液的滴定曲线图

从表 3-3 的数据和图 3-3 的滴定曲线可以看出，从滴定开始到加入 19.98 mlNaOH 溶液(即 99.9% 的 HCl 被滴定)，溶液 pH 变

化缓慢，只改变了 3.3 个 pH 单位。再滴入 0.02 ml（约半滴，共滴入 20.00 ml）NaOH 溶液，正好到化学计量点，此时 pH 迅速增至 7.00，再滴入 0.02 ml NaOH 溶液，pH 变为 9.70。此后过量 NaOH 溶液所引起的 pH 变化又越来越小。

由此可见，在化学计量点前后，从剩余 0.02 mlHCl 到过量 0.02 mlNaOH，即滴定由不足 0.1% 到过量 0.1%，溶液的 pH 从 4.30 增加到 9.70，变化近 5.4 个 pH 单位，形成滴定曲线中的“突跃”部分。指示剂的选择主要以此为依据。理想的指示剂应恰好在化学计量点时变色。但实际应用时，凡指示剂变色范围包括在滴定突跃范围以内的都可使用。所以甲基红（pH 为 4.4 ～ 6.2）、酚酞（pH 为 8.0 ～ 10.0）等都可使用。若使用甲基橙（pH 为 3.1 ～ 4.4）作指示剂，必须滴定至完全显碱式色（黄色）时，溶液的 pH ≈ 4.4，才能保证滴定误差不超过 0.1%。

必须指出，强碱滴定与强酸滴定突跃范围的大小，不仅与体系的性质有关，而且还与酸碱溶液的浓度有关。按上述方法可以计算出在不同浓度的酸碱滴定中的突跃范围，如图 3-4 所示。

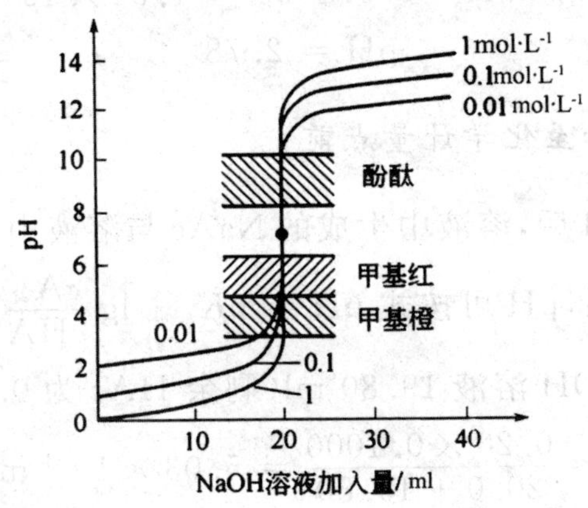

图 3-4　不同浓度 NaOH 溶液滴定 20.00 ml 不同浓度 HCl 溶液的滴定曲线图

从图 3-4 的滴定曲线可以看出。当酸碱浓度增大 10 倍时，滴定突跃范围 pH 为 3.3 ～ 10.7，增加 2 个 pH 单位；当酸碱浓度减小 10 倍时，滴定突跃范围 pH 为 5.3 ～ 8.7，约减少 2 个 pH 单位。显然，溶液越浓，突跃范围越大；溶液越稀，突跃范围越小。这样能在浓溶液滴定中选用的指示剂，在稀溶液中不一定适用。如用 1.00 mol·L^{-1} NaOH 溶液滴定 1.00 mol·L^{-1} HCl 溶液时，可选用甲基橙作指示剂，但用 1.00 mol·L^{-1} NaOH 溶液滴定 1.00 mol·L^{-1} HCl 溶液时，再选用甲基橙作指示剂就不合适了。

二、强碱滴定弱酸

这一类型滴定的基本反应为

$$OH^- + HA \rightleftharpoons A^- + H_2O$$

现以浓度为 0.100 0 mol·L^{-1} 的 NaOH 溶液滴定 20.00 ml 0.100 0 mol·L^{-1} 的 HAc 溶液为例，说明强碱滴定弱酸的滴定曲线和指示剂的选择。

1. 滴定前

滴定之前溶液中的$[H^+]$浓度主要来自 HAc 的离解。$[H^+]$可由弱酸离解公式$[H^+] = \sqrt{K_a c}$ 计算得到。

$$[H^+] = \sqrt{1.8 \times 10^{-5} \times 0.1000} = 1.34 \times 10^{-3}\ \text{mol} \cdot \text{L}^{-1}$$

$$\text{pH} = 2.78$$

2. 滴定开始至化学计量点前

滴加 NaOH 后，溶液中生成的 NaAc 与溶液中剩余的 HAc 组成一个缓冲体系，pH 可按式 $\text{pH} = \text{p}K_a + \lg \frac{cA^-}{cHA}$ 计算。

当滴入 NaOH 溶液 19.80 ml(剩余 HAc 为 0.20 ml) 时，

$$c(\text{HAc}) = \frac{0.20 \times 0.1000}{20.0 + 19.80} = 5.03 \times 10^{-4}\ \text{mol} \cdot \text{L}^{-1}$$

$$c(\text{Ac}^-) = \frac{19.80 \times 0.100\,0}{20.0 + 19.80} = 4.97 \times 10^{-2}\ \text{mol} \cdot \text{L}^{-1}$$

$$\text{pH} = 4.74 + \lg \frac{4.97 \times 10^{-2}}{5.03 \times 10^{-4}} = 6.73$$

同样可计算出当 NaOH 滴入 19.98 ml(剩余 HAc 为 0.02 ml) 时溶液的 pH 为 7.74。

3. 化学计量点时

此时溶液 pH 由体系产物的离解决定。化学计量点时 HAc 全部被中和生成 NaAc 与 H_2O。Ac^- 为一弱碱，因此

$$[OH^-]=\sqrt{K_b c}=\sqrt{\frac{K_w}{K_a}c}$$

$$=\sqrt{\frac{1.00\times10^{-14}}{1.80\times10^{-5}}\times0.05000}$$

$$=5.27\times10^{-6}\ mol\cdot L^{-1}$$

$$pOH=5.28\quad pH=8.72$$

4. 化学计量点后

滴入过量 NaOH，溶液 pH 主要由过量的 NaOH 溶液决定，计算方法与强碱滴定强酸时相同。如滴入 NaOH 溶液 20.02 ml(NaOH 过量 0.02 ml)，则

$$[OH^-]=\frac{0.02\times0.1000}{20.00+20.02}=5.0\times10^{-5}\ mol\cdot L^{-1}$$

$$pOH=4.30\quad pH=9.70$$

如此逐一计算，将计算结果列于表 3-4 中，并以此绘制滴定曲线图，如图 3-5 所示。

表 3-4 0.100 0 mol · L^{-1} NaOH 滴定 20.00 ml0.100 0 mol · L^{-1} HAc 时 pH 的变化

加入 NaOH 溶液的量		剩余 HAc 溶液体积 / ml	过量 NaOH 溶液体积 / ml	pH
%	ml			
0	0.00	20.00		2.78
90	18.00	2.00		5.70
99	19.80	0.20		6.73
99.9	19.98	0.02		7.74
100.0	20.00	0.00		8.72
100.1	20.02		0.02	9.70
101	20.20		0.20	10.70
110	22.00		2.00	11.70
200	40.00		20.00	12.50

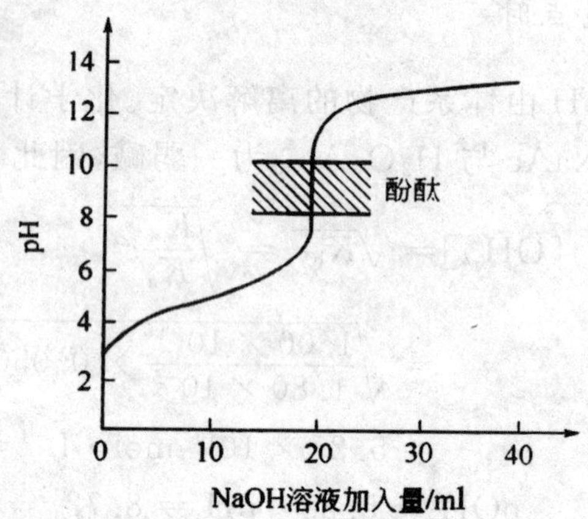

图 3-5　0.1000mol · L^{-1} NaOH 滴定 20.00 ml0.1000mol · L^{-1} HAc 溶液的滴定曲线图

从表 3-4 和图 3-5 可以看出(与表 3-3 和图 3-3 比较),滴定前 HAc 溶液的 pH = 2.78 比同浓度 HCl 溶液的 pH 约高 2 个单位。这是因为 HAc 是弱酸,其离解常数比 HCl 小得多。滴定开始后 pH 升高较快,是由于中和生成的 Ac^- 产生同离子效应,使 HAc 更难离解,$[H^+]$较快地降低所致。但在继续滴入 NaOH 后,由于 NaAc 不断生成,在溶液 HAc 的滴定曲线中形成 HAc－NaAc 缓冲体系,使 pH 增加缓慢,这一段曲线较为平坦;在近化学计量点时,剩余的 HAc 已很少,溶液的缓冲能力逐渐减弱,于是随着 NaOH 溶液的滴入,溶液的 pH 又迅速升高。在化学计量点时,溶液中 Ac^- 是弱碱而显碱性;pH 突跃范围是 7.74 ～ 9.70,比强酸强碱滴定时小得多。化学计量点以后溶液 pH 的变化规律与强碱滴定强酸相同。

由滴定过程中 pH 突跃范围可知,在酸性范围内变色的指示剂,如甲基橙、甲基红等都不能作为 NaOH 滴定 HAc 的指示剂,否则将引起很大的误差。酚酞(pH 为 8.0 ～ 10.0) 和百里酚蓝(pH 为 8.0 ～ 9.6) 等变色范围恰在突跃范围之内,可作为这一滴定类型的指示剂。

用 NaOH 滴定不同强度的一元弱酸时,滴定的突跃范围的大小,与弱酸的 K_a 值和浓度有关。图 3-6 是用浓度为 0.1 mol · L^{-1} NaOH 溶液滴定 0.1 mol·L^{-1} 不同强度弱酸的滴定曲线。从图 3-6 中可以看出，当酸的浓度一定时，K_a 值越小，滴定突跃范围也越小。当 $K_a=10^{-9}$ 时已无明显突跃。在这种情况下已无法使用一般的酸碱指示剂来确定滴定终点。另外，当 K_a 值一定时，酸的浓度越大，突跃范围也越大。因此，得出以下结论。

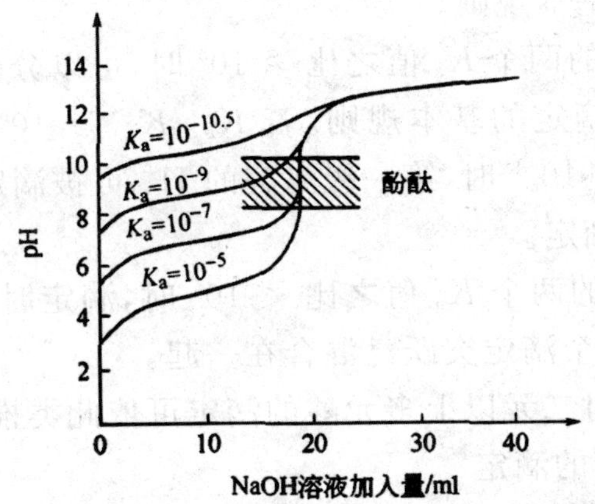

图 3-6　0.1 mol·L^{-1} NaOH 溶液滴定 0.1 mol·L^{-1} 不同强度弱酸的滴定曲线图

① 强碱滴定弱酸达化学计量点时，由于生成共轭碱，溶液呈碱性，pH > 7。酸越弱，其共轭碱越强，化学计量点时 pH 越高。

② 化学计量点的突跃范围落在碱性范围内，应选用在碱性范围内变色的指示剂。

③ 酸越弱，pH 突跃越小；酸的浓度越小，pH 突跃越小。一般来说，当 $K_a < 10^{-7}$ 时，突跃就太小了，不能进行直接滴定；考虑浓度增大突跃增大因素，只有 $cK_a \geqslant 10^{-8}$ 时，才能进行直接滴定。故常以 $cK_a \geqslant 10^{-8}$ 作为弱酸能否直接被滴定的判断依据。

三、多元酸、混合酸和多元碱的滴定

多元酸碱或混合酸的滴定比一元酸碱的滴定要复杂得多，因为对它们不仅考虑能否滴定的问题，而且还必须考虑另外两种情况：一是能否滴定酸或碱的总量；二是能否分级滴定或分别滴定。

1. 强碱滴定多元酸

(1) 滴定的基本规则

大量实验证明,多元酸滴定的情况依下述规则进行判断。

① 当 $cK_a \geqslant 10^{-8}$ 时,这一级离解的 H^+ 可被直接滴定,也是可被直接滴定的基本规则。

② 当相邻的两个 K_a 值之比 $\geqslant 10^5$ 时,可以分步滴定,这也是判断能否分步滴定的基本规则。若 $K_{a_1}/K_{a_2} \geqslant 10^5$,满足 $cK_{a_1} \geqslant 10^{-8}$,而 $cK_{a_2} < 10^{-8}$ 时,第一级离解的 H^+ 可被滴定,第二级离解的 H^+ 不能被滴定。

③ 当相邻的两个 K_a 值之比 $< 10^5$ 时,滴定时只出现一个滴定突跃,此时两个滴定突跃已混合在一起。

上述规则对二元以上多元酸的滴定可依此类推。

(2) H_3PO_4 的滴定

H_3PO_4 是弱酸,在水溶液中分步离解。

$$H_3PO_4 \rightleftharpoons H^+ + H_2PO_4^- \qquad K_1 = 7.5 \times 10^{-3}$$

$$H_2PO_4^- \rightleftharpoons H^+ + HPO_4^{2-} \qquad K_2 = 6.3 \times 10^{-8}$$

$$HPO_4^{2-} \rightleftharpoons H^+ + PO_4^{3-} \qquad K_3 = 4.4 \times 10^{-13}$$

现用 0.1 $mol \cdot L^{-1}$ NaOH 滴定 0.1 $mol \cdot L^{-1}$ H_3PO_4,根据滴定的基本规则,首先判断滴定的可能性。$cK_1 > 10^{-8}$,$cK_2 \approx 10^{-8}$,$cK_3 < 10^{-8}$;又 $K_1/K_2 > 10^5$,$K_2/K_3 > 10^5$。因此,H_3PO_4 的第一级和第二级离解的 H^+ 均可被滴定,获得两个滴定突跃,而第三级离解的 H^+ 不能直接滴定。根据 H^+ 浓度计算的最简式 $[H^+] = \sqrt{K_{a_1}K_{a_2}}$,第一化学计量点的 pH 为

$$pH = \frac{1}{2}(pK_{a_1} + pK_{a_2}) = \frac{1}{2}(2.12 + 7.20) = 4.66$$

可选用甲基澄或溴酚蓝作指示剂。

同理第二化学计量点按 $[H^+] = \sqrt{K_{a_2}K_{a_3}}$ 计算,此时 $H_2PO_4^-$ 被滴定到 HPO_4^{2-},溶液的 pH 为

$$pH = \frac{1}{2}(pK_{a_2} + pK_{a_3}) = \frac{1}{2}(7.20 + 12.37) = 9.78$$

可选用酚酞或百里酚酞作指示剂，滴定曲线图如图 3-7 所示。

混合酸的滴定与多元酸类似。若两种酸的离解常数分别为 K_a 和 K'_a，浓度分别为 c 及 c'。在两种酸浓度相等且 $cK_a \geqslant 10^{-8}$，$K_a/K'_a \geqslant 10^5$ 时，可用碱标准溶液准确滴定第一种酸而不受第二种酸的干扰。第一化学计量点时溶液中 H^+ 的浓度可按式 $[H^+]=\sqrt{K_{a_1}K_{a_2}}$ 计算，只是将式中的 K_{a_1}、K_{a_2} 分别用 K_a 和 K'_a 代替即可。

$$[H^+]=\sqrt{K_aK'_a}$$

$$pH=\frac{1}{2}(pK_a+pK'_a)$$

若两者浓度不相等，则要求 $cK_a/c'K'_a \geqslant 10^5$ 才能准确滴定第一种酸。如果 $c'K'_a \geqslant 10^{-8}$，则可继续滴定第二种酸。

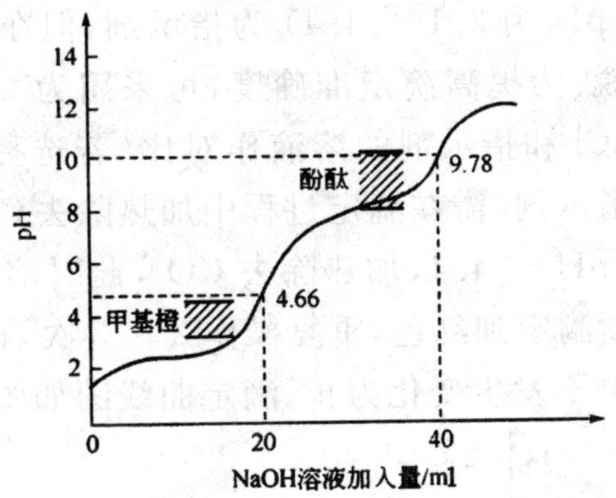

图 3-7　NaOH 溶液滴定 H_3PO_4 溶液的滴定曲线图

2. 强酸滴定多元碱

强酸滴定多元碱，其情况与多元酸的滴定相似，因此，有关多元酸滴定的结论也适合多元碱的情况。例如用 0.10 mol・L^{-1} HCl 滴定 0.10 mol・L^{-1} Na_2CO_3 溶液。Na_2CO_3 的 $K_{b_1}=1.8\times10^{-4}$，$K_{b_2}=2.4\times10^{-8}$。判断 $cK_{b_1}\geqslant10^{-8}$，$cK_{b_2}\approx10^{-8}$，$K_{b_1}/K_{b_2}\approx10^4$。因此，在满足一般分析的要求下，$Na_2CO_3$ 还是能够进行分步滴定的，只是滴定突跃范围小。第一化学计量点时滴定产物为 HCO_3^-，溶液中 H^+ 的浓度按式 $[H^+]=\sqrt{K_{a1}K_{a2}}$ 计算（H_2CO_3 的 $pK_{a_1}=$

6.38，$pK_{a_2}=10.25$)，则

$$[H^+]=\sqrt{10^{-6.38}\times10^{-10.25}}=10^{-8.32}\ mol\cdot L^{-1}$$

$$pH=8.32$$

此时选用酚酞作指示剂(pH 为 8 ～ 10)，终点误差较大。若使用甲酚红 - 百里酚蓝混合指示剂(变色范围为 8.2 ～ 8.4，颜色由粉红色变到紫色)，并用 $NaHCO_3$ 溶液作参比，滴定结果的准确度可提高，误差约为 0.5%。

第二化学计量点时，溶液是 CO_2 的饱和溶液，H_2CO_3 的浓度约为 0.040 mol · L^{-1}。因此，按二元弱酸 pH 的最简式计算，则

$$[H^+]=\sqrt{cK_{a1}}=\sqrt{0.04\times10^{-6.38}}=1.3\times10^{-4}\ mol\cdot L^{-1}$$

$$pH=3.89$$

可选择甲基橙(pH 为 3.1 ～ 4.4) 为指示剂，但在室温下滴定时，终点变化不敏锐。为提高滴定准确度，可采用为 CO_2 所饱和并含有相同浓度 NaCl 和指示剂的溶液作对比。若选择甲基红(pH 为 4.4～6.2)为指示剂，需在滴定过程中加热除去CO_2。即当滴定溶液刚变红色时，$pH<4.4$，加热除去 CO_2，此时溶液又变回黄色，$pH>6.2$，继续滴定到红色，重复操作 2 ～ 3 次，直到使溶液冷却至室温后颜色再不发生变化为止。滴定曲线图如图 3-8 所示。

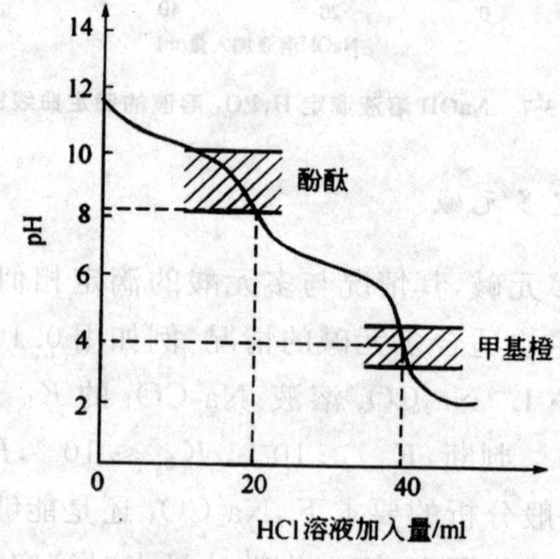

图 3-8　HCl 溶液滴定 Na_2CO_3 溶液的滴定曲线图

第六节　酸碱滴定法的应用

一、药用 NaOH 的滴定

NaOH 易吸收空气中的 CO_2，使部分 NaOH 变成 Na_2CO_3，形成 NaOH 和 Na_2CO_3 的混合碱，欲测定 NaOH 和 Na_2CO_3 的含量，有两种方法，下面分别介绍。

1. 双指示剂法

准确称取一定量样品，溶解后，以酚酞为指示剂，用 HCl 标准溶液滴定至红色消失。记下用去 HCl 的量（V_1）。这时 Na_2CO_3 被中和至 $NaHCO_3$，而 NaOH 全部被中和。再向溶液中加入甲基橙指示剂，继续用 HCl 滴至橙色，记下 HCl 的用量（V_2）。显然 V_2 是滴定 $NaHCO_3$ 所消耗的量。

由于 Na_2CO_3 被中和到 $NaHCO_3$ 与 $NaHCO_3$ 被中和到 H_2CO_3 所消耗的 HCl 的物质的量相等，所以

$$\omega(Na_2CO_3)=\frac{2cV_2\times\frac{1}{2}\times\frac{M_{Na_2CO_3}}{1\,000}}{S}\times 100\%$$

而中和 NaOH 所消耗的 HCl 量为 V_1-V_2。

$$\omega(NaOH)=\frac{c(V_1-V_2)\times\frac{1}{2}\times\frac{M_{Na_2CO_3}}{1\,000}}{S}\times 100\%$$

2. 氯化钡法

先取一份试样以甲基橙为指示剂，用 HCl 标准溶液滴至橙色。此时 NaOH 和 Na_2CO_3 都被滴定，设消耗 HCl 体积为 V_1 ml。

另取一份等体积试洋溶液，加入 $BaCl_2$，使 Na_2CO_3 变成 $BaCO_3$ 沉淀析出。然后以酚酞为指示剂，用 HCl 标准溶液滴定至

红色褪去，记下体积 V_2 ml，此量是滴定混合物中 NaOH 所消耗的 HCl 体积。于是

$$\omega(\mathrm{NaOH})=\frac{cV_2\times\frac{M_{\mathrm{Na_2CO_3}}}{1\,000}}{S}\times100\%$$

$$\omega(\mathrm{Na_2CO_3})=\frac{2c(V_1-V_2)\times\frac{1}{2}\times\frac{M_{\mathrm{Na_2CO_3}}}{1\,000}}{S}\times100\%$$

二、铵盐和有机氮测定

1. 铵盐中氮的测定

无机铵盐如 NH_4Cl、$(NH_4)_2SO_4$ 等，NH_4^+ 的 $K_a=5.7\times10^{-10}$，不能用碱标准溶液直接滴定，常用下述两种方法测定其含氮量。

(1) 蒸馏法

在试样中加入过量的碱，加热把 NH_3 蒸馏出来。

$$NH_4^+ + OH^- \xlongequal{\text{加热}} NH_3\uparrow + H_2O$$

蒸馏出的 NH_3 用一定量标准 HCl 溶液吸收，蒸馏装置如图 3-9 所示。再以甲基橙或甲基红作指示剂，用 NaOH 标准溶液回滴过量的酸，也可将 NH_3 用 2% H_3BO_3 吸收，再用盐酸标准溶液滴定，其反应过程为

$$NH_3 + H_3BO_3 = NH_4BO_2 + H_2O$$

$$NH_4BO_2 + HCl + H_2O = NH_4Cl + H_3BO_3$$

H_3BO_3 起固定氮的作用，由于 H_3BO_3 是极弱酸，它的存在不干扰滴定。含量近似公式如下：

$$\omega(\mathrm{N})=\frac{C_{\mathrm{HCl}}V_{\mathrm{HCl}}\times\frac{M_{\mathrm{N}}}{1\,000}}{S}\times100\%$$

用 H_3BO_3 吸收只需准备一种标准溶液，目前使用较多。

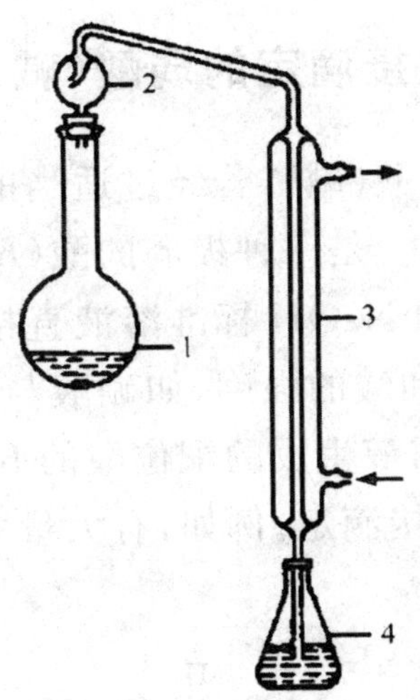

图 3-9 蒸馏装置示意图

1— 液氮蒸馏瓶；2— 氮气球；3— 冷凝管；4— 接受瓶

(2) 甲醛法

铵盐与甲醛作用，生成相当的酸（质子化六次甲基四铵和 H^+）：

$$4NH_4^+ + 6HCHO \rightarrow (CH_2)_6N_4H^+ + 3H^+ + 6H_2O$$

以酚酞为指示剂，用标准 NaOH 滴至溶液微红色。按下式计算氮的含量。

$$\omega(N) = \frac{C_{NaOH}V_{NaOH} \times \frac{M_N}{1\,000}}{S} \times 100\%$$

2. 含氮有机物中氮的测定

有机化合物如氨基酸、生物碱、蛋白质等都是含氮有机物。常以凯氏(Kjeldahl) 法定氮。将试样与浓 H_2SO_4 共煮，使其消化分解有机化合物为 CO_2 和 H_2O，其中的氮转变为 NH_4^+。常加入 $CuSO_4$ 或汞盐作催化剂，加入 K_2SO_4 提高沸点，促进消化分解过程。

$$C_mH_nN \xrightarrow{CuSO_4(H_2SO_4)} CO_2\uparrow + H_2O + NH_4^+$$

然后用上述蒸馏法测定氮的含量。

三、一些不能直接滴定的弱酸(碱)的测定

例如,一些极弱的酸(碱),若经过适当的处理,也可用酸碱滴定法测定。硼酸(H_3BO_3)是一种极弱的酸($K_{a_1}=7.3\times10^{-10}$),因 $cK_{a_1}<10^{-8}$,故不能用 NaOH 标准溶液直接滴定,但硼酸与多元醇生成配位酸后能增加酸的强度,如硼酸与甘油生成甘油硼酸的 $K_{a_1}=3\times10^{-7}$,与甘露醇生成的配位酸的 $K_{a_1}=5.5\times10^{-5}$,故可用 NaOH 标准溶液直接滴定。例如,有大量多元醇存在时,其反应如下:

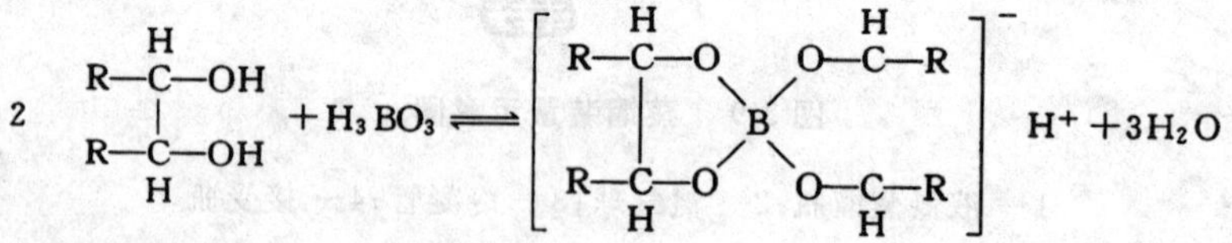

$$2\ \begin{matrix} \text{H} \\ \text{R—C—OH} \\ | \\ \text{R—C—OH} \\ \text{H} \end{matrix} + H_3BO_3 \rightleftharpoons \left[\begin{matrix} \text{H} & & \text{H} \\ \text{R—C—O} & & \text{O—C—R} \\ | & \text{B} & | \\ \text{R—C—O} & & \text{O—C—R} \\ \text{H} & & \text{H} \end{matrix} \right]^- H^+ + 3H_2O$$

此络合酸的酸性较强,其 $pK_a=4.26$,可用 NaOH 标准溶液直接滴定。

利用沉淀反应也可使弱酸强化。如 H_3PO_4 的 $pK_{a_3}=12.36$,只能按二元酸被分步滴定。如果加入钙盐,由于生成 $Ca_3(PO_4)_2$ 沉淀,便可继续对 HPO_4^{2-} 准确滴定。

利用氧化反应也可使弱酸强化。用碘、过氧化氢或溴水,可使 H_2SO_3 氧化为 H_2SO_4 后,再用标准碱溶液滴定。

利用离子交换剂与溶液中离子的交换作用,也可以实现某些极弱酸(碱)甚至中性盐的测定。例如,将 NH_4Cl 溶液流过氢式强酸性阳离子交换树脂后,交换出 HCl,可用 NaOH 标准溶液准确滴定。将中性盐 KNO_3 溶液流过季铵基强碱性阴离子交换树脂后,交换出 KOH,可用 HCl 标准溶液准确滴定。此外,还可在浓盐体系或非水介质中,对极弱酸(碱)进行滴定。

四、酸碱滴定法测定磷

将 m_s(g)含磷试样用 HNO_3 和 H_2SO_4 处理后,使磷转化为 H_3PO_4,然后在 HNO_3 介质中加入钼酸铵,反应生成黄色的磷钼

酸铵沉淀，化学反应式为

$$PO_4^{3-} + 12MoO_4^{2-} + 2NH_4^+ + 25H^+ = (NH_4)_2HPMo_{12}O_{40}\cdot H_2O\downarrow + 11H_2O$$

沉淀经过滤后，用水洗涤，然后将其溶于一定量过量的 $c_1(\mathrm{mol\cdot L^{-1}})V_1(\mathrm{ml})$NaOH 标准溶液中，溶解反应式为

$$(NH_4)_2HPMo_{12}O_{40}\cdot H_2O + 27OH^- = PO_4^{3-} + 12MoO_4^{2-} + 2NH_3 + 16H_2O$$

过量的 NaOH 用 $c_2(\mathrm{mol\cdot L^{-1}})V_1(\mathrm{ml})$ HNO_3 标准溶液返滴定至酚酞刚好褪色为终点（pH ≈ 8），消耗 HNO_3 V_2（ml），这时有以下三个反应发生：

$$OH^-\text{（过量的 NaOH）} + H^+ = H_2O$$

$$PO_4^{3-} + H^+ = HPO_4^{2-}$$

$$NH_3 + H^+ = NH_4^+$$

由上述几步反应，可以看出溶解 1 mol $(NH_4)_2HPMo_{12}O_{40}\cdot H_2O$ 沉淀，消耗 27 molNaOH。用 HNO_3 返滴定至 pH ≈ 8 时，沉淀溶解后所产生的 PO_4^{3-} 和 NH_3 又转变为原来的形式 HPO_4^{2-} 和 NH_4^+，共需要消耗 3 molHNO_3，所以 1 mol 磷钼酸铵沉淀实际只消耗 27 − 3 = 24 molNaOH，因此，磷与 NaOH 的化学计量比为 1∶24。据此可求得试样中磷的含量为

$$\omega(\mathrm{P}) = \frac{(c_1V_1 - c_2V_2)\times 10^{-3}\times \frac{1}{24}M_\mathrm{P}}{m_\mathrm{s}}\times 100\%$$

由于磷的化学计量比很小，本方法可用于微量磷的测定。

第七节　非水溶液中的酸碱滴定

酸碱滴定一般在水溶液中进行。但水作为介质有一定的局限性：第一，许多弱酸弱碱的 cK_a 或 cK_b 小于 10^{-8}，不能用目视法直接准确滴定；第二，一些有机酸或有机碱在水中溶解度很小，使滴定难以进行；第三，多元酸或多元碱，混合酸或混合碱的 K_a 或 K_b

相接近，不能分步或分别准确滴定。采用非水溶剂作为介质，这些问题就可得到解决，从而扩大酸碱滴定的应用范围。这种在非水溶剂中进行的滴定分析方法称为非水滴定法（nonaqueous titration）。非水滴定法可以用于酸碱滴定、络合滴定、氧化还原滴定和沉淀滴定等。非水酸碱滴定在有机分析中应用广泛，这里主要介绍非水溶液中的酸碱滴定。

一、非水滴定中的溶剂

（一）溶剂的分类

在研究非水溶液酸碱滴定中，通常根据溶剂的酸碱性，定性地将溶剂分为两大类：质子溶剂和非质子溶剂。

1. 质子溶剂

能给出质子和接受质子的溶剂，称为质子溶剂。这类溶剂分子之间有质子自递反应。在这类溶剂中，规定水为中性溶剂。根据接受质子能力的大小，质子溶剂可分为中性溶剂、酸性溶剂、碱性溶剂三类。

① 中性溶剂这类溶剂的酸碱性与水相近，即它们给出和接受质子的能力相当。属于这类溶剂的主要是醇类，如甲醇、丙醇、乙二醇等。

② 酸性溶剂这类溶剂给出质子的能力比水强，接受质子的能力比水弱，即酸性比水强，碱性比水弱，如甲酸、醋酸、丙酸、硫酸等。

③ 碱性溶剂这类溶剂接受质子的能力比水强，给出质子的能力比水弱，即碱性比水强，酸性比水弱，如乙二胺、乙醇胺、丁胺等。

2. 非质子溶剂

没有给出质子能力的溶剂，称为非质子溶剂，又称非释质子性溶剂。这类溶剂分子之间没有质子自递反应。根据其与溶质的相互作用关系可分为偶极亲质子溶剂和惰性溶剂。

① 偶极亲质子溶剂又称非质子亲质子性溶剂，溶剂分子中无转移性质子，但具有较弱的接受质子倾向和程度不同的形成氢键的能力，如酰胺类、酮类、腈类、二甲亚砜、吡啶等。

② 惰性溶剂分子中无转移性质子和接受质子的倾向，也无形成氢键的能力，如苯、二氧六环、四氯化碳等。在惰性溶剂中，质子转移反应直接发生在被滴定物与滴定剂之间。

（二）溶剂的性质

物质酸碱的强度，不但与物质的本质有关，也与溶剂的性质有关。溶剂的性质包括溶剂的离解性、溶剂的介电常数、溶剂的酸碱性、溶剂的拉平效应和区分效应。本节主要介绍拉平效应和区分效应。

在水中，$HClO_4$、H_2SO_4、HCl和HNO_3的稀溶液都是强酸，无法区别其酸的强度。这是因为水的碱性相对较强，这些强酸的质子将定量全部转移给溶剂 H_2O，生成溶剂化质子即水合质子 H_3O^+：

$$HClO_4 + H_2O \rightarrow ClO_4^- + H_3O^+$$

$$H_2SO_4 + H_2O \rightarrow HSO_4^- + H_3O^+$$

$$HCl + H_2O \rightarrow Cl^- + H_3O^+$$

$$HNO_3 + H_2O \rightarrow NO_3^- + H_3O^+$$

在水中最强酸的存在形式是水合质子 H_3O^+，更强的酸都被拉平到 H_3O^+ 的水平，这种将不同强度的酸拉平到溶剂化质子水平的效应称为拉平效应(leveling effect)。具有拉平效应的溶剂称为拉平性溶剂。水就是 $HClO_4$、H_2SO_4、HCl 和 HNO_3 的拉平性溶剂。

同理，在水溶液中最强碱的存在形式是溶剂阴离子 OH^-，更强的碱（如 O_2^-、NH_2^- 等）都被拉平到溶剂阴离子 OH^- 水平。所以，通过溶剂的作用，使不同强度的酸（或碱）拉平到同等强度的效应称为拉平效应。

如果在冰醋酸介质中，由于 HAc 的碱性比水弱，这四种强酸就不能将其质子全部转移给溶剂 HAc，并且在转移的程度上也产生了差别：

$$HClO_4 + HAc = ClO_4^{2-} + H_2Ac^+ \quad pK_a = 5.8$$

$$H_2SO_4 + HAc = HSO_4^- + H2Ac^+ \quad pK_a = 8.2$$

$$HCl + HAc = Cl^- + H_2Ac^+ \quad pK_a = 8.8$$

$$HNO_3 + HAc = NO_3^- + H_2Ac^+ \quad pK_a = 9.4$$

由解离常数 K_a 可知，从上到下，质子转移程度依次减弱，这四种酸的强度顺序为

$$HClO_4 > H_2SO_4 > HCl > HNO_3$$

这种能区分酸（或碱）的强弱的效应称为区分效应，又称分辨效应。具有区分效应的溶剂称为区分性溶剂。冰醋酸就是 $HClO_4$、H_2SO_4、HCl 和 HNO_3 的区分性溶剂。

溶剂的拉平效应和区分效应与溶质和溶剂的相对酸碱强度有关。例如，水是上述四种酸的拉平性溶剂，但它却是这四种酸和醋酸的区分性溶剂，因为醋酸在水中部分解离，显示较弱的酸性。冰醋酸是上述四种酸的区分性溶剂，但它却是 NH_3、NaOH 的拉平性溶剂。

一般来讲，酸性溶剂对酸具有区分效应，对碱具有拉平效应；碱性溶剂对碱具有区分效应，对酸具有拉平效应。

在非水滴定中，利用溶剂的拉平效应，可以测定各种酸（或碱）的总浓度；利用溶剂的区分效应，可以分别测定各种酸（或碱）的含量。

二、非水滴定条件的选择

1. 溶剂的选择

溶剂的酸碱性直接影响滴定反应的完全程度，所以，在非水滴定中选择溶剂时首先要考虑溶剂的酸碱性。当滴定弱酸 HB时，若溶剂为 SH，通常用溶剂阴离子 S^- 作为滴定剂，其滴定反应是：

$$HB + S^- = SH + B^-$$

上述滴定反应的平衡常数 K_t 越大，滴定反应进行得就越完全。溶剂 SH 的酸性越弱（比 HB 很弱），上述滴定反应向右进行的程度就越大，K_t 就越大。采用碱性溶剂或偶极亲质子溶剂可以达到此目的。

同理，滴定弱碱时，通常用溶剂化质子 SH_2^+ 作为滴定剂，所用溶剂 SH 的碱性越弱越好，常用酸性溶剂或惰性溶剂。

选择溶剂时还应考虑：溶剂应能溶解试样及滴定产物，当其无法被一种溶剂溶解时，需采用混合溶剂；溶剂纯度应较高，若有水，应除去；溶剂黏度应小，挥发性低，易于回收，价廉，安全。

2. 滴定剂的选择

在非水介质中滴定弱碱时，常采用高氯酸的冰醋酸溶液为滴定剂。这是因为高氯酸在冰醋酸中有较强的酸性，且绝大多数有机碱的高氯酸盐易溶于有机溶剂。高氯酸标准溶液的浓度用邻苯二甲酸氢钾作为基准物质进行标定，以甲基紫或结晶紫为指示剂。其标定反应为

$$C_6H_4(COOK)(COOH) + HClO_4 \longrightarrow C_6H_4(COOH)_2 + KClO_4$$

在非水介质中滴定弱酸时，最常用的滴定剂是甲醇钠的苯 - 甲醇溶液。甲醇钠由金属钠与甲醇反应制得：

$$2CH_3OH + 2Na \rightarrow 2CH_3ONa + H_2\uparrow$$

氢氧化四丁基铵的甲醇 - 甲苯溶液也是常用的滴定剂。

常用苯甲酸作基准物质标定这些标准碱溶液的浓度，如标定甲醇钠标准溶液的标定反应为

$$CH_3ONa + C_6H_5COOH = CH_3OH + C_6H_5COO^- + Na^+$$

常以百里酚蓝为指示剂。

3. 滴定终点的检测

常用电位法和指示剂法来检测终点。电位法是以玻璃电极或

锑电极为指示电极，饱和甘汞电极为参比电极，通过绘制滴定曲线来确定终点。

在非水滴定中，指示剂的选择是通过实验方法确定的，即在电位滴定的同时，观察指示剂的颜色变化，选取与电位滴定终点相符的指示剂。常用的指示剂见表 3-5。

表 3-5　非水滴定中常用的指示剂

溶剂	指示剂
酸性溶剂（冰醋酸）	甲基紫、结晶紫、中性红等
碱性溶剂（乙二胺、二甲基甲酰胺等）	百里酚蓝、偶氮紫、邻硝基苯胺、对羟基偶氮紫等
惰性溶剂（氯仿、四氯化碳、苯、甲苯等）	甲基红等

第四章　配位滴定法

配位滴定法就是以配位反应为基础的一种滴定分析法。配位反应虽然多，可是能满足滴定分析要求的并不多，只有反应定量进行、反应速度快、反应完全、生成的配合物可溶且相当稳定，并且有适当方法确定终点的配位反应，才能用于滴定分析。许多无机配体与金属离子形成配合物时存在逐级配合现象，且配合物稳定常数不是很大，故大多数无机配体不能用于滴定分析。而有机配位体和金属离子的配位数稳定，并且形成的配合物稳定性高，容易到达明显的滴定终点。因此应用有机配位体作为滴定剂的配位滴定方法，已成为广泛应用的滴定方法之一，目前使用较多的是氨羧配位剂。

第一节　配位滴定法概述

一、配位滴定法

配位滴定法是以生成配位化合物反应为基础的滴定分析方法。

能够生成无机配位化合物的反应很多，如 Cu^{2+} 与 NH_3 生成 $Cu(NH_3)_4^{2+}$ 溶液、Ag^+ 与 NH_3 生成 $Ag(NH_3)_2^+$ 溶液，但能用于配位滴定的却很少，主要是由于许多无机配合物不够稳定(配合物稳定常数较小)，在配位反应过程中有逐级配位现象产生，分步形成，很难确定反应中的计量关系以及滴定终点。因此，应用于配位滴定的反应必须具备下述条件。

① 配位反应生成的配位化合物必须足够稳定 $K \geqslant 10^8$(以保证反应进行完全),而且生成的配合物是可溶的。

② 配位反应必须按一定的反应计量关系进行(配位数固定),这是定量计算的基础。

③ 配位反应速率必须足够快。

④ 有适当的方法指示化学计量点(确定滴定终点)。

许多有机配位剂与金属离子形成一定的配合物,且具有一定的稳定性,能符合滴定分析的要求,因此在分析化学中得到了广泛的应用。目前使用最多的是氨羧配位剂。

二、氨羧配位剂

有机配位剂,特别是氨羧配位剂{以氨基二乙酸[$-N(CH_2COOH)_2$]为基体的一类有机配位剂的总称},其中含有配位能力很强的氨氮(:N<)和羧氧($-C(=O)\ddot{O}$)两种配位原子,它们能与多数金属离子形成稳定的可溶性配合物。由于这类有机配位剂的出现,克服了无机配位剂的缺点,使配位滴定法得到迅速的发展。

利用氨羧配位剂与金属离子的配位反应来进行的滴定分析方法称为氨羧配位滴定,目前最常用的配位滴定剂是乙二胺四乙酸(EDTA),氨三乙酸(NTA),环己烷二胺基四乙酸(DCTA 或 CyDTA),乙二醇二乙醚二胺四乙酸(EGTA),乙二胺四丙酸(EDTP),三乙基四胺六乙酸(TTHA)等。在这些氨羧配位剂中,应用最多的是乙二胺四乙酸,因此通常指的"配位滴定"即指乙二胺四乙酸配位滴定法,简称 EDTA 滴定法。

三、EDTA 及其配合物

(一) 乙二胺四乙酸的结构与性质

EDTA 是一个四元有机弱酸,其结构式为

$$
\begin{array}{ccc}
{}^{-}OOCCH_2 & & CH_2COO^{-} \\
\quad\diagdown H^{+} & & H^{+}\diagup \\
& N—CH_2—CH_2—N & \\
\quad\diagup & & \diagdown \\
HOOCCH_2 & & CH_2COOH
\end{array}
$$

为书写方便，用 H_4Y 表示其分子式。EDTA 为白色粉末状结晶，熔点为 241.5℃，微溶于水，22℃ 时每 100 ml 水中仅溶解 0.02g，饱和水溶液的浓度约为 $7\times10^{-4}mol\cdot L^{-1}$，不宜作配位滴定剂，不溶于酸，能溶于碱和氨水中，形成相应的盐。在分析工作中多用其钠盐作滴定剂。乙二胺四乙酸二钠也是白色结晶粉末，无臭、无味，易精制，且稳定，室温时 100 g 水中可溶解约 11 g，此溶液浓度约为 $0.3\ mol\cdot L^{-1}$，pH 约为 4.4，适合配制标准滴定溶液。

（二）EDTA 在水溶液中的解离平衡

当 EDTA 溶于水，如果溶液的酸度很高，它的两个羧基可再接受形成，这样，EDTA 就相当于六元酸，有七种存在形式，如表 4-1 所示。

表 4-1　不同 pH 时 EDTA 主要存在形式

pH	<0.9	0.9～1.6	1.6～2.0	2.0～2.67	2.67～6.16	6.16～10.26	>10.26
主要存在型体	H_6Y^{2+}	H_5Y^{+}	H_4Y	H_3Y^{-}	H_2Y^{2-}	HY^{3-}	Y^{4-}

在不同 pH 时，EDTA 的主要存在形式不同，浓度也不同。在这七种形式中，只有 Y^{4-} 能与金属离子直接配位，形成稳定的配合物。因此，溶液的酸度越低（pH 越大），Y^{4-} 存在的形式越多，EDTA 的配位能力越强。由此可见，溶液的酸度成为影响 EDTA 金属离子配合物稳定性的重要因素。

(三)EDTA 与金属离子形成配合物的特点

1. 配位广泛稳定

EDTA 分子中有四个羧基氧、两个氨基氮,可提供六个配位原子,因此能与大多数金属离子发生配位反应,生成配合物;同时所生成的配合物一般都是具有五元环的螯合物结构,所以非常稳定。

2. 配位比简单

一般情况下 EDTA 和金属离子的配位比均为 1∶1,因为 EDTA 有两个氨基和四个羧基,也就说最多可以提供六个配位原子,大多数金属离子的配位数不超过六,所以配位比以 1∶1 居多。

3. 配合物易溶解

由于 EDTA 与金属离子形成的配合物大多数带电荷,所以能够溶解于水中,配位反应迅速,使滴定可以在水溶液中进行。

4. 配合物颜色

EDTA 在和无色金属离子反应时,生成的配离子也无色,如 $[ZnY]^{2-}$、$[CaY]^{2-}$、$[MgY]^{2-}$ 等;如果和有色金属离子反应,则一般生成颜色更深的配合物,如 $[CoY]^{2-}$ 为玫瑰色、$[FeY]^{2-}$ 为黄色、$[CuY]^{2-}$ 为深蓝色等。

第二节　配合物在水溶液中的解离平衡

一、配合物的稳定常数和累积稳定常数

(一) 配合物的稳定常数

EDTA 与金属离子生成 1∶1 型配位化合物,其反应通式为

$$M + Y \rightleftharpoons MY$$

当反应达到平衡时，稳定常数 K_{MY} 可用下式表示：

$$K_{MY} = \frac{[MY]}{[M][Y]} \tag{4-1}$$

K_{MY} 为反应平衡常数，即在一定温度下金属-EDTA配合物的稳定常数。由于在实际工作中，配位滴定剂的浓度较稀（0.01mol·L^{-1}），活度系数近似为1，故通常采用浓度常数表示。已知稳定常数的大小，就可以判断配位反应完成的程度，也可以判断一个配位反应是否能用于配位滴定，这一类稳定常数称为绝对稳定常数。K_{MY} 越大，配合物越稳定。在一定条件下，每一配合物都有其特有的稳定常数。

例如，Ca^{2+} 与EDTA的配合反应为

$$Ca^{2+} + Y^{4-} \rightleftharpoons CaY^{2-}$$

当反应达到平衡时，CaY^{2-} 配合物的稳定常数可表示如下：

$$K_{CaY} = \frac{[CaY]}{[Ca][Y]} = 4.9 \times 10^{10}$$

$$\lg K_{CaY} = 10.69$$

一些常见金属离子与EDTA的配合物的稳定常数值见表4-2。

表4-2　常见EDTA配合物的稳定常数的对数值 $\lg K_{MY}$（18℃～25℃ $I = 0.1$）

金属离子	$\lg K_{MY}$	金属离子	$\lg K_{MY}$
Na^+	1.66	Zn^{2+}	16.50
Ag^+	7.32	Pb^{2+}	18.04
Ba^{2+}	7.86	Ni^{2+}	18.62
Mg^{2+}	8.69	Cu^{2+}	18.80
Ca^{2+}	10.69	Hg^{2+}	21.70
Mn^{2+}	13.87	Sn^{2+}	22.11
Fe^{3+}	14.32	Bi^{3+}	27.94
Al^{3+}	16.13	Cr^{3+}	23.40
Co^{2+}	16.31	Fe^{3+}	25.10
Cd^{2+}	16.46	Co^{3+}	36.00

由表4-2可见，高价金属离子与EDTA配合物的稳定性一般高于低价金属离子与EDTA配合物的稳定性，碱金属的 $\lg K_{MY} < 8$，碱土金属的 $\lg K_{MY}$ 为 $8 \sim 11$。

（二）配合物的累积稳定常数

对于 ML_n 型配合物，在溶液中存在着一系列配位平衡，每个平衡都有其相应的稳定常数。其逐级反应及对应的逐级稳定常数表示如下：

$M + L \rightleftharpoons ML$ 　　第一级稳定常数 　　$K_1 = \dfrac{[ML]}{[M][L]}$

$ML + L \rightleftharpoons ML_2$ 　　第二级稳定常数 　　$K_2 = \dfrac{[ML_2]}{[ML][L]}$

$\vdots$

$ML_{n-1} + L \rightleftharpoons ML_n$ 　　第 n 级稳定常数 　　$K_n = \dfrac{[ML_n]}{[ML_{n-1}][L]}$

在实际工作中，许多配位平衡常用到累积稳定常数 β_n，用累积稳定常数表示反应平衡较分步稳定常数方便。累积稳定常数等于逐级稳定常数依次相乘。

$$\beta_1 = K_1 = \frac{[ML]}{[M][L]}$$

$$\beta_2 = K_1 K_2 = \frac{[ML_2]}{[M][L]^2}$$

$$\beta_n = K_1 K_2 \cdots K_n = \frac{[ML_n]}{[M][L]^n}$$

累积稳定常数将各级配合物的浓度 $[ML]$，$[ML_2]$，…，$[ML_n]$ 直接与游离金属离子浓度 $[M]$ 和游离配位剂浓度 $[L]$ 联系起来，可方便地计算出各级配合物的浓度：

$$[ML] = \beta_1 [M][L]$$

$$[ML_2] = \beta_2 [M][L]^2$$

$$\vdots$$

$$[ML_n] = \beta_n [M][L]^n$$

二、配位反应的副反应及副反应系数

在配位滴定体系MY中，若将金属离子M与配位体Y之间生成配合物MY的反应看作主反应，那么金属离子与溶液中其他共存的离子（其他金属离子、缓冲剂、掩蔽剂等）之间的反应就为副反应。总的平衡关系可用下式表示：

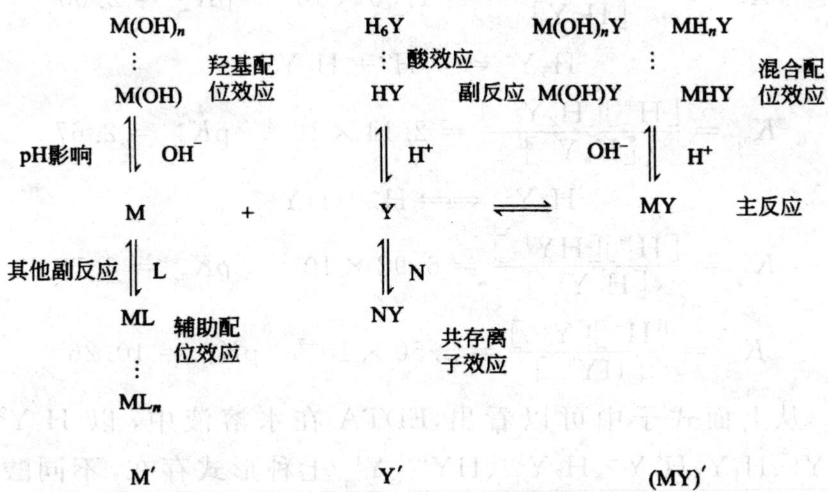

这几类副反应都会降低主要配位反应的完全程度，使金属离子以及配位体的浓度改变。为了定量表达副反应对主反应的影响程度，引入副反应系数α。下面对各个副反应分别进行讨论。

（一）配位剂的副反应系数

配位剂的副反应系数：未参加主反应的EDTA各种型体总浓度[Y′]与游离EDTA(Y^{4-})浓度[Y]的比值，用α_Y来表示。α_Y越大，副反应越大，则直接参与主反应的游离EDTA(Y^{4-})浓度越少。其表达式为

$$\alpha_Y = \frac{[Y']}{[Y]} \tag{4-2}$$

1. 酸效应系数$\alpha_{Y(H)}$

EDTA与H^+反应主要形成HY，H_2Y，…，H_nY氢配合物，在

水溶液中存在以下一系列解离平衡：

$$K_{a_1}=\frac{[H^+][H_5Y^+]}{[H_6Y^{2+}]}=1.26\times10^{-1}\quad pK_{a_1}=0.90$$

$$K_{a_2}=\frac{[H^+][H_4Y]}{[H_5Y^+]}=2.51\times10^{-2}\quad pK_{a_2}=1.60$$

$$H_4Y \rightleftharpoons H^+ + H_3Y^-$$

$$K_{a_3}=\frac{[H^+][H_3Y^-]}{[H_4Y]}=1.00\times10^{-2}\quad pK_{a_3}=2.00$$

$$H_3Y^- \rightleftharpoons H^+ + H_2Y^{2-}$$

$$K_{a_4}=\frac{[H^+][H_2Y^{2-}]}{[H_3Y^-]}=2.14\times10^{-3}\quad pK_{a_4}=2.67$$

$$H_2Y^{2-} \rightleftharpoons H^+ + HY^{3-}$$

$$K_{a_5}=\frac{[H^+][HY^{3-}]}{[H_2Y^{2-}]}=6.92\times10^{-7}\quad pK_{a_5}=6.16$$

$$K_{a_6}=\frac{[H^+][Y^{4-}]}{[HY^{3-}]}=5.50\times10^{-7}\quad pK_{a_6}=10.26$$

从上面式子中可以看出，EDTA 在水溶液中，以 H_6Y^{2+}、H_5Y^+、H_4Y、H_3Y^-、H_2Y^{2-}、HY^{3-}、Y^{4-} 七种形式存在，不同酸度下，各种存在形式的浓度也不相同。通过计算可得，EDTA 在不同 pH 值时各种存在形式的分布情况如图 4-1 所示。

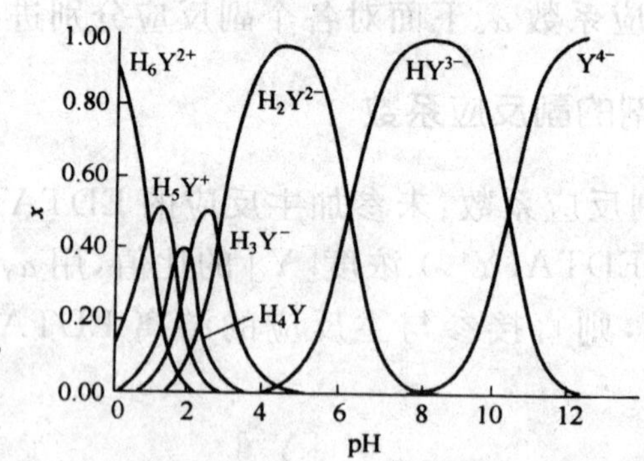

图 4-1　EDTA 各种存在形式在不同 pH 值下的分布情况

由图 4-1 可以看出，在 pH ＜ 1 的强酸溶液中，EDTA 的主要存在形式为 H_6Y^{2+}；在 pH ＝ 1 ～ 1.6 的溶液中，主要以 H_5Y^+ 形式存在；在 pH = 1.6 ~ 2.0 的溶液中，主要以 H_4Y 形式存在；在 pH = 2.0 ~ 2.67 的溶液中，主要以 H_3Y^- 形式存在；在 pH = 2.67 ~ 6.16 的溶液中，主要以 H_2Y^{2-} 形式存在，在 pH = 6.16 ~ 10.26 的溶液中，主要以 HY^{3-} 形式存在；只有在 pH 值很大(pH ≥ 12) 时才几乎完全以 Y^{4-} 形式存在。由于只有 Y^{4-} 离子才能直接与金属离子形成稳定的配合物，所以溶液的酸度越低，Y^{4-} 离子浓度(称为有效浓度) 越高，EDTA 的配位能力就越强。如果溶液的酸度升高，则生成 H_4Y 的倾向增大，降低 MY 的稳定性。

$$\begin{aligned}\alpha_{Y(H)} &= \frac{[Y']}{[Y]} \\ &= \frac{[Y^{4-}]+[HY^{3-}]+[H_2Y^{2-}]+[H_3Y^-]+[H_4Y]+[H_5Y^+]+[H_6Y^{2+}]}{[Y^{4-}]} \\ &= 1+\frac{[H^+]}{K_{a_6}}+\frac{[H^+]^2}{K_{a_6}K_{a_5}}+\frac{[H^+]^3}{K_{a_6}K_{a_5}K_{a_4}}+\frac{[H^+]^4}{K_{a_6}K_{a_5}K_{a_4}K_{a_3}}+\frac{[H^+]^5}{K_{a_6}K_{a_5}K_{a_4}K_{a_3}K_{a_2}} \\ &\quad +\frac{[H^+]^6}{K_{a_6}K_{a_5}K_{a_4}K_{a_3}K_{a_2}K_{a_1}}\end{aligned} \tag{4-3}$$

$\alpha_{Y(H)}$ 是 $[H^+]$ 的函数，酸度越大，$\alpha_{Y(H)}$ 值也越大。当 $\alpha_{Y(H)}=1$ 时，表示 EDTA 未发生副反应，全部以 Y^{4-} 形式存在，这时 $[Y']=[Y]$。由此可见，酸效应系数与有关离解常数和溶液的 H^+ 浓度有关。EDTA 在各种 pH 时的酸效应系数见表 4-3。

表 4-3　EDTA 在各种 pH 时的酸效应系数

pH	$\lg\alpha_{Y(H)}$	pH	$\lg\alpha_{Y(H)}$
0.7	19.62	5.5	5.51
0.8	19.08	6.0	4.65
1.0	18.01	6.4	4.06
1.3	16.49	6.5	3.92
1.5	15.55	7.0	3.32
1.8	14.27	7.5	2.78
2.0	13.51	8.0	2.27
2.3	12.50	8.5	1.77
2.5	11.90	9.0	1.28

续表

pH	$\lg\alpha_{Y(H)}$	pH	$\lg\alpha_{Y(H)}$
3.0	10.60	9.5	0.83
3.4	9.70	10.0	0.45
3.5	9.48	10.5	0.20
4.0	8.44	11.0	0.07
4.5	7.44	11.5	0.02
5.0	6.45	12.0	0.01
5.4	5.69	13.0	0.0008

在分析工作中，我们常将表 4-3 中的数据绘成 pH-$\lg\alpha_{Y(H)}$ 关系曲线，称为酸效应曲线或林邦曲线，如图 4-2 所示。

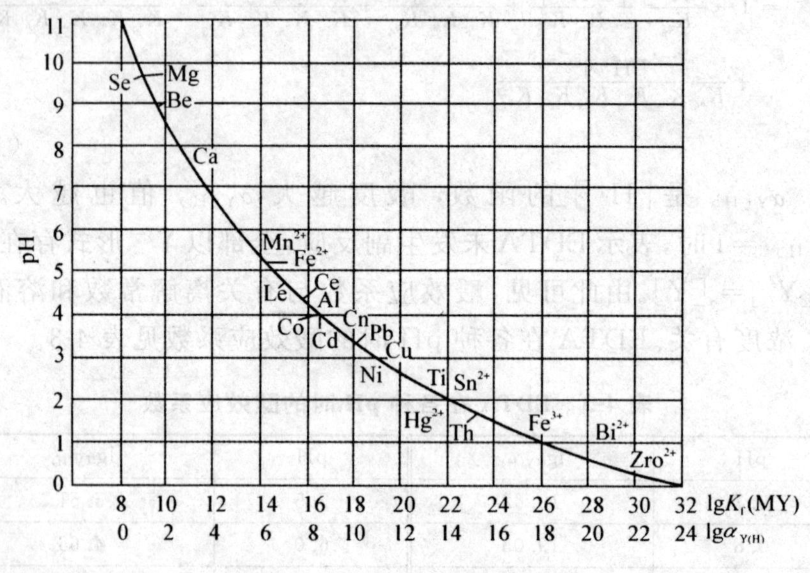

图 4-2 EDTA 的酸效应曲线

2. 共存离子效应系数 $\alpha_{Y(N)}$

由于 EDTA 几乎与所有的金属离子都能生成配位化合物，若与金属离子 M 共存的离子 N 也能与配合剂 Y 反应，Y 与 N 也可形成 1∶1 配合物，使 Y 参加主反应的能力降低，此反应即为副反应，这种现象称为共存离子效应。其对主反应影响程度用共存离子效

应系数 $\alpha_{Y(N)}$ 表示。

主反应：$M + Y \rightleftharpoons MY \qquad K_{MY} = \frac{[MY]}{[M][Y]}$

副反应：$\Updownarrow N \qquad K_{NY} = \frac{[NY]}{[N][Y]}$

副反应系 NY

$$\alpha_{Y(N)} = \frac{[Y]+[NY]}{[Y]} = 1 + \frac{[N][Y]K_{NY}}{[Y]} = 1 + [N]K_{NY} \tag{4-4}$$

式(4-4)表明，共存离子副反应系数 $\alpha_{Y(N)}$ 只是几种影响较大的共存离子副反应系数之和，其大小取决于 EDTA 与干扰离子的稳定常数以及干扰离子 N 的浓度。

3. Y 的总副反应系数 α_Y

当滴定体系中同时存在酸效应和共存离子效应时，EDTA 总的副反应系数 α_Y 可用下式计算（略去电荷）：

$$\begin{aligned}\alpha_Y &= \frac{[Y']}{[Y]} = \frac{[Y]+[HY]+[H_2Y]+\cdots+[H_6Y]+[NY]}{[Y]} \\ &= \frac{[Y]+[HY]+[H_2Y]+\cdots+[H_6Y]+[Y]+[NY]-[Y]}{[Y]} \\ &= \alpha_{Y(H)} + \alpha_{Y(NY)} - 1\end{aligned} \tag{4-5}$$

（二）金属离子 M 的副反应系数

在配位滴定反应体系中，有时为了消除干扰，还需加入掩蔽剂，或者为了调节酸度，需要加入缓冲剂，所以金属离子 M 除与 EDTA 进行配位反应外，还会与体系中存在的其他配位剂 L 生成 ML_n 型配合物，此反应为副反应，用 $\alpha_{M(L)}$ 表示，L 代表各种不同的配位剂。若以[M′]表示未与 EDTA 形成配合物的金属离子总浓度，[M]表示游离金属离子浓度，则副反应系数为

$$\alpha_{M(L)} = \frac{[M']}{[M]} = \frac{[M]+[ML]+[ML_2]+\cdots+[ML_n]}{[M]}$$
$$= 1 + K_1[L] + K_1K_2[L]^2 + \cdots + K_1K_2\cdots K_n[L]^n$$
$$= 1 + \beta_1[L] + \beta_2[L]^2 + \cdots + \beta_n[L]^n \tag{4-6}$$

实际上,金属离子往往同时发生多种副反应。如溶液中有缓冲液 NH_3 分子、OH^-、掩蔽剂 F^- 时,金属离子会同时与以上 3 个配位剂发生副反应。若有 P 个配位剂与金属离子发生副反应,则金属离子 M 的总副反应系数为

$$\alpha_M = \alpha_{M(L_1)} + \alpha_{M(L_2)} + \cdots + (1 - P) \tag{4-7}$$

(三) 配合物 MY 的副反应系数

配合物的副反应主要与溶液的 pH 有关。

在酸度较高($pH < 3$) 的情况下,H^+ 与 MY 发生副反应形成酸式配合物 MHY。

$$MY + H \rightleftharpoons MHY \qquad K_{MHY} = \frac{[MHY]}{[MY][H]}$$

酸式配合物副反应系数为

$$\alpha_{MY(H)} = \frac{[MY]+[MHY]}{[MY]} = 1 + [H]K_{M(H)Y} \tag{4-8}$$

在碱度较高时($pH > 11$),MY 配合物与溶液中 OH^- 发生副反应,形成碱式配合物,副反应系数为

$$\alpha_{MY(OH)} = \frac{[MY]+[M(OH)Y]}{[MY]} = 1 + [OH]K_{M(OH)Y} \tag{4-9}$$

因为MHY与MOHY在大多数情况下不太稳定,它对主反应影响不大,故一般计算时可忽略不计。

三、配合物的条件稳定常数

样品测定时副反应总是存在,这时,主反应的进行程度已不能用 K_{MY} 来描述,因此,在有副反应的情况下,配合物的稳定常数应为

$$K'_{MY} = \frac{[MY']}{[M'][Y']} \tag{4-10}$$

K'_{MY} 称为条件稳定常数，它表示在一定条件下有副反应发生时主反应进行的程度。式中$[MY']$为配合物的总浓度，$[M']$为未参加主反应的金属离子总浓度，$[Y']$为未参加主反应的EDTA总浓度。由副反应系数可知：

$$[M'] = \alpha_M[M]$$

$$[Y'] = \alpha_Y[Y]$$

$$[MY'] = \alpha_{MY}[MY]$$

所以

$$K'_{MY} = \frac{[MY']}{[M'][Y']} = \frac{\alpha_{MY}[MY]}{\alpha_M[M]\alpha_Y[Y]} = \frac{K_{MY}\alpha_{MY}}{\alpha_M\alpha_Y}$$

$$\lg K'_{MY} = \lg K_{MY} - \lg\alpha_M - \lg\alpha_Y + \lg\alpha_{MY} \tag{4-11}$$

式(4-11)表明，条件稳定常数的大小取决于金属离子与EDTA的稳定常数以及滴定体系中发生的各种副反应的大小。在实际测定时，当溶液的pH和试剂浓度一定时，各种副反应系数就为定值，因此，条件稳定常数在一定条件下为常数，它是用副反应系数校正后的实际稳定常数。当金属离子和配位剂发生副反应时，α_M和α_Y总是大于1，使MY的主反应的完成程度降低，而当配合物MY发生副反应时，α_{MY}大于1，主反应的完成程度就增高。利用条件稳定常数公式，可方便地计算出有副反应情况下主反应的完成程度。

第三节 EDTA滴定曲线

在酸碱滴定中，随着滴定剂的加入，溶液中H^+的浓度不断变化，在化学计量点附近溶液的pH发生突变。与酸碱滴定的情况相似，在配位滴定中，随着滴定剂EDTA的加入。金属离子的浓度不断减小，在化学计量点附近，金属离子的$pM'(-\lg[M'])$值发生突变，产生滴定突跃，选择合适的指示剂可以指示滴定终点。

一、配位滴定曲线的绘制

以 0.010 00 mol·L^{-1} 的 EDTA 标准溶液滴定体积为 20.00 ml,0.010 00 mol·L^{-1} 的 Ca^{2+} 溶液为例,讨论在不同 pH 与不同辅助配位剂溶液中进行滴定时,pCa 的变化情况。

1. pH = 12.0 时滴定曲线

以 NaOH 调节溶液 pH = 12.0 时,观察溶液中 pCa 的变化情况。

查表 4-2 可知:$\lg K_{CaY} = 10.69$;

查表 4-3 可知:当 pH = 12.0 时,$\lg\alpha_{Y(H)} = 0.01$。

所以

$$\lg K'_{CaY} = \lg K_{CaY} - \lg\alpha_{Y(H)} = 10.69 - 0.01 = 10.68$$

$$K'_{CaY} = 4.8 \times 10^{10}$$

(1) 滴定前

$$[Ca^{2+}] = 0.010\,00 \text{ mol} \cdot L^{-1}$$

$$pCa = -\lg[Ca^{2+}] = -\lg 0.010\,00 = 2.0$$

(2) 滴定开始至化学计量点前

以溶液中未被滴定的$[Ca^{2+}]$求 pCa,加入 EDTA 标准溶液的体积为 V_Y 时,则

$$[Ca^{2+}] = \frac{V_{Ca} - V_Y}{V_{Ca} + V_Y} \times c_{Ca^{2+}}$$

若 $V_Y = 18.00$ ml(90%) 时,则

$$[Ca^{2+}] = 0.010\,00 \times \frac{20.00 - 18.00}{20.00 + 18.00} = 5.3 \times 10^{-4} \text{ mol} \cdot L^{-1}$$

$$pCa = 3.3$$

同理,$V_Y = 19.98$ ml(99.9%) 时,

$$pCa = 5.3$$

(3) 化学计量点时

Ca^{2+} 与 EDTA 几乎完全配位成 CaY,则

$$[CaY] = 0.010\ 00 \times \frac{20.00}{20.00 + 20.00} = 5.0 \times 10^{-3}\ mol \cdot L^{-1}$$

游离的 Ca^{2+} 和没有配位的 EDTA 的浓度相等，根据配位平衡，则

$$[Ca^{2+}] = [Y']$$

$$\frac{[CaY]}{[Ca^{2+}][Y']} = K'_{CaY} = \frac{5.0 \times 10^{-3}}{[Ca^{2+}]^2} = 4.8 \times 10^{10}$$

$$[Ca^{2+}] = 3.2 \times 10^{-7}\ mol \cdot L^{-1}$$

$$pCa = 6.5$$

(4) 化学计量点后

以溶液中过量的 EDTA，根据配位平衡计算$[Ca^{2+}]$，求 pCa。过量 EDTA 的浓度为

$$[Y^{4-}] = c_Y \cdot \frac{V_Y - V_{Ca}}{V_{Ca} + V_Y}$$

若已加入 EDTA 溶液 20.02 ml(100.1%)，此时过量的 EDTA 浓度为

$$[Y^{4-}] = 0.010\ 00 \times \frac{20.02 - 20.00}{20.00 + 20.02} = 5.0 \times 10^{-6}\ mol \cdot L^{-1}$$

$$\frac{[CaY]}{[Ca^{2+}][Y']} = K'_{CaY} = \frac{5.0 \times 10^{-3}}{[Ca^{2+}] \times 5.0 \times 10^{-6}} = 4.8 \times 10^{10}$$

$$[Ca^{2+}] = 2.1 \times 10^{-8}\ mol \cdot L^{-1}$$

$$pCa = 7.7$$

如此再计算几点，并将计算结果列于表 4-4 中。

表 4-4　在不同 pH 时，用 0.010 00 mol · L^{-1} EDTA 滴定 20.00 ml 0.010 00 mol · L^{-1} Ca^{2+} 时，溶液中 pCa 的变化

加入 EDTA		未配位的 Ca^{2+}/%	过量的 EDTA/%	pH = 10		pH = 12	
ml	%			$[Ca^{2+}]$	pCa	$[Ca^{2+}]$	pCa
0.00	0.0	100.0		0.010 00	2.0	0.010 00	2.0
18.00	90.0	10.0		5.3×10^{-4}	3.3	5.3×10^{-4}	3.3
19.80	99.0	1.0		5.0×10^{-5}	4.3	5.0×10^{-5}	4.3

续表

加入EDTA		未配位的	过量的	pH = 10		pH = 12	
ml	%	Ca^{2+}/%	EDTA/%	$[Ca^{2+}]$	pCa	$[Ca^{2+}]$	pCa
19.98	99.9	0.1		5.0×10^{-6}	5.3	5.0×10^{-6}	5.3
20.00	100.0	0.0		3.2×10^{-7}	6.5	5.4×10^{-7}	6.3
20.02	100.1		0.1	2.1×10^{-8}	7.7	5.9×10^{-8}	7.2
20.20	101.0		1.0	2.1×10^{-9}	8.7	5.9×10^{-9}	8.2
22.00	110.0		10.0	2.1×10^{-10}	9.7	5.9×10^{-10}	9.2
40.00	200.0		100.0	2.1×10^{-11}	10.7	5.9×10^{-11}	10.2

2. pH = 10.0 时滴定曲线

以 NH_3-NH_4Cl 缓冲溶液调节溶液 pH = 10.0 时，溶液中 pCa 的变化情况。

查表 4-3 得 pH = 10.0 时，$\lg\alpha_{Y(H)} = 0.45$，

所以

$$\lg K'_{CaY} = \lg K_{CaY} - \lg\alpha_{Y(H)} = 10.69 - 0.45 = 10.24$$

$$K'_{CaY} = 1.7\times10^{10}$$

根据 $K'_{CaY} = 1.7\times10^{10}$ 的值，按照 pH = 12.0 时的计算方法，可求得 pH = 10.0 时溶液中的 pCa 值，见表 4-4。按照上述方法可以计算在不同 pH 溶液中进行滴定时 pCa 的变化情况。以 pCa 为纵坐标，以加入 EDTA 标准溶液的体积 V_Y 为横坐标作图，即得到用 EDTA 标准溶液滴定 Ca^{2+} 的滴定曲线，如图 4-3 所示。

由图 4-3 可以看出，滴定曲线突跃范围的大小，随溶液 pH 大小不同而变化，这是由于配合物的 K'_{CaY} 的大小随溶液 pH 的变化而改变的缘故。pH 越大，滴定突跃范围越大；pH 越小，滴定突跃范围越小。当 pH = 6.0 时，图 4-3 中滴定曲线没有明显的滴定突跃。

设金属离子的浓度为 0.01 mol · L^{-1}，用 0.01 mol · L^{-1} EDTA 滴定，若 K'_{MY} 分别是 2、4、6、8、10、12 和 14，可以按照上述

方法计算并绘制滴定曲线，如图 4-4 所示。当 $\lg K'_{MY}=10$，金属离子浓度 c_M 分别为 $10^{-1}\sim10^{-4}$ mol·L^{-1} 的滴定曲线如图 4-5 所示。

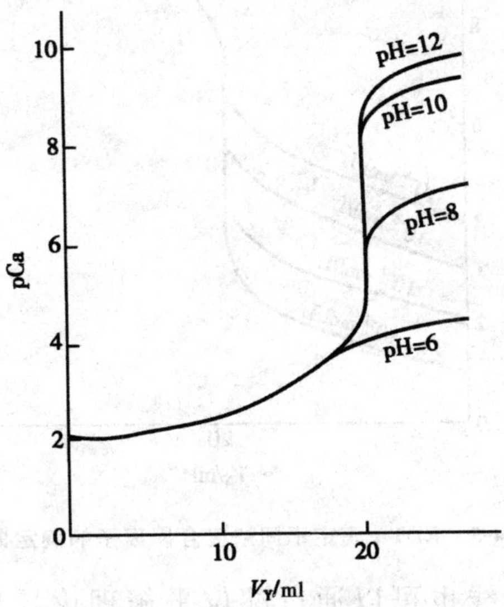

图 4-3　在不同 pH 时用 0.010 00 mol·L^{-1} EDTA 标准溶液滴定 0.01000mol·L^{-1} Ca^{2+} 的滴定曲线

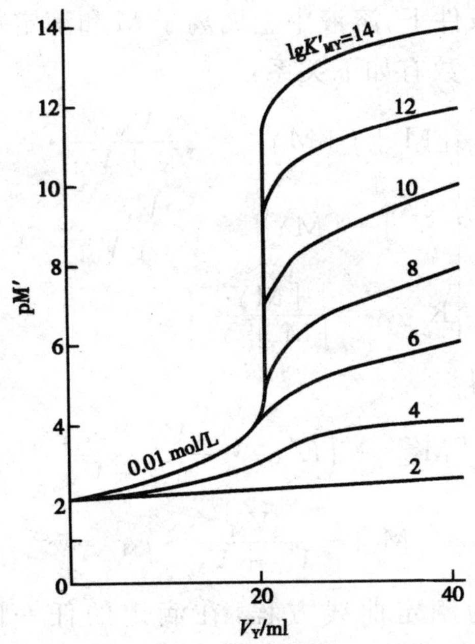

图 4-4　不同 $\lg K'_{MY}$ 的滴定曲线

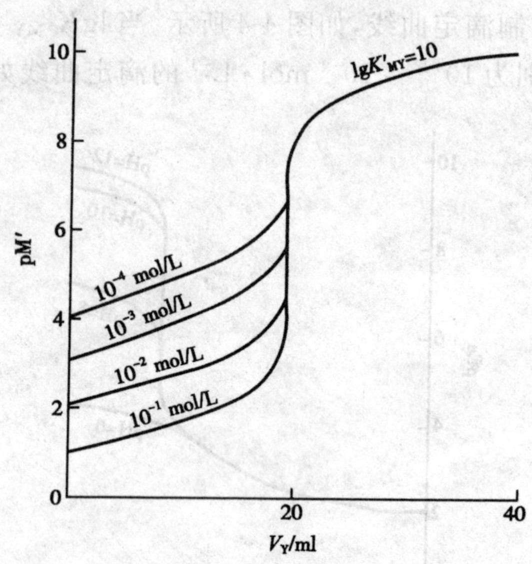

图 4-5　EDTA 滴定不同浓度金属离子的滴定曲线

配位滴定曲线也可以通过配位平衡理论导出的滴定曲线方程绘制。设金属离子 M 的初始浓度为 c_M，体积为 V_M，用浓度为 c_Y 的 EDTA 标准溶液滴定，在滴定过程中加入 EDTA 标准溶液的体积 V_Y。在滴定条件下，溶液中金属离子 M 和滴定剂 EDTA 的总浓度及条件稳定常数有如下关系：

$$\begin{cases} [M'] + [MY] = \dfrac{V_M}{V_Y + V_M} \cdot c_M \\ [Y'] + [MY] = \dfrac{V_Y}{V_Y + V_M} \cdot c_Y \\ K'_{MY} = \dfrac{[MY]}{[M'][Y']} \end{cases}$$

解方程组得

$$K'_{MY}[M']^2 + \left(K'_{MY} \cdot \frac{c_Y V_Y + c_M V_M}{V_Y + V_M} + 1\right) \cdot [M'] - \frac{V_M}{V_Y + V_M} \cdot c_M = 0 \tag{4-12}$$

式(4-12)为滴定曲线方程，在滴定的任一阶段，K'_{MY}、c_M、V_M、c_Y 都是已知的。随着滴定的进行，V_Y 在不断变化，可求出 pM

的值。以 pM 为纵坐标，加入滴定剂EDTA的量（K或体积百分数）为横坐标，也可以绘制出配位滴定曲线。

3. 化学计量点 pM′ 的计算

在配位滴定中，必须强调化学计量点 pM′ 的计算，因为它是选择指示剂和计算滴定终点误差的重要依据。由于配合物 MY 的副反应系数近似为 1，可以认为[MY′] = [MY]。

计算方法推导如下：

达到配位平衡时，$K'_{MY} = \frac{[MY]}{[M'][Y']}$

化学计量点时，[M′] = [Y′]（注意：不是[M] = [Y]）。

若金属离子的起始浓度为 c_M，配位滴定中形成的配合物比较稳定，则 $[MY] = c_{M,sp} - [M'] \approx c_{M,sp}$。将其代入式 $K'_{MY} = \frac{[MY]}{[M'][Y']}$ 得 $K'_{MY} = \frac{c_{M,sp}}{[M'][Y']}$，整理得

$$[M'] = \sqrt{\frac{c_{M,sp}}{K'_{MY}}}$$

两边取对数得

$$pM' = \frac{1}{2}(pc_{M,sp} + \lg K'_{MY})$$

式中，下标 sp 表示化学计量点，$c_{M,sp}$ 表示化学计量点时金属离子的总浓度。若滴定剂与被滴定金属离子浓度相等，则 $c_{M,sp}$ 为金属离子起始浓度的一半。

【例 4-1】　若溶液的 pH = 10.00，游离氨的浓度为 0.20 moL · L^{-1}，用 0.020 00 mol · L^{-1} 的 EDTA 标准溶液滴定同浓度的 Cu^{2+}，计算化学计量点时的 pCu′。如果被滴定的是同浓度的 Mg^{2+}，化学计量点时的 pMg′ 又是多少？

解：化学计量点时

$$c_{Cu,sp} = \frac{1}{2}c_{Cu} = \frac{1}{2} \times 0.020\ 00 = 0.010\ 00\ \text{mol} \cdot \text{L}^{-1}$$

$$[NH_3] = \frac{1}{2}c_{NH_3} = \frac{1}{2} \times 0.20 = 0.10\ \text{mol} \cdot \text{L}^{-1}$$

已知铜-氨配合物各级累积稳定常数的对数值 $\lg\beta_1 \sim \lg\beta_4$ 分别为 4.15、7.64、10.53 和 12.67，pH = 10 时，$\alpha_{Cu(OH)} = 10^{1.2}$。

$$\begin{aligned}\alpha_{Cu(NH_3)} &= 1+\beta_1[NH_3]+\beta_2[NH_3]^2+\beta_3[NH_3]^3+\beta_4[NH_3]^4 \\ &= 1+10^{4.15}\times 0.10+10^{7.64}\times 0.10^2+10^{10.53} \\ &\quad \times 0.10^3+10^{12.67}\times 0.10^4 \\ &\approx 10^{7.53}+10^{8.67} \\ &= 10^{8.70}\end{aligned}$$

$$\alpha_{Cu} = \alpha_{Cu(NH_3)}+\alpha_{Cu(OH)}-1 = 10^{8.70}+10^{1.2}-1 \approx 10^{8.70}$$

查表 4-2 得 $\lg K_{CuY} = 18.80$，查表 4-3 得 pH = 10 时，$\lg\alpha_{Y(H)} = 0.45$

$$\begin{aligned}\lg K'_{CuY} &= \lg K_{CuY}-\lg\alpha_{Cu}-\lg\alpha_{Y(H)} \\ &= 18.80-8.70-0.45 = 9.65\end{aligned}$$

$$pCu' = \frac{1}{2}(pc_{Cu,sp}+\lg K'_{CuY}) = \frac{1}{2}(2.00+9.65) = 5.82$$

滴定 Mg^{2+} 时，由于 Mg^{2+} 不与 NH_3 形成配合物，而且 pH = 10 时，Mg^{2+} 不水解，故 $\lg\alpha_{Mg} = 0$。查表 4-2 得 $\lg\alpha_{MgY} = 8.69$，因此

$$\lg K'_{MgY} = \lg K_{MgY}-\lg\alpha_{Y(H)} = 8.69-0.45 = 8.24$$

$$pMg' = \frac{1}{2}(pc_{Mg,sp}+\lg K'_{MgY}) = \frac{1}{2}(2.00+8.24) = 5.12$$

计算结果表明，尽管 $\lg K_{CuY}$ 和 $\lg K_{MgY}$ 相差很大，但在氨性溶液中，使 $\lg K'_{CuY}$ 和 $\lg K'_{MgY}$ 相差很小，计量点时的 pMg′ 值很接近。因此，在氨性溶液中滴定 Cu^{2+} 时，Mg^{2+} 会干扰滴定。

二、影响滴定突跃的因素

影响配位滴定突跃的主要因素是条件稳定常数和金属离子浓度。

（一）条件稳定常数的影响

① 滴定曲线上限的高低，取决于配合物的 $\lg K'_{MY}$ 值。

② K'_{MY} 值越大，突跃上限的位置越高，滴定突跃越大。

③K'_{MY} 大小与 K_{MY}、α_M、α_Y 均有关。

辅助配位剂、水解效应、酸效应、共存金属离子等各种因素对 K'_{MY} 的大小均会产生影响，在实际工作中应全面综合考虑各种因素的影响。

（二）金属离子浓度的影响

从图 4-5 可以看出，当 K'_{MY} 值一定时，金属离子浓度越低，滴定曲线的起点就越高，滴定突跃就越小。因此，溶液的浓度不宜过稀，一般选用 10^{-2} mol·L^{-1} 左右。

第四节　金属指示剂

测定水的总硬度时，以铬黑 T 为指示剂，该指示剂是一种金属离子指示剂，简称金属指示剂。它是能与金属离子生成有色配合物的显色剂。

一、金属指示剂作用原理

金属指示剂(In) 是具有一定配位能力的有机染料，几乎都是有机多元弱酸，而且不同型体有不同颜色。在一定的 pH 范围内，金属指示剂本身能与被滴定金属离子(M) 配位，形成与自身颜色明显不同的有色配合物(MIn)，从而指示溶液中金属离子浓度的变化。

例如，铬黑 T(简称 EBT) 在 pH = 10 时呈蓝色，能与 Mg^{2+}、Zn^{2+}、Pb^{2+}、Ca^{2+} 等金属离子形成红色的配合物 MIn。如果在 pH = 10 时用 EDTA 滴定 Mg^{2+}，滴定前加入铬黑 T，铬黑 T 先与少量 Mg^{2+} 形成红色配合物，溶液呈红色，即

$$\underset{}{Mg} + \underset{(蓝色)}{In} \rightleftharpoons \underset{(红色)}{MgIn}$$

随着 EDTA 的加入，游离的 Mg^{2+} 逐渐被滴定而形成无色的

MgY;在化学计量点附近,游离的 Mg^{2+} 浓度降至很低,由于 EDTA 与 Mg^{2+} 的配位能力强于铬黑 T 与 Mg^{2+} 的配位能力,继续加入的 EDTA 进而夺取 MgIn 中的 Mg^{2+},使指示剂游离出来,此时溶液显示指示剂铬黑 T 的颜色蓝色,从而指示滴定终点的到达。

$$\underset{(红色)}{MgIn} + Y \rightleftharpoons MgY + \underset{(蓝色)}{In}$$

一般而言,在 EDTA 滴定过程中,通常在滴定开始前,先将少量金属指示剂 In 加于待测金属离子 M 溶液中,极少量金属离子 M 与金属指示剂 In 形成有色配合物 MIn,溶液显示 MIn 配合物的颜色,此时绝大多数金属离子处于游离状态。当滴定到达终点时,溶液中几乎所有的金属离子 M(包括与金属指示剂配位的)与 EDTA 配位,滴加过量 EDTA 夺取 MIn 中的金属 M,指示剂 In 完全释放,溶液由 MIn 配合物的颜色转变为金属指示剂 In 的颜色,从而指示滴定终点的到达。

其作用原理可表示为

$$\underset{(指示剂配合物颜色)}{MIn} + Y \rightleftharpoons MY + \underset{(指示剂颜色)}{In}$$

由此可见,金属指示剂在滴定终点变色实际上是配位置换反应过程。欲使金属指示剂能够指示滴定终点,必须使置换反应能够发生。

二、金属指示剂应具备的条件

从上述指示剂的变色原理可知,金属指示剂应具备以下条件:

① 金属指示剂与金属离子形成配合物的颜色应与金属指示剂本身的颜色有明显的不同。

② 金属指示剂与金属离子形成的配合物 MIn 要有适当的稳定性。

③ 金属指示剂与金属离子之间的显色反应要灵敏、迅速并具

有良好的变色可逆性。

④ 金属指示剂应比较稳定，便于使用和保存。

三、金属指示剂在使用中存在的问题

（一）指示剂的封闭现象

有时某些指示剂能与某些金属离子生成极为稳定的配合物，而且这些配合物较对应的 MY 配合物更稳定，以致到达计量点时滴入过量 EDTA，也不能夺取指示剂配合物（MIn）中的金属离子，指示剂不能释放出来，看不到颜色的变化，这种现象叫指示剂的封闭现象。

（二）指示剂的僵化现象

有些金属指示剂本身与金属离子形成的配合物的溶解度很小，使终点的颜色变化不明显；还有些金属指示剂与金属离子所形成的配合物的稳定性只稍差于对应的 EDTA 配合物，因而使 EDTA 与 MIn 之间的反应缓慢，使终点拖长，这种现象叫作指示剂的僵化。

（三）指示剂的氧化变质现象

金属指示剂大多数是具有许多双键的有色化合物，易被日光、空气和氧化剂所分解。有些指示剂在水溶液中不稳定，日久会变质。如铬黑 T、钙指示剂的水溶液均易氧化变质，所以常配成固体混合物或用具有还原性的溶液来配制溶液。

四、常用金属指示剂

到目前为止，合成的金属显色指示剂达 300 种以上，经常有新的金属指示剂问世。现将几种常用的金属指示剂介绍如下。

（一）铬黑 T（Eriochrome BlackT，EBT）

铬黑 T 属偶氮类染料，化学名称 1-（1- 羟基 -2- 萘偶氮基）-6-硝基 -2- 萘酚 -4- 磺酸钠，常用 NaH_2In 表示，其结构式如下：

$$NaO_3S-C_{10}H_4(OH)(OH)-N{=}N-C_{10}H_6(OH)$$

铬黑 T 为黑褐色粉末，溶于水形成 H_2In^- 离子。因结构中有两个酚羟基而具弱酸性，在水溶液中 H_2In^- 离子存在电离平衡：

$$\underset{\text{红色}}{H_2In^-} \xrightleftharpoons{pK_{a_1}=6.3} \underset{\text{蓝色}}{HIn^{2-}} \xrightleftharpoons{pK_{a_2}=11.55} \underset{\text{橙色}}{In^{3-}}$$

铬黑 T 在不同酸度下显不同颜色。通过实验确定，铬黑 T 使用最适宜酸度是 9 ～ 10.5，因为在此酸度范围内铬黑 T 自身为蓝色，而其与二价金属离子形成的配合物皆为红色或紫红色，二者颜色明显不同。铬黑 T 常用作测定 Mg^{2+}、Mn^{2+}、Zn^{2+}、Hg^{2+}、Cd^{2+}、Pb^{2+} 等金属离子的指示剂，但 Fe^{3+}、Al^{3+}、Co^{2+}、Ni^{2+}、Cu^{2+} 等离子对其有封闭作用，须采取掩蔽措施。

铬黑 T 固体性质稳定，但由于聚合反应的缘故，其水溶液仅能保存几天，在 $pH < 6.5$ 的溶液中聚合更为严重。

（二）二甲酚橙（xylenoi orange，XO）

二甲酚橙为紫红色粉末，易溶于水，常配成 0.2% 或 0.5% 的水溶液，可稳定几个月。二甲酚橙有 6 级离解，在 pH ＝ 5 ～ 6 时，主要以 H_2In^{4-} 形式存在，其离解平衡为

$$\underset{\text{黄色}}{H_2In^{4-}} \xrightleftharpoons{pK_a=6.3} \underset{\text{红色}}{H^+ + HIn^{5-}}$$

在 $pH > 6.3$ 时呈红色，$pH < 6.3$ 时呈黄色，在 $pH = pK_a =$

6.3时，呈中间色。而其与Zn^{2+}、Hg^{2+}、Cd^{2+}、Pb^{2+}、Ti^{3+}等金属离子的配合物呈红色，因此适于在pH < 6的酸性溶液中使用。例如，连续测定铅铋合金中的Pb^{2+}、Bi^{3+}含量时，常使用二甲酚橙作指示剂，在pH = 1.4左右滴定Bi^{3+}后，再在pH = 5 ~ 6测定Pb^{2+}的含量，终点由红变黄，变色敏锐。而测定Fe^{3+}、Cu^{2+}、Co^{2+}、Ni^{2+}、Sn^{4+}、Cr^{3+}等离子时可采用回滴法，在加入一定量过量的EDTA标准溶液后再加入二甲酚橙指示剂，用Zn^{2+}或Pb^{2+}标准溶液回滴至黄色即可。

（三）PAN

PAN属于吡啶偶氮类指示剂，化学名称是1-(2-吡啶偶氮)-2-萘酚。纯PAN是橙红色晶体，难溶于水，可溶于碱或甲醇、乙醇等溶剂中。在pH = 1.9 ~ 12.2呈黄色，与金属离子的配合物呈红色。由于PAN与金属离子的配合物水溶性差，多数出现沉淀，因此常加入乙醇或加热后再进行滴定。

（四）钙指示剂(calcon，NN)

钙指示剂的化学名称是2-羟基-1-(2-羟基-4-磺酸-1-萘偶氮基)-3-萘甲酸。纯的钙指示剂为紫黑色粉末，其水溶液或乙醇溶液均不稳定，一般与NaCl固体配成固体指示剂使用。钙指示剂与Ca^{2+}生成红色配合物，在pH = 8 ~ 13范围内指示剂本身呈蓝色。因此，常用作在pH = 12 ~ 13时滴定Ca^{2+}的指示剂，终点由红色变为纯蓝色，变色敏锐。Fe^{3+}、Al^{3+}、Cu^{2+}、Co^{2+}、Ni^{2+}等离子能封闭指示剂，可用三乙醇胺和氰化钾掩蔽。

（五）酸性铬蓝K

酸性铬蓝K的化学名称是4，5-二羟基-3-[(2-羟基-5-苯磺酸钠)偶氮]-2，7-萘二磺酸钠。酸性铬蓝K呈棕红色或暗红色粉末，溶于水和乙醇，水溶液呈玫瑰红色，在碱性溶液呈灰蓝色。一般与NaCl按1∶10配成固体指示剂使用。酸性铬蓝K的适宜pH使用范围是8～13，终点由红色变为纯蓝色。常用作在pH＝10时滴定Mg^{2+}、Mn^{2+}、Zn^{2+}的指示剂，pH＝13时，可作为滴定Ca^{2+}的指示剂。

第五节　提高配位滴定选择性的方法

在实际工作中，经常遇到多种金属离子共存于同一溶液中，而EDTA与很多金属离子都能生成稳定的配合物。因此，如何提高配位滴定的选择性是配位滴定中必须要解决的重要问题。目前，常采用下述措施来提高配位滴定的选择性。

一、控制溶液酸度

现以仅有M和N两种金属离子共存的简单体系为例讨论，若$K_{MY}>K_{NY}$，且K_{MY}与K_{NY}相差足够大，此时可准确滴定M离子（有合适的指示剂），而N离子不干扰。滴定M离子后，若N离子满足单一离子准确滴定的条件，则又可继续滴定N离子，即可分别滴定M和N金属离子。问题是K_{MY}与K_{NY}相差多大才能分别滴定?滴定控制溶液的酸度范围为多少？

用EDTA滴定含有M和N两种离子共存的溶液，若M未发生副反应，溶液中的平衡关系如下：

$$
\begin{array}{ccc}
M + & Y & \rightleftharpoons MY \\
 & H^+ \swarrow \quad \searrow N & \\
 & HY \qquad NY & \\
 & \vdots & \\
 & \Updownarrow & \\
 & H_6Y &
\end{array}
$$

① 在较高的酸度下滴定M金属离子时，$\alpha_{Y(H)}\geqslant\alpha_{Y(N)}$，即共存离子效应可以忽略，酸效应是主要的，则有

$$\lg K'_{MY}=\lg K_{MY}-\lg\alpha_{Y(H)}$$

此时可认为N的存在对M的滴定反应没有影响，与单独滴定

M 离子时的情况相同。

② 在较低的酸度下滴定 M 离子，若 $\alpha_{Y(N)} \geqslant \alpha_{Y(H)}$，即酸效应可以忽略，共存离子效应是主要的，则有

$$\alpha_Y \approx \alpha_{Y(N)} = 1 + K_{NY}[N] \approx c_{N,sp}K_{NY}$$

代入式 $\lg K'_{MY} = \lg K_{MY} - \lg\alpha_Y$，得

$$\begin{aligned}\lg K'_{MY} &= \lg K_{MY} - \lg\alpha_{Y(N)} \\ &\approx \lg K_{MY} - \lg c_{N,sp}K_{NY} \\ &\approx \lg K_{MY} - \lg K_{NY} - \lg c_{N,sp} \\ &\approx \Delta\lg K - \lg c_{N,sp}\end{aligned}$$

$$\lg c_{M,sp} + \lg K'_{MY} \approx \Delta\lg K - \lg c_{N,sp} + \lg c_{M,sp}$$

$$\lg c_{M,sp}K'_{MY} \approx \Delta\lg K + \lg(c_{M,sp}/c_{N,sp}) = \Delta\lg K + \lg(c_M/c_N) \tag{4-13}$$

式(4-13) 说明，两种金属离子配合物的稳定常数相差越大，被测离子浓度(c_M) 越大，干扰离子浓度(c_N) 越小，则在 N 离子存在下滴定 M 离子的可能性越大。至于两种金属离子配合物的形成常数要相差多大才能准确滴定 M 离子而 N 离子不干扰，这就取决于所要求的分析准确度和两种金属离子的浓度比 c_M/c_N 及终点和化学计量点 pM 差值(ΔpM) 等因素。

如果 $\Delta pM = \pm 0.2$、$|E_t| \leqslant 0.5\%$ 时(当被测溶液有多种金属离子共存时，滴定误差可以允许大一些)，要准确滴定 M 离子，而 N 离子不干扰，必须使 $\lg c_{M,sp}K'_{MY} \geqslant 5$，即

$$\Delta\lg K + \lg(c_M/c_N) \geqslant 5 \tag{4-14}$$

当 $c_M = c_N$ 时，则有

$$\Delta\lg K \geqslant 5 \tag{4-15}$$

式(4-15) 是判断 M、N 金属离子是否能够分别滴定的判别式。若 $\Delta\lg K \geqslant 5(c_M = c_N)$，M、N 金属离子能够分别滴定，可采用控制溶液酸度方法进行。

二、使用掩蔽剂

如果待测金属离子与 EDTA 配合物的稳定性与干扰离子的

相差不大，或者说，甚至还比干扰离子的配合物的稳定性差，就不能用控制酸度的方法进行分别滴定，而要采取加入第三种物质（掩蔽剂）来降低干扰离子的浓度以消除干扰，这种方法叫掩蔽法。

（一）配位掩蔽法

配位掩蔽法在化学分析中应用最广泛，它是通过加入能与干扰离子形成更稳定配合物的配位剂（通称掩蔽剂）掩蔽干扰离子，从而能够更准确滴定待测离子。例如，测定 Al^{3+} 和 Zn^{2+} 共存溶液中的 Zn^{2+} 时，可加入 NH_4F 与干扰离子 Al^{3+} 形成稳定的 $[AlF_6]^{3-}$，从而消除 Al^{3+} 的干扰。又如测定水中 Ca^{2+}、Mg^{2+} 总量时，Fe^{3+}、Al^{3+} 的存在干扰测定，可加入三乙醇胺掩蔽 Fe^{3+} 和 Al^{3+}，消除其干扰。

在实际工作中常使用的配位掩蔽剂见表 4-5。

表 4-5　常用的配位掩蔽剂

掩蔽剂	pH 范围	被掩蔽的离子	备注
KCN	＞8	Cu^{2+}、Ni^{2+}、CO^{2+}、Zn^{2+}、Hg^{2+}、Cd^{2+}、Ag^{2+}	
NH_4F	4～6	Al^{3+}、Ti(Ⅳ)、Sn^{4+}、Zr^{4+}、W(Ⅵ)	
	10	Al^{3+}、Mg^{2+}、Ca^{2+}、Sr^{2+}、Ba^{2+}	
三乙醇胺	10	Al^{3+}、Sn^{4+}、Ti(Ⅳ)、Fe^{3+}	与 KCN 并用，可提高掩蔽效果
	11～12	Fe^{3+}、Al^{3+}、少量 Mn^{2+}	
二巯基丙醇	10	Hg^{2+}、Cd^{2+}、Zn^{2+}、Pb^{2+}、Bi^{3+}、Ag^{+}、As^{3+}、Sn^{4+} 及少量 Cu^{2+}、CO^{2+}、Ni^{2+}、Fe^{3+}	
铜试剂(DDTC)	10	与 Cu^{2+}、Hg^{2+}、Pb^{2+}、Cd^{2+}、Bi^{3+} 生成沉淀	
邻二氮菲	5～6	Cu^{2+}、Ni^{2+}、CO^{2+}、Zn^{2+}、Cd^{2+}、Hg^{2+}、Mn^{2+}	
硫脲	5～6	Cu^{2+}、Hg^{2+}、Tl^{+}	
酒石酸	1.5～2	Sb^{3+}、Sn^{4+}	在抗坏血酸存在下
	5.5	Fe^{3+}、Al^{3+}、Sn^{4+}、Ca^{2+}	
	6～7.5	Fe^{3+}、Al^{3+}、Mg^{2+}、Cu^{2+}、Mo^{4+}	
	10	Al^{3+}、Sn^{4+}、Fe^{3+}	
乙酰丙酮	5～6	Fe^{3+}、Al^{3+}、Be^{2+}	

（二）氧化还原掩蔽法

利用氧化还原反应来改变干扰离子的价态以消除干扰的方法，称为氧化还原掩蔽法，掩蔽剂为氧化剂或还原剂。例如，锆铁矿中锆的滴定，由于 Zr^{4+} 和 Fe^{3+} 与EDTA配合物的形成常数相差不够大，Fe^{3+} 会干扰 Zr^{4+} 的滴定，此时可加入抗坏血酸或盐酸羟胺使 Fe^{3+} 还原为 Fe^{2+}，由于 $\lg K_{FeY^{2-}} = 14.3$ 比 $\lg K_{FeY^{-}}$ 小得多，因而避免了 Fe^{3+} 的干扰。又如前面提到，pH = 1 时测定 Bi^{3+} 不能使用三乙醇胺掩蔽 Fe^{3+}，此时同样可采用抗坏血酸或盐酸羟胺使 Fe^{3+} 还原为 Fe^{2+} 以消除干扰。其他如滴定 Th^{4+}、In^{3+}、Hg^{2+} 时，也可采用相同方法消除 Fe^{3+} 干扰。

（三）沉淀掩蔽法

沉淀掩蔽法是利用干扰离子与掩蔽剂形成沉淀以消除干扰的方法。例如，在 Ca^{2+}、Mg^{2+} 共存的溶液中，加入 NaOH 溶液，使 pH > 12，则 Mg^{2+} 生成 $Mg(OH)_2$ 沉淀，不与EDTA反应，也无干扰，可直接滴定 Ca^{2+}。沉淀掩蔽法要求生成的沉淀溶解度要小，使沉淀完全；生成的沉淀是无色或浅色的，且吸附作用小，以免影响终点的观察。这种掩蔽法在实际应用中有一定的局限性。

常用的沉淀掩蔽剂见表4-6。

表4-6　常用的沉淀掩蔽剂

掩蔽剂	被掩蔽离子	被滴定离子	pH范围	指示剂
NH_4F	Ca^{2+}、Sr^{2+}、Ba^{2+}、Mg^{2+}、Ti^{4+}、稀土金属离子	Zn^{2+}、Cd^{2+}、Mn^{2+} 在还原剂存在下	10	铬黑T
		Cu^{2+}、Ni^{2+}、CO^{2+}	10	紫脲酸铵
K_2CrO_4	Ba^{2+}	Sr^{2+}	10	Mg-EDTA+铬黑T

续表

掩蔽剂	被掩蔽离子	被滴定离子	pH 范围	指示剂
Na_2S 或铜试剂	微量重金属	Ca^{2+}、Mg^{2+}	10	铬黑 T
H_2SO_4	Pb^{2+}	Bi^{3+}	1	二甲酚橙
$K_4[Fe(CN)_6]$	微量 Zn^{2+}	Pb^{2+}	5 ～ 6	二甲酚橙
KI	Cu^{2+}	Zn^{2+}	5 ～ 6	PAN

三、使用解蔽剂

将一些离子掩蔽，对某种离子进行滴定之后，利用解蔽剂使已被掩蔽的金属离子释放出来，这种方法称为解蔽。

例如，用配合滴定法测定 Zn^{2+} 和 Pb^{2+}，可在氨性溶液中加 KCN 掩蔽 Zn^{2+}，以铬黑 T 为指示剂，pH ＝ 10 时，用 EDTA 滴定 Pb^{2+}，然后加入甲醛或三氯乙醛破坏$[Zn(CN)_4]^{2-}$，再用EDTA滴定 Zn^{2+}。甲醛，三氯乙醛即为解蔽剂。

四、选用其他滴定剂

除 EDTA 外，其他氨羧配位剂与金属离子形成配合物的稳定性各有特点，可以选择不同的配位剂进行滴定，以提高滴定的选择性。

例如，EGTA 与 Ca^{2+}、Mg^{2+} 形成配合物的稳定性相差较大，($\lg K$ 分别为 10.97 和 5.21)，可以在 Ca^{2+}、Mg^{2+} 共存时直接滴定 Ca^{2+}；而 EDTA 必须在 Mg^{2+} 沉淀成 $Mg(OH)_2$ 后才能滴定 Ca^{2+}。又如，用 C_YDTA 滴定 Al^{3+} 时，配位速率快，可省去 EDTA 滴定 Al^{3+} 的加热手续。

第六节　配位滴定法的应用

一、EDTA 标准滴定溶液的配制与标定

EDTA 二钠盐试剂常含有 0.3% 的湿存水。基准物质可用来直接配制标准滴定溶液，一般采用间接法配制。

配位滴定对蒸馏水的要求较高，若配制溶液的水中含有 Ca^{2+}、Mg^{2+}、Pb^{2+}、Sn^{2+} 等，会消耗部分 EDTA，随测定情况的不同对测定结果产生不同的影响。若水中含有 Al^{3+}、Cu^{2+} 等，对某些指示剂有封闭作用，使终点难以判断。因此，在配位滴定中必须对所用蒸馏水的质量进行检查。为保证质量，最好选用去离子水或二次蒸馏水。

为了防止 EDTA 溶液溶解玻璃中的 Ca^{2+} 形成 CaY，EDTA 溶液应当贮存于聚乙烯塑料瓶或硬质玻璃瓶中。一般常用 $c(\text{EDTA}) = 0.02\ \text{mol} \cdot \text{L}^{-1}$ 的标准滴定溶液。

（一）配制 EDTA 溶液

按表 4-7 的规定，称取乙二胺四乙酸二钠，加 1 000 ml 水，加热溶解，冷却，摇匀。

表 4-7　配制 EDTA 溶液

乙二胺四乙酸二钠标准滴定溶液的浓度 $c(\text{EDTA})/\text{mol} \cdot \text{L}^{-1}$	乙二胺四乙酸二钠的质量 m/g
0.1	40
0.05	20
0.02	8

标定 EDTA 溶液的基准物质很多，如纯金属锌、铜、铋、铅及氧化锌、碳酸钙等，其中常用的有锌或氧化锌。金属锌纯度高，在

空气中又稳定，既能在 pH＝9～10 的氨性溶液中以铬黑 T 为指示剂进行标定，又能在 pH＝5～6 的溶液中以二甲酚橙为指示剂进行标定，滴定终点都很敏锐。其标定反应及指示剂颜色变化为

滴定前

$$Zn^{2+} + HIn^{2-} \rightleftharpoons ZnIn^{-} + H^{+}$$

蓝色　　红色铬黑 T　　pH＝9～10

黄色　　紫红色二甲酚橙　　pH＝5～6

滴定过程中

$$Zn^{2+} + H_2Y^{2-} \rightleftharpoons ZnY^{2-} + 2H^{+}$$

化学计量点

$$H_2Y^{2-} + ZnIn^{-} \rightleftharpoons ZnY^{2-} + HIn^{2-} + H^{+}$$

红色　　蓝色铬黑 T　　pH＝9～10

紫红色　　黄色二甲酚橙　　pH＝5～6

（二）标定 EDTA 溶液浓度

取 EDTA 标准滴定溶液：$c(\text{EDTA}) = 0.1\ \text{mol} \cdot \text{L}^{-1}$，$c(\text{EDTA}) = 0.05\ \text{mol} \cdot \text{L}^{-1}$。

按表 4-8 的规定量，称取于 800℃±50℃ 的高温炉中灼烧至恒重的工作基准试剂氧化锌，用少量水湿润，加 2 ml 盐酸溶液（20％）溶解，加 100 ml 水，用氨水溶液（10％）调节溶液 pH 至 7～8，加 10 ml 氨-氯化铵缓冲溶液（pH≈10）及 5 滴铬黑 T 指示液，用配制好的 EDTA 溶液滴定至溶液由紫色变为纯蓝色，同时做空白试验。

表 4-8　标定 EDTA 溶液浓度

EDTA 标准滴定溶液的浓度 $c(\text{EDTA})/\text{mol} \cdot \text{L}^{-1}$	工作基准试剂氧化锌的质量 m/g
0.1	0.340
0.05	0.15

EDTA 标准滴定溶液的浓度 $c(\text{EDTA})$，单位以 $\text{mol} \cdot \text{L}^{-1}$ 表

示，按式(4-16) 计算：

$$c(\text{EDTA})=\frac{m\times 1000}{(V_1-V_2)M} \tag{4-16}$$

式中，m 为氧化锌的质量的准确数值，g；V_1 为溶液的体积，ml；V_2 为空白试验 EDTA 溶液的体积，ml；M 为氧化锌的摩尔质量，$M(\text{ZnO}) = 81.39\ \text{g}\cdot\text{mol}^{-1}$。

配位滴定的测定条件与待测组分及指示剂的性质有关。为了消除系统误差提高测定的准确度，在选择基准物时应注意使标定条件与测定条件尽可能接近。例如，测定 Ca^{2+}、Mg^{2+} 用的 EDTA，最好用 $CaCO_3$ 标定。常用基准试剂及处理方法列于表 4-9。

表 4-9　标定 EDTA 常用的基准试剂

基准试剂	基准试剂的处理	滴定条件		终点颜色变化
		pH	指示剂	
铜片	用稀硝酸溶解，除去表面氧化层后，用水或无水乙醇充分洗涤，再在 105℃ 烘箱中烘 3 min，取出冷却称量，以(1＋1)HNO_3 溶液溶解，再加 H_2SO_4 蒸发除去 NO_2	4.3 (HAc-NaAc 缓冲溶液)	PAN	红色变黄色
铅	用稀硝酸溶解，除去表面氧化层后，用水或无水乙醇充分洗涤，再在 105℃ 烘箱中烘 3 min，取出冷却后称量，以(1＋2)HNO_3 溶解，加热除去 NO_2	10 (NH_3-NH_4Cl 缓冲溶液)	铬黑 T(EBT)	红色变蓝色
		5～10 (六亚甲基四胺)	二甲酚橙 (XO)	红色变黄色
锌片	用(1＋5)HCl 溶液溶解除去表面氧化层，用水或无水乙醇充分洗涤，再在 105℃ 烘箱中烘 3 min，取出冷却称量，以(1＋1)HCl 溶液溶解	10 (NH_3-NH_4Cl 缓冲溶液)	铬黑 T(EBT)	红色变蓝色
		5～10 (六亚甲基四胺)	二甲酚橙(XO)	红色变黄色

续表

基准试剂	基准试剂的处理	滴定条件		终点颜色变化
		pH	指示剂	
ZnO	于900℃灼烧至恒重，称量，溶于2 ml HCl溶液和25 ml水中	10（NH_3-NH_4Cl缓冲溶液）	铬黑T(EBT)	红色变蓝色
		5～10（六亚甲基四胺）	二甲酚橙(XO)	红色变黄色
$CaCO_3$	在110℃烘箱中烘2 h，取出冷却，称量，以(1＋1)HCl溶液溶解	≥12.5	钙指示剂(NN)	酒红色变蓝色
MgO	在1 000℃灼烧后，以(1＋1)HCl溶液溶解	10（NH_3-NH_4Cl缓冲溶液）	铬黑T(EBT)或酸性铬蓝K-萘酚绿B	红色变蓝色

二、应用实例

（一）水中硬度的测定

硬度是水质的重要指标，水的硬度是指溶解于水中钙盐和镁盐的总含量。含量越高，表示水的硬度越大。测定水的硬度，就是测定水中钙、镁离子的总量。

水的硬度以每升水中含钙、镁离子总量折算成碳酸钙的毫克数来表示。因此，测定方法与国家标准《制盐工业通用试验方法钙和镁离子的测定》(GB/T 13025.6—1991)的测定方法基本一致。

钙、镁总量的测定：吸取一定量样品溶液，置于150 ml烧杯中，加入5 ml氨性缓冲溶液(pH＝10)，4滴铬黑T为指示剂，然后用0.02 mol·L^{-1} EDTA标准溶液滴定至溶液由酒红色变为亮蓝色即为终点。其中金属离子 Fe^{3+}、Cu^{2+}、Co^{2+}、Ni^{2+}、Al^{3+} 及高价锰等对铬黑 T 指示剂有封闭现象，使得指示剂不褪色或终点延长，用硫化钠及氰化钾可掩蔽重金属的干扰，盐酸羟胺可使高价铁离子及高价锰离子还原为低价离子而消除其干扰。

（二）镍盐中镍含量的测定

1. 直接滴定法

镍盐含量测定，在 pH = 10 的氨 - 氯化铵缓冲溶液中，用紫脲酸铵作指示剂，用 EDTA 标准滴定溶液滴定。由黄色变为蓝紫色为终点，反应如下：

滴定前　Ni^{2+}（蓝色）+ In（紫色）⟶ NiIn（深黄色）

终点前　Ni^{2+}（蓝色）+ Y（无色）⟶ NiY（蓝色）

终点时　NiIn（深黄色）+ Y（无色）⟶ NiY（蓝色）+ In（紫色）

紫脲酸铵和 Ni^{2+} 生成黄色配位化合物。由于镍离子本身为浅蓝色，其终点色泽由深黄色变为蓝紫色。

上述滴定终点的“蓝紫色”中，“蓝”是由镍离子色泽产生，“紫”是由指示剂滴定至终点的色泽产生。若溶液中含镍量低时，则“蓝”色很淡，终点为紫色。

此项测定受镉、钴、锌干扰，汞的干扰可以用氯化钾掩蔽；碱土金属的干扰可以用氟化物掩蔽。

2. 返滴定法

Ni^{2+} 与 EDTA 的配位反应缓慢，先在试液中加入过量的 EDTA 标准滴定溶液，调节 pH = 5（或 10），煮沸使 Ni^{2+} 与 EDTA 反应完全。以 PAN（或紫脲酸铵）为指示剂，用 $CuSO_4$ 标准滴定溶液滴定剩余的 EDTA，终点时溶液由绿色变为蓝紫色。

（三）铝盐中铝含量的测定（置换滴定法）

Al^{3+} 与 EDTA 配位反应缓慢，可用返滴定法或置换滴定法测定。

将试液调节 pH = 3 ~ 4,加入过量的 EDTA 标准滴定溶液,煮沸使 Al^{3+} 与 EDTA 反应完全,冷却后,调节溶液 pH = 5 ~ 6,以二甲酚橙为指示剂,用 Zn^{2+} 标准滴定溶液滴定剩余的 EDTA(返滴定法计体积,就可算出 Al^{3+} 的含量,置换滴定法不计体积)。然后加入一种选择性较高的配位剂 NH_4F,将 AlY^- 中的 EDTA 置换出来,再用 Zn^{2+} 标准滴定溶液滴定置换出来的 EDTA。终点时溶液由黄色变为紫红色。

铝盐中若含 Fe^{3+} 及其他杂质也能与 EDTA 配位,但在 pH = 5 ~ 6 时加 NH_4F,它们与 EDTA 形成的配合物较稳定,只有 AlY^- 能与 F^- 反应置换出相应量的 EDTA,因此不妨碍 Al^{3+} 的测定。

(四)铅、铋的连续测定

Pb^{2+}、Bi^{3+} 均能与 EDTA 形成稳定的配合物,其稳定常数 $\lg K$ 值分别为 18.04 和 27.94。由于两者的 $\lg K$ 值相差很大,可以利用控制不同的酸度,分别进行滴定。

将 Pb^{2+}、Bi^{3+} 试液调节酸度至 pH = 1,以二甲酚橙为指示剂,用 EDTA 标准滴定溶液滴定 Bi^{3+} 至溶液由紫红色变为黄色,记录体积 V_1。然后调节溶液酸度至 pH = 5 ~ 6,再用 EDTA 标准滴定溶液滴定 Pb^{2+} 至溶液由紫红色变为黄色,记录体积 V_2。由 EDTA 溶液的两次用量,可分别求得 Pb^{2+}、Bi^{3+} 的含量。

试液中若含有 Fe^{3+}、Cu^{2+},可加抗坏血酸掩蔽 Fe^{3+},加硫脲掩蔽 Cu^{2+}。

三、计算示例

【例 4-2】 含铅、锌、镁试样 0.512 0 g,溶解后用氰化物掩蔽 Zn^{2+},滴定时需 0.029 70 $mol \cdot L^{-1}$ EDTA 标准滴定溶液 48.70 ml。然后加入二巯基丙醇置换 PbY 中的 Y,用 0.007 650 $mol \cdot L^{-1}$ Mg^{2+} 标准滴定溶液 16.40 ml 滴定至终点。最后加入甲醛解蔽 Zn^{2+},滴定 Zn^{2+} 用去 0.029 70 ml EDTA 标准滴定溶液 23.10 ml。计算试样中三种金属的含量。

解：$M(Pb) = 207.2\ g \cdot mol^{-1}$

$$M(Zn) = 65.39\ g \cdot mol^{-1}$$

$$M(Mg) = 24.30\ g \cdot mol^{-1}$$

$$w(Pb) = \frac{0.007650 \times 16.40 \times 207.2 \times 10^{-3}}{0.5120} \times 100\%$$

$$= 5.08\%$$

$$w(Mg) = \frac{(0.02970 \times 48.70 - 0.007950 \times 16.40) \times 24.30 \times 10^{-3}}{0.5120} \times 100\%$$

$$= 6.27\%$$

$$w(Zn) = \frac{0.02970 \times 23.10 \times 65.39 \times 10^{-3}}{0.5120} \times 100\%$$

$$= 8.76\%$$

【例 4-3】　含 Fe^{3+} 和 Al^{3+} 的试液 50.00 ml，调节 pH = 2.0，以磺基水杨酸作指示剂，用 0.035 04 mol·L^{-1} EDTA 标准滴定溶液 32.11 ml 滴定至红色恰好消失，然后加入 50.00 ml 上述 EDTA 标准滴定溶液并煮沸，冷却后调节 pH = 5.0，用 0.041 10 mol·L^{-1} Zn^{2+} 溶液 15.14 ml 滴定至终点出现红色，计算试液中 Fe^{3+} 和 Al^{3+} 的浓度。

解：pH = 2.0 时，EDTA 溶液滴定的是 Fe^{3+}，

$$c(Fe^{3+}) = \frac{0.035\ 04 \times 32.11}{50.00} = 0.022\ 50\ mol \cdot L^{-1}$$

pH = 5.0 时，测定的是 Al^{3+}，

$$c(Al^{3+}) = \frac{0.035\ 04 \times 50.00 - 0.041\ 10 \times 15.14}{50.00}$$

$$= 0.022\ 59\ mol \cdot L^{-1}$$

第五章　氧化还原滴定法

以氧化还原反应为基础的滴定分析方法称为氧化还原滴定法。该法是应用较为广泛的分析测定方法之一，可以直接测定氧化性与还原性物质，也可以间接测定能与氧化或还原性物质定量反应的无机、有机物质的含量。

第一节　氧化还原反应概述

氧化还原反应是基于电子转移的反应，其反应过程比较复杂，有的反应进行很完全但反应速率很慢；有时由于副反应的发生使反应物间没有确定的计量关系；有的副反应可能改变主反应的方向。因此，在学习氧化还原滴定法时，必须综合考虑有关平衡、反应机理、反应速度以及反应条件和滴定条件的控制等问题。

一、氧化还原滴定的特点

① 氧化还原反应的反应机理比较复杂，常需分步进行。

② 氧化还原反应的反应速度较其他一般反应慢。

③ 氧化还原反应常伴有副反应发生，且在一般情况下，反应条件不同，产物不同。

因此，在进行氧化还原滴定时，需严格控制反应条件，防止不必要副反应的发生；同时要尽量加快反应速度，确保滴定反应定量、快速完成。

二、增加反应速度的方法

（一）增加反应物的浓度或减小生成物的浓度

根据质量作用定律，增加反应物浓度或减小生成物的浓度可使化学平衡右移，即加快反应的速度。

（二）升高溶液的温度

实验研究表明，温度每升高 10℃，多数反应的反应速度增大 2～4 倍。因此，可以适当增加反应温度加快反应速度。例如，在酸性溶液中，用基准物质 $Na_2C_2O_4$ 标定 $KMnO_4$ 溶液的浓度

$$2MnO_4^- + 5C_2O_4^{2-} + 16H^+ \rightleftharpoons 2Mn^{2+} + 10CO_2\uparrow + 8H_2O$$

反应在室温时速度缓慢，加热溶液，反应速度加快，如果滴定时将溶液加热到约 65℃，反应速度明显加快。另外，当有容易挥发、易被氧化的物质存在时，如 I_2 溶液、H_2O_2、Sn^{2+}、Fe^{2+} 溶液等，不宜对溶液加热。

（三）加入正催化剂

正催化剂加入可改变反应历程，从而加快反应速度，缩短化学平衡到达的时间。用 $Na_2C_2O_4$ 标定 $KMnO_4$，该反应速度较慢，若加入催化剂（Mn^{2+}），反应速度加快。Mn^{2+} 对标定反应有催化作用，这种生成物本身起催化作用的反应，叫作自动催化反应。

三、氧化还原滴定法的分类

氧化还原滴定是以氧化剂或还原剂作为标准溶液的滴定分析法，根据标准溶液不同，可将氧化还原滴定法分为高锰酸钾法、碘量法以及亚硝酸钠法等，见表 5-1。

表 5-1　氧化还原滴定法分类

方法名称		标准溶液	电极反应
高锰酸钾法		$KMnO_4$	$MnO_4^- + 8H^+ + 5e^- \rightleftharpoons Mn^{2+} + 4H_2O$
碘量法	直接碘量法	I_2	$I_2 + 2e^- \rightleftharpoons 2I^-$
	间接碘量法	$Na_2S_2O_3$	$2S_2O_3^{2-} - 2e^- \rightleftharpoons S_4O_6^{2-}$
亚硝酸钠法		$NaNO_2$	重氮化反应／亚硝基化反应
重铬酸钾法		$K_2Cr_2O_7$	$Cr_2O_7^{2-} + 14e^- \rightleftharpoons 2Cr^{3+} + 14H_2O$
铈量法		$Ce(SO_4)_2$	$Ce^{4+} + e^- \rightleftharpoons Ce^{3+}$
溴酸钾法		$KBrO_3 + KBr$	$BrO_3^- + 6H^+ + 6e^- \rightleftharpoons Br^- + 3H_2O$

第二节　氧化还原平衡

一、电极电位

电极电位是指电极与溶液接触的界面存在双电层而产生的电位差，用 φ 来表示，SI 单位为伏特（V），符号为 V。任一氧化还原电对都有其相应的电极电位，电极电位值越高，则此电对氧化型的氧化能力越强；反之亦然。电极电位值的大小表示了电对得失电子能力的强弱。作为一种氧化剂，它可以氧化电位较它低的还原剂；作为一种还原剂，它可以还原电位较它高的氧化剂，由此可见，根据有关电对的电位，可以判断反应进行的方向和次序。

（一）Nernst 方程式

氧化还原进行的程度与相关氧化剂和还原剂强弱有关，氧化剂和还原剂的强弱可用电极电位的大小来衡量。对一个可逆氧化还原电对，电极电位的大小可用 Nernst 方程式来计算。

$$Ox + ne^- \rightleftharpoons Red \tag{5-1}$$

$$\varphi_{Ox/Red} = \varphi^{\ominus}_{Ox/Red} + \frac{RT}{nF}\ln\frac{\alpha_{Ox}}{\alpha_{Red}}$$

式中，α 为氧化态或还原态的活度；RT 为气体常数；F 为法拉第常数；n 为电子转移数。

将以上常数代入式(5-1)，自然对数换算为常用对数，在298.15K时，得到

$$\varphi_{Ox/Red} = \varphi^{\ominus}_{Ox/Red} + \frac{0.0592}{n}\lg\frac{\alpha_{Ox}}{\alpha_{Red}} \tag{5-2}$$

由式(5-2)知，电对的电极电位数值越大，其氧化型的氧化能力越强；反之亦然。

(二) 标准电极电位

当电对物质的活度均为 1 mol·L^{-1}，气体分压为 101.325 kPa，以标准氢电极为零比较出来的电极电位即为标准电极电位。此时 $\varphi_{Ox/Red} = \varphi^{\ominus}_{Ox/Red}$。

【例 5-1】 已知$[MnO_4^-] = 0.1$ mol·L^{-1}，$[Mn^{2+}] = 0.001$ mol·L^{-1}，$[H^+] = 1$ mol·L^{-1}，求 $\varphi_{MnO_4^-/Mn^{2+}}$。$MnO_4^-$ 在酸性溶液中的半反应及标准电极电位为

$MnO_4^- + 8H^+ + 5e \rightleftharpoons Mn^{2+} + 4H_2O \quad \varphi^{\ominus} = +1.51$ V

解：

$$\varphi = \varphi^{\ominus} + \frac{0.0592}{n}\lg\frac{[MnO_4^-][H^+]^8}{[Mn^{2+}]}$$

$$= \left(1.51 + \frac{0.0592}{5}\lg\frac{0.1\times 1}{0.001}\right)\text{V}$$

$$= 1.54\text{ V}$$

【例 5-2】 用 $K_2Cr_2O_7$ 标准溶液(HCl)介质滴定溶液中的 Fe^{2+}，反应达化学计量点时电位是 1.02 V。求此时 Fe^{3+} 与 Fe^{2+} 的浓度比，并判断反应是否进行完全。

解： 已知 $\varphi^{\ominus}_{Fe^{3+}/Fe^{2+}} = +0.77$ V，$\varphi_{Fe^{3+}/Fe^{2+}} = +1.02$ V

$$\varphi = \varphi^{\ominus} + \frac{0.0592}{1}\lg\frac{[Fe^{3+}]}{[Fe^{2+}]}$$

$$\lg \frac{[Fe^{3+}]}{[Fe^{2+}]} = \frac{1}{0.0592}(1.02 - 0.77) = 4.24$$

$$\frac{[Fe^{3+}]}{[Fe^{2+}]} = \frac{1.74 \times 10^4}{1}$$

此浓度比值说明 Fe^{2+} 已被氧化完全。

（三）条件电极电位

在实际工作中，通常已知的是氧化态和还原态的浓度而不是活度，并且，氧化态和还原态在溶液中常发生副反应，如酸效应、配位效应和沉淀反应等，会引起电对电位的改变。为了简便，常用分析浓度代替活度，同时考虑上述副反应的影响，常引入相应的活度系数（γ）和副反应利数（α）对式(5-2)进行校正。

$$\varphi_{Ox/Red} = \varphi^{\ominus}_{Ox/Red} + \frac{0.0592}{n}\lg \frac{\gamma_{Ox} c_{Ox} \alpha_{Red}}{\gamma_{Red} c_{Red} \alpha_{Ox}}$$

$$= \varphi^{\ominus}_{Ox/Red} + \frac{0.0592}{n}\lg \frac{\gamma_{Ox} \alpha_{Red}}{\gamma_{Red} \alpha_{Ox}} + \frac{0.0592}{n}\lg \frac{c_{Ox}}{c_{Red}}$$

令

$$\varphi'_{Ox/Red} = \varphi^{\ominus}_{Ox/Red} + \frac{0.0592}{n}\lg \frac{\gamma_{Ox} \alpha_{Red}}{\gamma_{Red} \alpha_{Ox}}$$

$$\varphi_{Ox/Red} = \varphi'_{Ox/Red} + \frac{0.0592}{n}\lg \frac{c_{Ox}}{c_{Red}}$$

$\varphi'_{Ox/Red}$ 是在特定条件下，当氧化态和还原态的分析浓度均为 $1\ mol \cdot L^{-1}$ 或浓度比为1的实际电极电位，称为条件电极电位。条件电极电位随溶液介质种类和溶液浓度的改变而变化，是溶液浓度、离子强度、各种副反应等诸多因素影响的总和。因活度系数、副反应系数计算麻烦，条件电极电位均由实验测得。例如，Ce^{4+}/Ce^{3+} 电对的条件电极电位，在 $1\ mol \cdot L^{-1}$ HCl 溶液中，$\varphi' = 1.28\ V$；在 $0.5\ mol \cdot L^{-1}$ 硫酸溶液中，$\varphi' = 1.44\ V$；在 $1\ mol \cdot L^{-1}$ 硝酸溶液中，$\varphi' = 1.61\ V$；在 $1\ mol \cdot L^{-1}$ 高氯酸溶液中，$\varphi' = 1.70\ V$。

标准电极电位与条件电极电位的关系，类似于配位反应中的绝对稳定常数 K 和条件稳定常数 K' 的关系。条件电位是校正了各种外界因素的影响，处理问题就比较简单，也比较符合实际情况，应用条件电位比用标准电极电位能更准确地判断氧化还原反应方向、次序和反应完成的程度。

若缺少所需条件下的条件电极电位时，可采用条件相近的条件电极电位。例如，查不到 3 $mol \cdot L^{-1}$ H_2SO_4 溶液中 $Cr_2O_7^{2-}/Cr^{3+}$ 电对的条件电位时，可用 4 $mol \cdot L^{-1}$ H_2SO_4 溶液中该电位的条件电位(1.51 V)代替，如果采用标准电极电位(1.33V)则误差更大。

二、判断氧化还原反应的方向和次序

(一) 氧化还原反应的方向

氧化还原反应的方向是 $\varphi^{\ominus}$ 值高的电对中氧化型与 $\varphi^{\ominus}$ 值低的电对中还原型相互作用，并向其对应的方向进行。也就是说，氧化还原反应中，比较强的氧化剂和比较强的还原剂作用，生成比较弱的氧化剂和比较弱的还原剂。

【例 5-3】　试根据标准电极电位判断下列反应的自发方向。

$$2Fe^{3+} + Sn^{2+} \rightleftharpoons 2Fe^{2+} + Sn^{4+}$$

解：已知 $\varphi^{\ominus}_{Fe^{3+}/Fe^{2+}} = +0.77\ V$，$\varphi^{\ominus}_{Sn^{4+}/Sn^{2+}} = +0.15\ V$

由于 $\varphi^{\ominus}_{Fe^{3+}/Fe^{2+}} \geqslant \varphi^{\ominus}_{Sn^{4+}/Sn^{2+}}$，故 Fe^{3+} 能够氧化 Sn^{2+}，反应自发向右进行。

应当指出，用标准电极电位判断反应方向，还须考虑 Ox、Red 的浓度、溶液的酸度、生成沉淀、形成配合物等因素的影响。这些因素可能使氧化态或还原态存在形式发生变化，以致有可能改变反应的方向。例如，用间接碘量法测定 Cu^{2+} 的反应：

$$2Cu^{2+} + 4I^{-} \rightleftharpoons 2CuI\downarrow + I_2$$

$$\varphi^{\ominus}_{Cu^{2+}/Cu^{+}} = +0.15\ V,\ \varphi^{\ominus}_{I_2/I^{-}} = +0.54\ V$$

从标准电极电位看，$\varphi^{\ominus}_{I_2/I^{-}} > \varphi^{\ominus}_{Cu^{2+}/Cu^{+}}$，似乎 I_2 能够氧化 Cu^{+}，反应向左进行。但事实上反应向右进行，I^{-} 能还原 Cu^{2+} 且还原得很完全。这是因为 Cu^{2+}/Cu^{+} 电对中的 Cu^{+} 与溶液中 I^{-} 生成了难溶的 CuI 沉淀，使溶液中$[Cu^{+}]$极小，导致其半反应的电位显著增

高，$\varphi^{\ominus}_{Cu^{2+}/CuI}=+0.84\ V$，$Cu^{2+}$ 成了较强的氧化剂。

（二）氧化还原反应的次序

如果一种氧化剂能氧化几种还原剂时，则电极电位相差大的两电对首先反应。

例如，在含有 I^-、Br^- 的溶液中加入 CCl_4，再滴加 Cl_2，由于 $\varphi^{\ominus}_{Cl_2/Cl^-}=1.36\ V$、$\varphi^{\ominus}_{Br_2/Br^-}=1.07\ V$、$\varphi^{\ominus}_{I_2/I^-}=0.54\ V$、$\varphi^{\ominus}_{Cl_2/Cl^-}$ 与 $\varphi^{\ominus}_{I_2/I^-}$ 相差 0.82 V，$\varphi^{\ominus}_{Cl_2/Cl^-}$ 与 $\varphi^{\ominus}_{Br_2/Br^-}$ 相差 0.29 V，所以 Cl_2 先与 I^- 反应，在 CCl_4 层中先看到紫红色 I_2，继续滴加 Cl_2，才能看到黄色的 Br_2。因此，两电对的 $\varphi^{\ominus}$ 相差越大，反应越容易进行。

三、氧化还原反应进行的程度

氧化还原反应进行的程度用条件平衡常数 K' 衡量，K' 越大，反应进行得越完全。

氧化还原反应：

$$n_2Ox_1+n_1Red_2 \rightleftharpoons n_2Red_1+n_1Ox_2$$

的条件平衡常数为

$$K'=\frac{[c_{Red_1}]^{n_2}[c_{Ox_2}]^{n_1}}{[c_{Red_2}]^{n_1}[c_{Ox_1}]^{n_1}}$$

（一）氧化还原反应进行程度

$$\varphi_{Ox_1/Red_1}=\varphi'_1+\frac{0.059\ 2}{n_1}\lg\frac{c_{Ox_1}}{c_{Red_1}}$$

$$\varphi_{Ox_2/Red_2}=\varphi'_2+\frac{0.059\ 2}{n_2}\lg_R e\frac{c_{Ox_2}}{c_{Red_2}}$$

当氧化还原反应达到平衡时，溶液中两电对的 φ 相等。等式两边同时乘以 n_1、n_2，整理得到：

$$n_1n_2\varphi'_1+0.059\ 2\lg_R e\left(\frac{c_{Ox_1}}{c_{Red_1}}\right)^{n_2}=n_1n_2\varphi'_2+0.059\ 2\lg_R e\left(\frac{c_{Ox_2}}{c_{Red_2}}\right)^{n_1}$$

$$\lg K'=\lg_R e\frac{[c_{Red_1}]^{n_2}[c_{Ox_2}]^{n_1}}{[c_{Ox_1}]^{n_2}[c_{Red_2}]^{n_1}}=\frac{n_1n_2(\varphi'_1-\varphi'_2)}{0.059\ 2} \quad (5\text{-}3)$$

式(5-3)适用于任何氧化还原反应平衡常数 K' 的计算。K' 值的大小主要由 $\Delta\varphi'$ 决定，一般地说，$\Delta\varphi'$ 越大，K' 越大，反应进行得越完全。

(二) 氧化还原反应进行完全的条件

对于氧化还原反应 $n_2\mathrm{Ox}_1 + n_1\mathrm{Red}_2 \rightleftharpoons n_2\mathrm{Red}_1 + n_1\mathrm{Ox}_2$，一般要求必须有 99.9% 的反应物在反应中已参加反应，也就是说，在终点时，剩余反应物必须小于或等于原始浓度的 0.1%，即

$$c_{\mathrm{Red}_1} = 99.9\% c_{\mathrm{Ox}_1}, c_{\mathrm{Ox}_2} = 99.9\% c_{\mathrm{Red}_2}$$

$$\lg K' \geqslant \lg_{\mathrm{R}} \mathrm{e} \frac{[99.9\% c_{\mathrm{Red}_1}]^{n_2}[99.9\% c_{\mathrm{Ox}_2}]^{n_1}}{[0.1\% c_{\mathrm{Ox}_1}]^{n_2}[0.1\% c_{\mathrm{Red}_2}]^{n_1}}$$

$$\approx \lg(10^{3n_1} \cdot 10^{3n_2}) = 3(n_1 + n_2)$$

即

$$\lg K' \geqslant 3(n_1 + n_2)$$

对于 $n_1 = n_2 = 1$ 型反应，$\lg K' \geqslant 6$；对于 $n_1 = 1, n_2 = 2$ 型反应，$\lg K' \geqslant 9$。由于 $\lg K' = \frac{n_1 n_2(\varphi'_1 - \varphi'_2)}{0.059\ 2}$，对于 $n_1 = n_2 = 1$ 型反应，$\Delta\varphi' \geqslant 0.35$ V；对于 $n_1 = 1, n_2 = 2$ 型反应，$\Delta\varphi' \geqslant 0.27$ V；对于 $n_1 = 1, n_2 = 3$ 型反应，$\Delta\varphi' \geqslant 0.24$ V。因此，一般要求 $\Delta\varphi' \geqslant 0.4$V，认为氧化还原反应的完全程度能满足滴定分析的条件。

此外，如果两电对的条件电极电位相差很大，反应不一定能定量进行。除 $\Delta\varphi' \geqslant 0.4$ V 外，氧化还原反应还必须能定量、快速，化学计量关系明确，即满足氧化还原滴定的基本条件。

四、氧化还原反应的速率及影响因素

在氧化还原反应中，根据反应平衡常数或氧化还原电对的标准、条件电位，可以判断、预测氧化还原反应进行的方向以及反应的程度，然而这些都是理论值，不能说明反应进行的速率。多数氧化还原反应的机理比较复杂，往往是分步进行，各步反应快慢不一，需要一定时间才能完成。例如，H_2O_2 氧化 I^- 的反应是经过三

个步骤，即 $I^- \rightarrow IO^- \rightarrow HIO \rightarrow I_2$ 才完成的。

$$H_2O_2 + 2I^- + 2H^+ \rightarrow I_2 + 2H_2O$$

反应速率将决定于最慢的那一步。

影响氧化还原反应速率的因素有浓度、反应温度、催化剂及诱导反应等。

(一) 反应物浓度的影响

由于氧化还原反应机理比较复杂，不能简单地用总的氧化还原反应式来判断反应物浓度对反应速率的影响程度。但一般来说，反应物的浓度越大，反应速率越快。例如，在酸性溶液中，一定量的 $K_2Cr_2O_7$ 和 KI 反应：

$$Cr_2O_7^{2-} + 6I^- + 14H^+ \rightarrow 2Cr^{3+} + 3I_2 + 7H_2O$$

在反应过程中，增大 I^- 的浓度或提高溶液的酸度，可以使反应速率加快。

(二) 温度的影响

对大多数反应来说，溶液的温度每升高 10℃，反应速率约增快 2 ～ 3 倍。这是由于升高反应温度时，不仅增加反应物之间碰撞的概率，而且增加了活化分子的数目。例如，在酸性溶液中，MnO_4^- 与 $C_2O_4^{2-}$ 的反应：

$$2MnO_4^- + 5C_2O_4^{2-} + 16H^+ \rightarrow 2Mn^{2+} + 10CO_2 + 8H_2O$$

室温下反应很慢。如将溶液加热至 75℃ ～ 85℃，反应则大大加快。

应该注意，有些物质具有挥发性（如 I_2）或加热时易被空气氧化（如 Fe^{2+}、Sn^{2+} 等）时，就不能利用升高溶液温度的办法来增大反应速率，否则会引起误差。

(三) 催化剂

对于有些氧化还原反应，可以利用催化剂来改变反应速率。例如，在酸性溶液中，MnO_4^- 与 $C_2O_4^{2-}$ 反应，即使加热到 75℃ ～

85℃，反应的最初阶段仍然较慢。随着反应的进行，生成物 Mn^{2+} 逐渐增加，反应速率加快。这种由反应生成物本身起催化剂作用的反应称自动催化反应。Mn^{2+} 作为该反应的催化剂，若在反应前加入 Mn^{2+} 作催化剂，则反应开始就是快速进行的。

催化剂有正催化剂、负催化剂之分，正催化剂提高反应速率，负催化剂降低反应速率。

(四) 诱导反应

有些氧化还原反应在通常情况下并不发生或进行很慢，但另一反应的进行会促进这一反应的发生。这种现象称为诱导作用。前一反应称为主诱导反应，后者称为受诱导反应。

例如，MnO_4^- 氧化 Cl^- 的速率极慢，溶液中同时存在 Fe^{2+} 时，MnO_4^- 与 Fe^{2+} 的反应可以加速 MnO_4^- 与 Cl^- 的反应。

$$MnO_4^- + 5Fe^{2+} + 8H^+ \rightarrow Mn^{2+} + 5Fe^{3+} + 4H_2O \quad \text{诱导反应}$$

$$2MnO_4^- + 10Cl^- + 16H^+ \rightarrow 2Mn^{2+} + 8H_2O + 5Cl_2\uparrow \quad \text{受诱导反应}$$

根据反应式，不宜在盐酸溶液中用 $KMnO_4$ 溶液滴定 Fe^{2+}。实验结果表明，若在溶液中加入大量 Mn^{2+} 时，可以防止诱导反应的发生。这样，$KMnO_4$ 测定铁的反应就可以在盐酸溶液中进行。

第三节　氧化还原滴定曲线及指示剂

一、氧化还原滴定曲线

(一) 概述

与酸碱配位滴定方法一样，在进行氧化还原滴定时，随着滴定剂的加入和反应的进行，被滴定物质的氧化型和还原型的浓度逐渐改变，电对的电极电势也随之不断发生改变，这种变化可以用氧化还原滴定曲线来表示。

例如，在 1.0 mol·L^{-1} H_2SO_4 介质中，用 0.100 0 mol·L^{-1} $Ce(SO_4)_2$ 标准溶液滴定 20.00 ml 0.100 0 mol·L^{-1} Fe^{2+} 溶液。在滴定过程中，可用氧化还原滴定曲线表征溶液性质的物理量，即电极电势的变化。

氧化还原滴定曲线是以标准溶液的加入量（或滴定百分数）为横坐标，电极电势为纵坐标作图得到的一条曲线，它直观地表达了有关电对的电极电势随滴定剂的加入而变化的情况。

滴定曲线上各个滴定点的电极电势可以通过实验的方法测得，也可以根据能斯特方程从理论上进行计算而求得。对于 $Ce(SO_4)_2$ 标准溶液滴定 Fe^{2+} 溶液的过程中，由于涉及的电对为对称可逆电对，可以通过理论计算来绘制滴定曲线。

（二）氧化还原电对

氧化还原电对可分为可逆电对、不可逆电对两大类。

可逆电对是指反应在任一瞬间能迅速建立起化学平衡的电对，如 Ce^{4+}/Ce^{3+}、I_2/I^- 等，其实际电极电势与用能斯特方程计算所得的理论电极电势相符。

不可逆电对是指反应在任一瞬间不能建立起化学平衡的电对，如 $CO_2/H_2C_2O_4$、MnO_4^-/Mn^{2+}、$Cr_2O_7^{2-}/Cr^{3+}$ 等，其实际电势与理论计算电势相差较大。也就是说，在氧化还原反应中，能斯特方程只适用于可逆的氧化还原电对。

当一个氧化还原反应对应的两个电对均为可逆电对时，该反应称为可逆的氧化还原反应，如 $Ce^{4+} + Fe^{2+} \rightarrow Fe^{3+} + Ce^{3+}$，此即为可逆的氧化还原反应。对于可逆的氧化还原反应，其滴定曲线可通过实验数据绘制，也可利用能斯特方程计算结果绘制。而当反应中包含不可逆电对时，则为不可逆的氧化还原反应，如 $Cr_2O_7^{2-} + Fe^{2+} \rightarrow Fe^{3+} + Cr^{3+}$，为不可逆氧化还原反应。对于不可逆的氧化还原反应，其滴定曲线只能用实验数据绘制。

在处理氧化还原平衡时，还应注意到电对有对称电对和不对称电对之分。对称电对是指氧化还原半反应中，氧化型、还原型物质前系数相同的电对。不对称电对是指氧化还原半反应中，氧化型、还原型物质前系数不相同的电对。例如，Ce^{4+}/Ce^{3+}、Fe^{3+}/Fe^{2+} 等为对称电对；I_2/I^-、$Cr_2O_7^{2-}/Cr^{3+}$ 为不对称电对，两种电对在计算化学计量点电势时有区别。

二、滴定曲线的绘制

将以上述 Ce^{4+} 标准溶液滴定 Fe^{2+} 溶液为例，探究氧化还原电对在滴定过程中电极电势的计算方法及滴定曲线的绘制。

滴定反应为　　$Ce^{4+} + Fe^{2+} \!=\!=\!= Fe^{3+} + Ce^{3+}$

其中两个半反应和条件电极电势为

$$Fe^{3+} + e^- \!=\!=\!= Fe^{2+} \quad \varphi^{\ominus'}_{Fe^{3+}/Fe^{2+}} = 0.68V$$

$$Ce^{4+} + e^- \!=\!=\!= Ce^{3+} \quad \varphi^{\ominus'}_{Ce^{4+}/Ce^{3+}} = 1.44V$$

上述两电对在滴定过程中的电极电势可利用能斯特方程进行计算：

$$\varphi_{Fe^{3+}/Fe^{2+}} = \varphi^{\ominus'}_{Fe^{3+}/Fe^{2+}} + 0.0592\lg_{R}e\,\frac{c'(Fe^{3+})/c^{\ominus}}{c'(Fe^{2+})/c^{\ominus}}$$

$$\varphi_{Ce^{4+}/Ce^{3+}} = \varphi^{\ominus'}_{Ce^{4+}/Ce^{3+}} + 0.0592\lg_{R}e\,\frac{c'(Ce^{4+})/c^{\ominus}}{c'(Ce^{3+})/c^{\ominus}}$$

滴定开始后，体系中就同时存在两个电对，滴定过程中，每加入一定量滴定剂，反应达到一个新的平衡，此时两个电对的电极电势必然相等，而且溶液的电势等于其中任一电对的电极电势，即 $\varphi_{Fe^{3+}/Fe^{2+}} = \varphi_{Ce^{4+}/Ce^{3+}} = \varphi_{溶液}$。因此，在滴定的不同阶段，可根据化学计量点前后溶液的具体条件，选择便于计算的任何一个电对，利用能斯特方程计算溶液的电极电势。

（一）滴定开始前

滴定前为 $0.100\,0\ mol \cdot L^{-1}$ Fe^{2+} 溶液，由于空气中氧气与介质的氧化作用，必有微量 Fe^{3+} 存在，组成 Fe^{3+}/Fe^{2+} 电对；但由于确切的 Fe^{3+} 浓度不易确定，此时溶液的电势无法用能斯特方程计算，但这对滴定曲线的绘制无关紧要，不必计算。

（二）滴定开始至化学计量点前

滴定开始后，随着 Ce^{4+} 的加入，Ce^{3+}、Fe^{3+} 不断生成。而加入的 Ce^{4+} 在化学计量点前几乎全部被还原为 Ce^{3+}，溶液中 Ce^{4+} 量极少因而不易直接求得。然而，可以根据滴入的 Ce^{4+} 的量，比较容易地求得溶液中 Fe^{3+} 和 Fe^{2+} 的浓度，此时，在化学计量点前用 Fe^{3+}/Fe^{2+} 电对来计算溶液中各个平衡点的电势较为方便，即

$$\varphi_{Fe^{3+}/Fe^{2+}} = \varphi^{\ominus'}_{Fe^{3+}/Fe^{2+}} + \frac{0.059\ 2}{n}\lg_{R}e\frac{c'(Fe^{3+})/c^{\ominus}}{c'(Fe^{2+})/c^{\ominus}}$$

例如，滴入 Ce^{4+} 标准溶液 10.00 ml 时，有一半的 Fe^{2+} 被氧化为 Fe^{3+}，此时，$c'(Fe^{3+})/c'(Fe^{2+}) = 1$，则

$$\varphi_{Fe^{3+}/Fe^{2+}} = \varphi^{\ominus'}_{Fe^{3+}/Fe^{2+}} + 0.059\ 2\lg_{R}e\frac{c'(Fe^{3+})/c^{\ominus}}{c'(Fe^{2+})/c^{\ominus}}$$

$$= 0.68 + \frac{0.059\ 2}{n}\lg_{R}e1$$

$$= 0.68(V)$$

为计算方便，可用滴定的百分数代替浓度比。当滴入 Ce^{4+} 标准溶液 19.98 ml 时，即滴定到化学计量点前半滴时（终点误差 −0.1%），有 99.9% 的 Fe^{2+} 被滴定，未被滴定的 Fe^{2+} 为 0.1%，此时 $c'(Fe^{3+})/c'(Fe^{2+}) = 10^{3}$，则溶液的电势为

$$\varphi_{Fe^{3+}/Fe^{2+}} = \varphi^{\ominus'}_{Fe^{3+}/Fe^{2+}} + 0.059\ 2\lg_{R}e\frac{c'(Fe^{3+})/c^{\ominus}}{c'(Fe^{2+})/c^{\ominus}}$$

$$= 0.68 + \frac{0.059\ 2}{1}\lg_{R}e10^{3}$$

$$= 0.86(V)$$

按照同样的方法，可计算出化学计量点前任意一点的电势。

（三）化学计量点时

当滴入 Ce^{4+} 标准溶液 20.00 ml 时，即滴定百分数为 100% 时，反应到达化学计量点，此时，Ce^{4+} 及 Fe^{2+} 均定量地转化为 Ce^{3+} 及 Fe^{3+}，溶液中 Ce^{4+} 及 Fe^{2+} 浓度极小，不易准确求得，但二者的

浓度相等。因此不能用单独某一电对计算化学计量点时的电势，而是由两个电对的能斯特方程联立求解。若化学计量点的电势用 φ_{sp} 表示(sp 表示计量点)，则有

$$\varphi_{Fe^{3+}/Fe^{2+}} = \varphi^{\ominus'}_{Fe^{3+}/Fe^{2+}} + 0.0592\lg_{Re}\frac{c'(Fe^{3+})/c^{\ominus}}{c'(Fe^{2+})/c^{\ominus}}$$

$$\varphi_{Ce^{4+}/Ce^{3+}} = \varphi^{\ominus'}_{Ce^{4+}/Ce^{3+}} + 0.0592\lg_{Re}\frac{c'(Ce^{4+})/c^{\ominus}}{c'(Ce^{3+})/c^{\ominus}}$$

上述两式分别相加得

$$2\varphi_{sp} = \varphi^{\ominus'}_{Fe^{3+}/Fe^{2+}} + \varphi^{\ominus'}_{Ce^{4+}/Ce^{3+}} + 0.0592\lg_{Re}\frac{c'(Ce^{4+})c'(Fe^{3+})}{c'(Ce^{3+})c'(Fe^{2+})}$$

化学计量点时，加入的 Ce^{4+} 量与 Fe^{2+} 的量相等，因此有

$$c'(Ce^{4+}) = c'(Fe^{2+}), c'(Fe^{3+}) = c'(Ce^{3+})$$

则上式变为

$$2\varphi_{sp} = \varphi^{\ominus'}_{Fe^{3+}/Fe^{2+}} + \varphi^{\ominus'}_{Ce^{4+}/Ce^{3+}}$$

$$\varphi_{sp} = \frac{\varphi^{\ominus'}_{Fe^{3+}/Fe^{2+}} + \varphi^{\ominus'}_{Ce^{4+}/Ce^{3+}}}{2} = \frac{1.44 + 0.68}{2} = 1.06\ V$$

（四）化学计量点后

在化学计量点后，Fe^{2+} 几乎全部被氧化为 Fe^{3+}，Fe^{2+} 的浓度不易求得，而 $c'(Ce^{4+})$、$c'(Ce^{3+})$则可由加入 $c(Ce^{4+})$的量而求得。所以化学计量点后用 Ce^{4+}/Ce^{3+} 电对来计算溶液的电势较为方便。如当加入 Ce^{4+} 标准溶液 20.02 ml 时，即过量了 0.1%(终点误差为 +0.1%) 时，$c'(Ce^{4+})/c'(Ce^{3+}) = 10^{-3}$，则

$$\varphi_{Ce^{4+}/Ce^{3+}} = \varphi^{\ominus'}_{Ce^{4+}/Ce^{3+}} + 0.0592\lg_{Re}\frac{c'(Ce^{4+})/c^{\ominus}}{c'(Ce^{3+})/c^{\ominus}}$$

$$= 1.44 + \frac{0.0592}{1}\lg_{Re}10^{-3}$$

$$= 1.26(V)$$

化学计量点后的任意一点的电势均可由上面方法求得，计算结果见表 5-2。图 5-1 为根据表 5-2 中数据绘制的滴定曲线。

表 5-2　在 1 mol · L^{-1} H_2SO_4 溶液中，用 0. 100 0 mol · L^{-1} $Ce(SO_4)_2$ 滴定 20. 00 ml 0. 100 0 mol · L^{-1} Fe^{2+} 溶液

滴入 Ce^{4+} 溶液体积 / ml	滴定百分数 /%	电势 /V
1.00	5.0	0.60
2.00	10.0	0.62
4.00	20.0	0.64
8.00	40.0	0.67
10.00	50.0	0.68
12.00	60.0	0.69
18.00	90.0	0.74
19.80	99.0	0.80
19.98	99.9	0.86
20.0	100.0	1.06
20.02	100.1	1.26
22.00	110.0	1.38
30.00	150.0	1.42
40.00	200.0	1.44

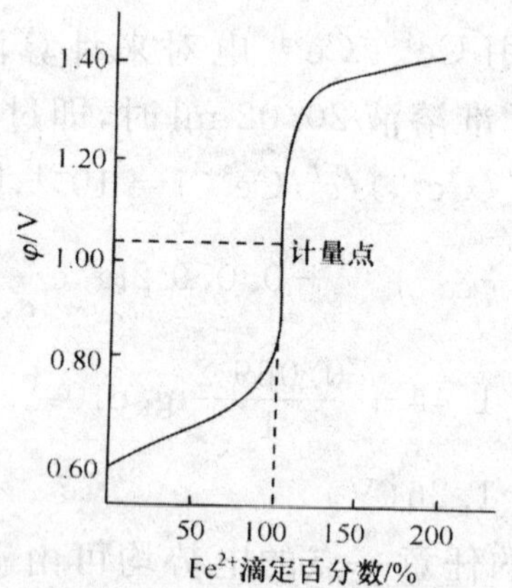

图 5-1　在 1 mol · L^{-1} H_2SO_4 溶液中，用 0. 100 0 mol · L^{-1} $Ce(SO_4)_2$ 滴定 20. 00 ml 0. 100 0 mol · L^{-1} Fe^{2+} 的滴定曲线

由滴定曲线可以看出，对于可逆的、对称的氧化还原电对，滴定百分数为50%时溶液的电势就是被滴定电对的条件电极电势；滴定百分数为200%时，溶液的电势就是滴定剂电对的条件电极电势。而且，从化学计量点前Fe^{2+}剩余0.1%到化学计量点后Ce^{4+}过量0.1%，溶液的电势值由0.86V突增到1.26V，增加了0.40V，这个变化称为滴定突跃。突跃所对应的电势范围称为突跃范围，突跃范围由Fe^{2+}剩余0.1%和Ce^{4+}过量0.1%时两点的电极电势所决定，突跃范围即为化学计量点前后终点的相对误差为±0.1%之间的电势范围，突跃范围的大小是选择氧化还原指示剂的依据。因此，应选择邻二氮菲亚铁为指示剂，终点时，指示剂颜色由红色变为浅蓝色。

化学计量点φ_{sp}计算公式与突跃范围计算公式，对于可逆对称的氧化还原反应具有普遍性。对于一般的可逆对称氧化还原反应：

$$n_2 Ox_1 + n_1 Red_2 = n_2 Red_1 + n_1 Ox_2$$

对应的两个半反应及条件电极电势为

$$Ox_1 + n_1 e^- = Red_1 \qquad \varphi_1^{\ominus'}$$

$$Ox_2 + n_2 e^- = Red_2 \qquad \varphi_2^{\ominus'}$$

化学计量点电势的计算公式为

$$\varphi_{sp} = \frac{n_1 \varphi_1^{\ominus'} + n_2 \varphi_2^{\ominus'}}{n_1 + n_2} \tag{5-4}$$

式中，$\varphi_1^{\ominus'}$和$\varphi_2^{\ominus'}$分别为氧化剂电对和还原剂电对的条件电极电势；n_1、n_2为半反应中电子转移的数目。式(5-4)只适用于可逆对称的氧化还原反应计量点电势的计算。

突跃范围的计算通式为

$$\varphi_2^{\ominus'} + \frac{0.059\,2}{n_2} \times 3 \sim \varphi_1^{\ominus'} - \frac{0.059\,2}{n_1} \times 3 \tag{5-5}$$

对于$n_1 = n_2$的氧化还原滴定反应，化学计量点电势恰好处于滴定突跃范围的中点，化学计量点前后的曲线基本对称。对于$n_1 \neq n_2$的氧化还原滴定反应，计量点电势不在突跃范围的中点，而是偏向电子转移数较大的电对一方。

式(5-4)和式(5-5)只适用于可逆对称的氧化还原反应计量点电势的计算。如果涉及不对称电对，其计量点的 φ_{sp} 除与每个电对 $\varphi^{\ominus'}$ 有关外，还与离子的浓度有关。

【例 5-4】 在 1 mol·L^{-1} 的 HCl 条件下，以 Fe^{3+} 滴定 Sn^{2+}，计算化学计量点的电极电势及突跃范围。已知 $\varphi^{\ominus}_{Fe^{3+}/Fe^{2+}}=0.77$ V，$\varphi^{\ominus}_{Sn^{4+}/Sn^{2+}}=0.15$ V，$\varphi^{\ominus'}_{Fe^{3+}/Fe^{2+}}=0.70$ V，$\varphi^{\ominus'}_{Sn^{4+}/Sn^{2+}}=0.14$ V。

解：滴定反应为 $2Fe^{3+}+Sn^{2+} \longrightarrow 2Fe^{2+}+Sn^{4+}$

化学计量点的电极电势为

$$\varphi_{sp}=\frac{n_1\varphi_1^{\ominus'}+n_2\varphi_2^{\ominus'}}{n_1+n_2}=\frac{1\times 0.70+2\times 0.14}{1+2}=0.33\ \text{V}$$

突跃范围为

$$\varphi_1^{\ominus'}-\frac{0.059\ 2}{n_1}\times 3=0.70-\frac{0.059\ 2}{1}\times 3=0.52\ \text{V}$$

$$\varphi_2^{\ominus'}+\frac{0.059\ 2}{n_2}\times 3=0.14+\frac{0.059\ 2}{2}\times 3=0.23\ \text{V}$$

所以，化学计量点电势为 0.33 V，突跃范围为 0.23 ~ 0.52 V。

三、滴定曲线的影响因素

绘制氧化还原滴定曲线主要作用之一就是确定滴定的突跃范围，根据突跃范围来选择指示剂。突跃范围的大小与氧化剂和还原剂两电对的条件电极电势差值和介质条件有关。

两电对的 $\varphi^{\ominus'}$ 差值越大，突跃越大，越利于选择指示剂，在滴定时准确度越高，对于可逆对称的氧化还原反应，氧化剂和还原剂的浓度不影响突跃的大小。一般情况下，两电对的 $\varphi^{\ominus'}$ 差值为 0.2 V 时，才有明显的突跃，差值为 0.2 ~ 0.4 V 时，才可采用电势分析法确定终点；差值大于 0.4 V 时，可借助指示剂目测化学计量点。

由于电对的条件电极电势与反应条件有关，因此对于同一反应，在不同的介质条件下，其氧化还原滴定曲线的位置和滴定突跃是不同的。例如，如图 5-2 所示为在不同的介质条件下，用 $KMnO_4$ 标准液滴定 Fe^{2+} 溶液的滴定曲线。

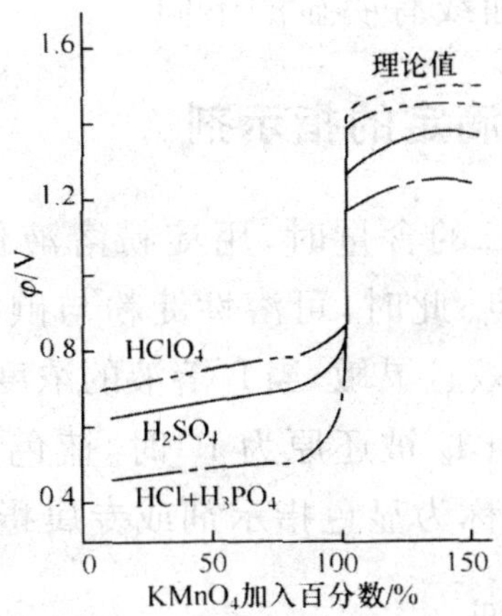

图 5-2　在不同的介质条件下，用 $KMnO_4$ 标准液滴定 Fe^{2+} 溶液的滴定曲线

① 化学计量点前，曲线的位置取决于滴定反应中的还原剂与其氧化型构成的电对的条件电极电势 $\varphi^{\ominus'}_{Fe^{3+}/Fe^{2+}}$。

$\varphi^{\ominus'}_{Fe^{3+}/Fe^{2+}}$ 的大小与 Fe^{3+} 的浓度有关。Fe^{3+} 易与 PO_4^{3-} 形成稳定的无色的配离子[$Fe(HPO_4)_2$]$^-$，Fe^{3+} 的浓度减小，使 $\varphi^{\ominus'}_{Fe^{3+}/Fe^{2+}}$ 降低。因此，在 H_3PO_4 和 HCl 的混酸溶液中，用 $KMnO_4$ 溶液滴定 Fe^{2+} 的曲线位置最低，滴定突跃最大。在实际滴定中，为避免 $KMnO_4$ 氧化 Cl^- 而带来误差，通常采用 H_2SO_4-H_3PO_4 混酸。

② 化学计量点后，溶液的电极电势取决于滴定反应中的氧化剂与其还原型构成的电对的条件电极电势 $\varphi^{\ominus'}_{MnO_4^-/Mn^{2+}}$。

由于 MnO_4^- 与溶液中 Mn^{2+} 反应生成了 Mn^{3+}，因此实际上决定电极电势的是 Mn^{3+}/Mn^{2+} 电对，曲线的位置取决于 $\varphi^{\ominus'}_{Mn^{3+}/Mn^{2+}}$ 的大小。由于 Mn^{3+} 易与 PO_4^{3-}、SO_4^{2-} 等阴离子形成配合物，因而降低了 $\varphi^{\ominus'}_{Mn^{3+}/Mn^{2+}}$，而 ClO_4^- 与 Mn^{3+} 不形成配合物，因此在 $HClO_4$ 介质中用 $KMnO_4$ 溶液滴定 Fe^{2+} 时，在化学计量点后曲线位置最高。

③MnO_4^-/Mn^{2+} 为不可逆电对，电势计算值与实测值相差可达 0.1 ～ 0.2V。

用 $KMnO_4$ 溶液滴定 Fe^{2+} 时，化学计量点前，溶液电势由 Fe^{3+}/Fe^{2+} 电对计算，因此滴定曲线的计算值与实测值一致。但在化学计量点后，溶液电势由 MnO_4^-/Mn^{2+} 电对计算，计算得到的滴定曲线与实测滴定曲线有明显的不同。

四、氧化还原滴定的指示剂

在测定维生素 C 的含量时，用淀粉溶液作指示剂，以蓝色的出现来指示滴定终点。此时，可溶性淀粉与碘溶液反应，生成深蓝色的化合物，反应特效且灵敏，当 I_2 溶液的浓度为 $1\times10^{-5}\ mol\cdot L^{-1}$ 时，即能看到蓝色，当 I_2 被还原为 I^- 时，蓝色消失，把这种指示剂称为特殊指示剂，也称为显色指示剂或专属指示剂。

（一）特殊指示剂

特殊指示剂本身不具有氧化性或还原性，但可以与滴定剂或被滴定的物质作用产生特殊的颜色，从而指示滴定终点。例如，用 Fe^{3+} 滴定 Sn^{2+} 时，无色的 SCN^- 溶液可作为滴定 Sn^{2+} 的特殊指示剂。反应过程中可观察到，在化学计量点附近，稍过量的 Fe^{3+} 与 SCN^- 结合生成红色配合物，指示终点。

在滴定反应中，淀粉的组成对显色灵敏度有影响，淀粉有直链淀粉和支链淀粉之分，前者与碘呈深蓝色，后者与碘呈淡紫色，因此前者的显色灵敏度较后者高。直链淀粉和支链淀粉的相对含量随淀粉的来源而异，如马铃薯淀粉约由 20% 的直链淀粉和 80% 的支链淀粉组成，而玉米淀粉几乎全是支链淀粉，因此，用马铃薯淀粉作为碘量法中的指示剂较好。淀粉溶液应当现配现用，不宜长时间放置。陈旧的淀粉溶液与碘溶液作用不是显蓝色，而是呈紫色或红紫色，这时淀粉溶液失效。因为 $Na_2S_2O_3$ 溶液使红紫色的化合物脱色很慢，以致得不到敏锐的终点。淀粉长时间放置会失效的原因是因为淀粉水解所致，淀粉水解先生成麦芽糖，麦芽糖再进一步水解为葡萄糖和果糖，后者与 I_2 呈浅红紫色，甚至无色。

（二）自身指示剂

在氧化还原滴定中，有些标准溶液或被滴定的物质本身具有很深的颜色，而其滴定反应产物为无色或颜色很浅，则在滴定过程中无须另加指示剂，仅根据其自身的颜色变化就可确定终点。

例如，在高锰酸钾法中，MnO_4^- 具有很深的紫红色，在酸性溶液中，用 $KMnO_4$ 滴定无色或浅色的溶液时，MnO_4^- 被还原为接近无色的 Mn^{2+}。滴定到计量点后，稍过量的 $KMnO_4$ 就能使溶液显粉红色，指示终点到达，不需另加指示剂。实验证明 $KMnO_4$ 的浓度约为 $2\times10^{-6}\ mol\cdot L^{-1}$ 时，就能使溶液显粉红色，表示已经到达终点，此反应中的 $KMnO_4$ 称为自身指示剂。

（三）氧化还原指示剂

氧化还原指示剂是一类本身具有氧化性或还原性的有机化合物，其氧化型和还原型具有明显不同的颜色。在滴定终点时，指示剂由氧化型变为还原型，或由还原型变为氧化型，根据颜色的突变来指示终点。

在 $K_2Cr_2O_7$ 溶液滴定 Fe^{2+} 的反应中，常用二苯胺磺酸钠为指示剂。二苯胺磺酸钠的还原型为无色，氧化型为紫红色，因此滴定至化学计量点后，稍过量一点 $K_2Cr_2O_7$ 就能使二苯胺磺酸钠由还原型转变为氧化型，溶液显紫红色，因而可以指示滴定终点。二苯胺磺酸钠被称为氧化还原指示剂。

与酸碱指示剂类似，氧化还原指示剂有其变色的电势范围。现以 In(Ox) 和 In(Red) 分别代表指示剂的氧化型和还原型，则这一电对对应的半反应为

$$In(Ox) + ne^- \rightleftharpoons In(Red)$$

其电极电势 φ 为

$$\varphi = \varphi_{In}^{\ominus'} + \frac{0.059\ 2}{n} \lg_R e \frac{c'[In(Ox)]/c^{\ominus}}{c'[In(Red)]/c^{\ominus}}$$

式中，$\varphi_{In}^{\ominus'}$ 为指示剂的条件电极电势。随着滴定的进行，溶液的电势值不断发生变化，指示剂的氧化型与还原型的浓度比也随之改变，溶液的颜色也在变化。当 $c[In(Ox)]/c[In(Red)] \geq 10$ 时，溶液显示出指示剂氧化型物质的颜色，此时

$$\varphi \geqslant \varphi_{\text{In}}^{\ominus'} + \frac{0.0592}{n}$$

当 $c_{\text{In(Ox)}}/c_{\text{In(Red)}} \leqslant \frac{1}{10}$ 时，溶液显示出指示剂还原型物质的颜色。此时

$$\varphi \leqslant \varphi_{\text{In}}^{\ominus'} - \frac{0.0592}{n}$$

当 $\frac{1}{10} \leqslant c_{\text{In(Ox)}}/c_{\text{In(Red)}} \leqslant 10$ 时，溶液显示氧化型与还原型的混合色。

所以指示剂的变色范围为

$$\varphi = \varphi_{\text{In}}^{\ominus'} - \frac{0.0592}{n} \sim \varphi_{\text{In}}^{\ominus'} + \frac{0.0592}{n}$$

当 $c_{\text{In(Ox)}} = c_{\text{In(Red)}}$ 时，$\varphi = \varphi_{\text{In}}^{\ominus'}$，此时溶液的电势称为指示剂的理论变色点，$\varphi_{\text{In}}^{\ominus'}$ 称为指示剂的变色点电势。

不同氧化还原指示剂有不同的变色范围，实验中可根据滴定反应选择指示剂。表 5-3 列出几种常用氧化还原指示剂的条件电极电势及颜色变化。

表 5-3　一些氧化还原指示剂的条件电极电势及颜色变化

指示剂	$\varphi_{\text{In}}^{\ominus'}$/V [$c(H^+) = 1\ mol \cdot L^{-1}$]	颜色变化	
		氧化型	还原型
硝基邻二氮菲亚铁	0.25	浅蓝	紫红
次甲基蓝	0.36	蓝	无色
二苯胺	0.76	紫	无色
二苯胺磺酸钠	0.85	紫红	无色
邻苯氨基苯甲酸	0.89	紫红	无色
邻二氮菲亚铁	1.06	浅蓝	红

（四）选择指示剂的原则

1. 指示剂的变色范围应在滴定突跃范围之内

由指示剂变色范围可知，氧化还原指示剂的变色范围很小，

因此，在实际选择指示剂时，要求指示剂的条件电极电势 $\varphi_{In}^{\ominus'}$ 处于突跃范围之内，并且指示剂变色点的条件电极电势 $\varphi_{In}^{\ominus'}$ 与化学计量点电势 φ_{sp} 越接近，终点误差越小。

例如，在 $c(H_2SO_4)=1\ mol \cdot L^{-1}$ 的硫酸介质中，用 $Ce(SO_4)_2$ 标准溶液滴定 $FeSO_4$ 试液时，电势突跃范围为0.86～1.26 V，化学计量点电势为1.06 V。邻二氮菲亚铁（$\varphi_{In}^{\ominus'}=1.06$ V）和邻苯胺基苯甲酸（$\varphi_{In}^{\ominus'}=0.89$ V）均可作为指示剂，其中选择邻二氮菲亚铁最为合适，因为其条件电极电势 $\varphi_{In}^{\ominus'}$ 与化学计量点电势 φ_{sp} 相同，终点误差最小。但如果选二苯胺磺酸钠（$\varphi_{In}^{\ominus'}=0.85$ V）作指示剂，终点将提前到达。

在实际应用时，为降低选用二苯胺磺酸钠所引起的终点误差，通常可以向溶液中加入 H_3PO_4，H_3PO_4 与 Fe^{3+} 易形成稳定的无色配合物而降低 Fe^{3+} 的浓度，可使 Fe^{3+}/Fe^{2+} 电对的电极电势降低，突跃范围增大，变为0.78～1.26V，此时二苯胺磺酸钠的条件电极电势 $\varphi_{In}^{\ominus'}$ 处于突跃范围之内，因此可选择作为指示剂。

2. 终点颜色的变化要敏锐

在滴定反应终点时，颜色有明显变化利于反应的观察。例如，用 $Cr_2O_7^{2-}$ 标准液滴定 Fe^{2+} 试样时，选用二苯胺磺酸钠作指示剂，终点溶液由亮绿色变为深紫色，颜色变化十分明显。条件电极电势（$\varphi_{In}^{\ominus'}=1.0$ V）处于突跃范围之内的羊毛绿B指示剂，终点时溶液颜色由蓝绿色变为黄绿色，由于其颜色变化不明显而无法使用。

第四节　碘量法

一、方法概述

碘量法是利用 I_2 的氧化性和 I^- 的还原性进行滴定的方法。由

于固体 I_2 在水中的溶解度小、易于挥发，通常需将 I_2 溶解在 KI 溶液中以 I_3^- 形式存在。碘量法的基本反应为

$$I_2 + 2e \rightleftharpoons 2I^- \quad \varphi^{\ominus} = 0.54\ V$$

I_2 是较弱的氧化剂，能与较强的还原剂作用；I^- 是中等强度的还原剂，能与多种氧化剂作用。因此，碘量法有直接和间接两种滴定方式。

（一）直接碘量法

直接碘量法也称碘滴定法，是在微酸性或近中性溶液中，用 I_2 标准溶液直接滴定较强的还原性物质（$\varphi^{\ominus} < 0.54\ V$），如 S^{2-}、SO_3^{2-}、$S_2O_3^{2-}$、AsO_3^{2-}、SbO_3^{2-}、Sn^{2+} 等。

因为 pH > 9 时碘会发生歧化反应，所以直接碘量法不能在碱性溶液中进行滴定，即

$$3I_2 + 6OH^- \rightarrow IO_3^- + 5I^- + 3H_2O$$

从而给测定带来误差；而在酸性溶液中，也只有少数还原能力强、不受 H^+ 浓度影响的物质才能发生定量反应。所以，直接碘量法的应用受到一定程度上的限制。

（二）间接碘量法

间接碘量法是利用 I^- 的还原性，与 $\varphi^{\ominus}$ 大于 0.54 的氧化性物质反应，定量地析出 I_2，然后用 $Na_2S_2O_3$ 标准滴定溶液滴定析出的 I_2。如 $K_2Cr_2O_7$ 的测定

$$Cr_2O_7^{2-} + 6I^- + 14H^+ \rightarrow 2Cr^{3+} + 3I_2 + 7H_2O$$

$$I_2 + 2S_2O_3^{2-} \rightarrow 2I_2 + S_4O_6^{2-}$$

该方法可以测定许多氧化性物质，如 Cu^{2+}、H_2O_2、NO_2^-、ClO^-、ClO_3^-、SbO_4^{3-}、AsO_4^{3-}、BrO_3^-、IO_3^-、CrO_4^{2-}、MnO_4^-、MnO_2 等；还可测定能与 CrO_4^{2-} 生成沉淀的 Pb^{2+}、Ba^{2+} 等。

二、指示剂

碘量法常用淀粉作指示剂。在有 I^- 存在下，淀粉与 I_2 作用生

成蓝色吸附化合物，反应灵敏度很高，随 I_3^- 的浓度增大而增高，随温度的升高或有甲醇、乙醇等存在而降低，即使在 5×10^{-5} mol·L^{-1} 的 I_3^- 溶液中也能看出蓝色。淀粉指示剂在弱酸性溶液中最为灵敏，酸度过高时，淀粉水解成糊精，遇 I_2 显紫色或红色；若 pH＞9，则 I_2 生成 IO_3^-，遇淀粉不显蓝色。

淀粉溶液应取直链可溶性淀粉，在滴定使用前配制。配制时加热不宜过长，并在配制好后迅速冷却，以免灵敏度降低；若放置过久，会慢慢水解，与 I_2 形成的化合物呈紫色或红色，在用 $Na_2S_2O_3$ 滴定时褪色慢，终点不敏锐。

直接碘量法以出现蓝色指示滴定终点，间接碘量法以蓝色消失为滴定终点。在间接碘量法中，淀粉指示剂应在滴定近终点时加入，此时 I_2 的黄色很浅，从而防止较多的 I_2 被淀粉胶粒包裹，终点时蓝色不易消失或褪色不明显，使终点提前，影响终点的确定及测定结果的准确度。

三、反应条件

（一）控制溶液酸度

$S_2O_3^{2-}$ 与 I_2 的反应必须在中性或弱酸性溶液中进行，因为在碱性溶液中，$S_2O_3^{2-}$ 能被 I_2 氧化成 SO_4^{2-}；I_2 也会发生歧化反应。

$$S_2O_3^{2-}+4I_2+10OH^- \rightarrow 2SO_4^{2-}+8I^-+5H_2O$$

$$3I_2+6OH^- \rightarrow IO_3^-+5I^-+3H_2O$$

在酸性溶液中，$Na_2S_2O_3$ 分解；I^- 也容易被空气中的 O_2 所氧化。

$$S_2O_3^{2-}+2H^+ \rightarrow SO_2+S\downarrow+H_2O$$

$$4I^-+4H^++O_2 \rightarrow 2I_2+2H_2O$$

（二）防止 I_2 挥发

碘量法的误差来源：① 碘易挥发；② 在酸性溶液中，I^- 易被空气中的 O_2 氧化。因此，在进行滴定时，应采用适当的措施，以保证分析结果的准确度。

① 加入过量的KI，一般比理论值大2～3倍，从而生成I_3^-，减少I_2的损失。

② 反应需在室温下进行。

③ 滴定开始时，不要剧烈摇动溶液，但必须摇匀，局部过量的$Na_2S_2O_3$会自行分解。当I_2的黄色很浅时，加入淀粉指示液后再充分摇动。

④ 间接碘量法的滴定反应需在碘量瓶中进行。加入KI后要放置于暗处避免阳光照射，使反应完全，时间一般5～10 min，放置时用水封住瓶口。

（三）防止I^-被空气氧化

① 滴定速度适当快些。

②Cu^{2+}、NO_2^-等催化空气对I^-的氧化，应设法消除干扰。

③ 析出I_2后，一般应立即用$Na_2S_2O_3$标准溶液滴定。

④ 溶液的酸度不宜太高，否则会增加I^-被空气氧化的速率。

四、标准滴定溶液

碘量法中常使用$Na_2S_2O_3$和I_2两种标准滴定溶液。

（一）硫代硫酸钠标准滴定溶液

固体$Na_2S_2O_3 \cdot 5H_2O$，一般都含有少量S、SO_3^{2-}、SO_4^{2-}、CO_3^{2-}、Cl^-等杂质，且易风化；应配制成近似浓度的溶液后，再进行标定。$Na_2S_2O_3$溶液不稳定，浓度易改变。

1. 溶解的CO_2的作用

水中溶解的CO_2可使$Na_2S_2O_3$分解。

$$Na_2S_2O_3 + H_2CO_3 \rightarrow NaHSO_3 + NaHCO_3 + S\downarrow$$

该反应在配成溶液的10 d内进行，因此配制好的溶液要暗处放置10 d后再标定。

2. 空气中 O_2 的作用

$Na_2S_2O_3$ 被空气中 O_2 氧化，溶液的浓度降低。

$$2S_2O_3^{2-} + O_2 \rightarrow 2SO_4^{2-} + 2S\downarrow$$

水中微量的 Cu^{2+} 或 Fe^{3+} 等，能促进 $S_2O_3^{2-}$ 溶液的分解。

3. 微生物的作用

水中的细菌会促进 $S_2O_3^{2-}$ 溶液的分解，这是 $Na_2S_2O_3$ 溶液浓度变化的主要原因。

$$S_2O_3^{2-} \xrightarrow{\text{细菌}} SO_3^{2-} + S\downarrow$$

4. 光线促进 $Na_2S_2O_3$ 分解

配制 $Na_2S_2O_3$ 标准溶液时，首先要将蒸馏水煮沸放冷以驱除 CO_2、O_2 灭菌，溶液中加入少量 Na_2CO_3 使溶液呈弱碱性，抑制细菌的生长，同时加入微量防腐剂 HgI_2 以防止 $Na_2S_2O_3$ 分解。配制好的溶液应贮存于棕色瓶中，置于暗处放置 7 ～ 10 d 后过滤，再进行标定。已标定好的溶液经过一段时间后应重新标定。若发现溶液析出 S 变浑浊，应舍弃此溶液重新配制。

使用基准物质 $K_2Cr_2O_7$、KIO_3、$KBrO_3$ 及纯碘等标定 $Na_2S_2O_3$ 溶液，除碘外，其他物质都是在酸性溶液中与过量 KI 作用析出 I_2，在中性或微酸性溶液中，再用 $Na_2S_2O_3$ 溶液滴定，以淀粉为指示剂，滴定至近终点时加入指示剂，继续滴定至溶液由蓝色变为亮绿色为终点。$K_2Cr_2O_7$ 是最常用的基准物，反应如下：

$$Cr_2O_7^{2-} + 6I^- + 14H^+ \rightarrow 2Cr^{3+} + 3I_2 + 7H_2O$$

$$I_2 + 2S_2O_3^{2-} \rightarrow 2I^- + S_4O_6^{2-}$$

称取 0.18 g 干燥至恒重的基准试剂重铬酸钾置于碘量瓶中，溶于 25 ml 水、加 2 g 碘化钾及 20 ml 硫酸溶液（20％），摇匀，放置 10 min 后于 15℃ ～ 20℃ 加 150 ml 水，用配制好的硫代硫酸钠溶液滴定，近终点时加 2 ml 10 g · L^{-1} 的淀粉指示液，继续滴定至溶液由蓝色变为亮绿色，同时做空白试验。

$$c(Na_2S_2O_3)=\frac{m\times 100}{(V_1-V_2)M\left(\frac{1}{6}K_2Cr_2O_7\right)}$$

式中，$c(Na_2S_2O_3)$为 $Na_2S_2O_3$ 标准滴定溶液的浓度，$mol\cdot L^{-1}$；m 为基准物质 $K_2Cr_2O_7$ 的质量，g；V_1 为滴定消耗 $Na_2S_2O_3$ 标准滴定溶液的体积，ml；V_2 为空白试验消耗 $Na_2S_2O_3$ 标准滴定溶液的体积，ml；$M\left(\frac{1}{6}K_2Cr_2O_7\right)$为以$\frac{1}{6}K_2Cr_2O_7$ 为基本单元的基准物质 $K_2Cr_2O_7$ 的摩尔质量，$M\left(\frac{1}{6}K_2Cr_2O_7\right)=49.031\ g\cdot mol^{-1}$。

$K_2Cr_2O_7$ 与 KI 反应慢，应注意以下条件。

① 在暗处放置 5 ～ 10 min，等待反应完全。

② 提高 I^- 的浓度可加速反应，同时 I_2 形成 I_3^-，减少发挥，KI 的用量应为理论计算量的 2 ～ 3 倍。

③ 溶液的酸度越大，反应越快，但酸度太大时，I^- 容易被空气中的 O_2 氧化，一般保持酸度 $0.4\ mol\cdot L^{-1}$ 为宜。

在 $Na_2S_2O_3$ 溶液滴定反应中，应保持溶液为弱酸性或近中性。因此在滴定之前，应用蒸馏水稀释以降低其酸度，同时还可以减少 Cr^{3+} 的绿色对终点的影响。用 $Na_2S_2O_3$ 溶液滴定至溶液呈浅黄绿色（少量 I_2 与 Cr^{3+} 的混合色），加入淀粉，再继续滴定至溶液由蓝色变为亮绿色即为终点。

滴定至终点后，由于空气氧化 I^-，溶液又会出现蓝色，属正常现象。若滴定至终点后，溶液迅速变蓝，可能是酸度不足或放置时间不够所造成的，应舍弃重做。

（二）碘标准滴定溶液

利用升华法可制得纯碘，但由于碘具有挥发性和腐蚀性，不易在分析天平上准确称量，所以通常采用间接法配制。

碘微溶于水（每升水中约溶解 0.3 g），易溶于 KI 溶液中形成 I_3^-。

$$I_2+I^-\rightarrow I_3^-$$

配制时，在托盘天平上称取一定量的 I_2，将 I_2、KI 与少量水一起研磨溶解，再用水稀释配成近似浓度的溶液。碘溶液应贮于棕色瓶中暗处保存，防止见光、遇热和与橡皮等有机物接触，以免浓度发生变化。

标定碘溶液常用基准物质是三氧化二砷，使用前应在硫酸干燥器中干燥至质量恒定。As_2O_3 为剧毒物品，此法用得较少。As_2O_3 难溶于水，但易溶于碱性溶液中生成亚砷酸盐。

$$As_2O_3 + 6OH^- \rightarrow 2AsO_3^{3-} + 3H_2O$$

以 I_2 溶液滴定时，反应为

$$AsO_3^{3-} + I_2 + H_2O \rightleftharpoons AsO_4^{3-} + 2I^- + 2H^+$$

此反应是可逆的，为使反应完全，可加固体 $NaHCO_3$ 中和反应生成的 H＋，保持溶液 pH = 8 左右。

碘溶液还可与 $Na_2S_3O_3$ 标准滴定溶液对比，以测定其浓度。一般常用此法。

第五节　高锰酸钾法

一、滴定反应

高锰酸钾法是以 $KMnO_4$ 作氧化剂进行滴定分析的方法，$KMnO_4$ 是强氧化剂。

在强酸性溶液中，有

$$MnO_4^- + 8H^+ + 5e \rightleftharpoons Mn^{2+} + 4H_2O \quad \varphi^\ominus = 1.51\ V$$

在中性或弱碱性溶液中，有

$$MnO_4^- + 2H_2O + 3e \rightleftharpoons MnO_2\downarrow + 4OH^- \quad \varphi^\ominus = 0.595\ V$$

生成褐色沉淀，影响终点观察。

在强碱性溶液中，有

$$MnO_4^- + e \rightleftharpoons MnO_4^{2-} \quad \varphi^\ominus = 0.564\ V$$

二、滴定条件

由 $\varphi^{\ominus}$ 值可知，$KMnO_4$ 在强酸性溶液中氧化能力最强，因此，$KMnO_4$ 滴定法一般都在强酸性溶液中进行，且酸度以 $1 \sim 2\ mol \cdot L^{-1}$ 为宜。酸度过高导致 $KMnO_4$ 分解，酸度过低会生成 MnO_2 沉淀。调节酸度需要用硫酸，避免使用盐酸、硝酸和醋酸，因为 Cl^- 具有还原性，能被 MnO_4^- 氧化；而硝酸具有氧化性，它可能氧化被测定的物质；醋酸太弱，酸度不够。

三、滴定特点

1. $KMnO_4$ 氧化能力强，应用范围广

用直接法可测定许多还原性物质，如 Fe^{2+}、As(Ⅲ)、Sb(Ⅲ)、H_2O_2、NO_2^-、$C_2O_4^{2-}$ 等。返滴定法可测定一些氧化性物质，如测定 MnO_2 含量时，可在试样的 H_2SO_4 溶液中加入过量的 $Na_2C_2O_4$，反应完全后，用 $KMnO_4$ 标准溶液滴定剩余的 $C_2O_4^{2-}$。此外，可用类似方法测定 PbO_2、ClO_3^- 等物质。

有些物质虽然不具有氧化还原性质，但能与某些氧化剂或还原剂作用，可以利用间接滴定法测定。例如测定 Ca^{2+} 时，是将 Ca^{2+} 沉淀为 CaC_2O_4，再用 H_2SO_4 将所得沉淀溶解，然后用 $KMnO_4$ 标准滴定溶液滴定溶液中的 $C_2O_4^{2-}$，间接求得 Ca^{2+} 的含量。许多能与 $C_2O_4^{2-}$ 定量反应生成沉淀的 Sr^{2+}、Ba^{2+}、Cd^{2+}、Zn^{2+}、Hg^{2+} 等都能用此方法测定。

在 NaOH 浓度大于 $2\ mol \cdot L^{-1}$ 的碱性溶液中，很多有机物可以用高锰酸钾法测定，此时，MnO_4^- 被还原为 MnO_4^{2-}。

2. 自身指示剂，可减少误差

由于 MnO_4^- 本身有颜色，在浓度为 $2 \times 10^{-6}\ mol \cdot L^{-1}$ 的溶液中即显示出粉红色。因此，采用 MnO_4^- 滴定无色或浅色溶液时，一

般不需另加指示剂。若用很稀的溶液滴定时，可以加二苯胺磺酸钠指示剂。

此外，试剂中含有少量杂质，溶液不够稳定；由于 $KMnO_4$ 的氧化能力强，可以和很多还原性物质作用，所以干扰也比较严重。

四、$KMnO_4$ 标准滴定溶液的制备

（一）配制溶液

纯 $KMnO_4$ 溶液相当稳定，但市售 $KMnO_4$ 的纯度仅在 99% 左右，试剂常含有少量杂质如 MnO_2、硫酸盐、氯化物、硝酸盐等。通常先配成近似浓度的溶液，再进行标定。

由于蒸馏水中含有微量的还原性物质，与 MnO_4^- 反应析出 $MnO(OH)_2$ 沉淀，又可与 MnO_2 促进 $KMnO_4$ 溶液的分解。此外，热、光等也能促进 $KMnO_4$ 的分解。

为了配制比较稳定的 $KMnO_4$ 溶液，采用以下步骤。

① 称取稍多于计算用量的 $KMnO_4$ 溶于蒸馏水中，将溶液缓缓煮沸 15 min，冷却贮于棕色瓶中放置两周，使溶液中可能存在的还原性物质完全氧化；

② 用 4 号微孔玻璃漏斗过滤，除去沉淀物，将配好的溶液贮于干净且干燥的棕色瓶中放暗处保存。

如需要较稀的 $KMnO_4$ 溶液，可用蒸馏水将 $KMnO_4$ 溶液临时稀释和标定后使用，不宜长期贮存。

（二）标定溶液

标定 $KMnO_4$ 溶液的基准物质有：$Na_2C_2O_4$、$H_2C_2O_4 \cdot 2H_2O$、$(NH4)_2Fe(SO_4)_2 \cdot 6H_2O$ 和纯铁丝等，其中最常用的是 $Na_2C_2O_4$。它易提纯、性质稳定，不含结晶水，在 105 ～ 110℃ 烘至恒重（约 2 h），即可使用。

$Na_2C_2O_4$ 在 H_2SO_4 溶液中与 $KMnO_4$ 反应如下：

$$2MnO_4^- + 5C_2O_4^{2-} + 16H^+ \rightarrow 2Mn^{2+} + 8H_2O + 10CO_2\uparrow$$

此时 $KMnO_4$ 的基本单元是 $c\left(\frac{1}{5}KMnO_4\right)$，$Na_2C_2O_4$ 的基本单元是 $Na_2C_2O_4$。

称取 0.25 g 干燥至恒重的基准试剂草酸钠，溶于 100 ml 硫酸溶液中，用高锰酸钾溶液滴定，近终点时加热至约 65℃，继续滴定至溶液呈粉红色，保持 30 s，同时做空白试验。

$$c\left(\frac{1}{5}KMnO_4\right)=\frac{m\times 1\,000}{(V_1-V_2)M\left(\frac{1}{2}Na_2C_2O_4\right)}$$

式中，$c\left(\frac{1}{5}KMnO_4\right)$ 为高锰酸钾标准滴定溶液的浓度，$mol\cdot L^{-1}$；m 为基准草酸钠的质量，g；V_1 为滴定消耗高锰酸钾标准滴定溶液的体积，ml；V_2 为空白试验消耗高锰酸钾标准滴定溶液的体积，ml；$M\left(\frac{1}{2}Na_2C_2O_4\right)$ 为以 $\frac{1}{2}Na_2C_2O_4$ 为基本单元的基准 $Na_2C_2O_4$ 的摩尔质量，$M\left(\frac{1}{2}Na_2C_2O_4\right)=66.999\ g\cdot mol^{-1}$。

为加速反应定量进行，应注意以下滴定条件。

① 酸度。溶液应保持足够的酸度，一般地，在滴定开始时酸度约 $0.5\sim 1\ mol\cdot L^{-1}$。酸度不够时，容易生成 MnO_2；而酸度过高，会促使 $H_2C_2O_4$ 分解。

② 温度。反应在室温下速率缓慢，应将 $Na_2C_2O_4$ 溶液加热至 75℃ ～ 85℃。若温度超过 90℃，$H_2C_2O_4$ 部分分解，导致标定结果偏高；近终点时溶液的温度不能低于 65℃，否则反应不完全。

$$H_2C_2O_4 \xrightarrow{>90℃} H_2O + CO_2\uparrow + CO\uparrow$$

③ 滴定速度。MnO_4^- 与 $C_2O_4^{2-}$ 反应，开始很慢，当 Mn^{2+} 生成后，反应逐渐加快。因此开始滴定时，加入第一滴 $KMnO_4$ 溶液褪色后，再加入第二滴，由于 Mn^{2+} 有自动催化作用，待滴入 $KMnO_4$ 溶液迅速褪色时，可以加快速度。但不能持续滴入 $KMnO_4$ 溶液，否则加入的 $KMnO_4$ 溶液来不及与 $C_2O_4^{2-}$ 反应，就在热的酸性溶液中分解，导致标准滴定溶液浓度结果偏低。

$$4MnO_4^- + 12H^+ \rightarrow 4Mn^{2+} + 6H_2O + 5O_2\uparrow$$

若滴定前加入少量的 $MnSO_4$ 作为催化剂，则在滴定开始反应就可以较快的速率进行。

④ 滴定终点。将 $KMnO_4$ 溶液滴定至溶液呈淡粉红色，30 s 不褪色即为滴定终点。若持续时间过长，空气中还原性物质及尘埃等杂质落入溶液中能使 $KMnO_4$ 分解而褪色。

第六节　其他氧化还原滴定法

一、　重铬酸钾法

（一）　滴定反应

重铬酸钾是常用的强氧化剂，可在酸性溶液中与还原剂作用，被还原为 Cr^{3+}。

$$Cr_2O_7^{2-} + 14H^+ + 6e \rightleftharpoons 2Cr^{3+} + 7H_2O \quad \varphi^{\ominus} = 1.33\ V$$

（二）滴定条件

重铬酸钾法在低于 3 $mol \cdot L^{-1}$ 的 HCl 介质中进行。

（三）滴定特点

①$K_2Cr_2O_7$ 标准滴定溶液相当稳定，易于长期保存，浓度不变。

②$K_2Cr_2O_7$ 易提纯，可以制成基准物质，基准物质在 120℃ 烘至质量恒定，就可以准确称量直接配制标准滴定溶液，不需要标定。

③ 室温下，当 HCl 溶液浓度低于 3 $mol \cdot L^{-1}$ 时，$Cr_2O_7^{2-}$ 不氧化 Cl^-，故可在 HCl 溶液中进行滴定。但 HCl 溶液的浓度较大或将溶液煮沸时，$K_2Cr_2O_7$ 也能部分被 Cl^- 还原。

此外，$K_2Cr_2O_7$ 的氧化能力稍弱于 $KMnO_4$，可以测定的物质不如 $KMnO_4$ 广泛。

$K_2Cr_2O_7$ 作滴定剂，还原产物是 Cr^{3+}，呈绿色，因此必须使用指示剂来确定终点。常用的溶液滴定指示剂有二苯胺磺酸钠或邻苯氨基苯甲酸。

$K_2Cr_2O_7$ 法产生的废液中均含有铬，其中主要以 Cr^{3+} 和 Cr^{6+} 形式存在，它们是有毒有害的离子，如果直接排放，会造成严重的环境污染。在铬的化合物中，以 Cr^{6+} 毒性最强，可在酸性条件下，在含铬废液中加入亚铁盐，使六价铬还原为三价铬后，再加入碱使其转化为难溶的氢氧化铬分离。

（四）标准滴定溶液的配制

$K_2Cr_2O_7$ 在空气中非常稳定，易提纯，纯度高，杂质含量少可以忽略，$K_2Cr_2O_7$ 实际组成与化学式完全符合，具有较大的摩尔质量，所以基准物质 $K_2Cr_2O_7$ 可以用直接配制法来配制标准滴定溶液。

当用非基准试剂 $K_2Cr_2O_7$ 时，必须用间接法配制。$K_2Cr_2O_7$ 在酸性溶液中与 I^- 作用，生成相应的 I_2，再用 $Na_2S_2O_3$ 标准滴定溶液滴定 I_2，反应如下：

$$Cr_2O_7^{2-} + 6I^- + 14H^- \rightarrow 3I_2 + 2Cr^{3+} + 7H_2O$$

$$I_2 + 2S_2O_3^{2-} \rightarrow 2I^- + S_4O_6^{2-}$$

以淀粉指示剂确定终点。

二、溴酸钾法

溴酸钾法是利用溴酸钾作氧化剂进行滴定的氧化还原滴定法。

$KBrO_3$ 是一种强氧化剂，在酸性溶液中与还原性物质作用，BrO_3^- 被还原为 Br^-，其反应为

$$BrO_3^- + 6H^+ + 6e \rightleftharpoons Br^- + 3H_2O \quad \varphi^{\ominus} = 1.44\ V$$

$KBrO_3$ 容易提纯，在 180℃ 烘干后可以直接配制成标准滴定溶液。

由于操作方法不同，溴酸钾法又分为直接法和间接法。

(一) 直接法

直接法是在酸性溶液中,以甲基橙或甲基红等含氮物质作指示剂,用 $KBrO_3$ 标准滴定溶液直接滴定待测物质,化学计量点后稍过量的 $KBrO_3$ 溶液就氧化指示剂,使甲基橙或甲基红褪色,从而指示终点。利用这种方法可以测定 As(Ⅲ)、Sb(Ⅲ) 和 N_2H_4 等还原性物质。

(二) 间接法

间接法也称溴量法,常与碘量法配合测定有机物。通常是在 $KBrO_3$ 标准溶液中加入过量的 KBr,将溶液酸化后,使 BrO_3^- 与 Br^- 发生如下反应:

$$BrO_3^- + 5Br^- + 6H^+ \rightarrow 3Br_2 + 3H_2O$$

生成的溴与被测有机物反应,待反应完全后,再用 KI 还原剩余的 Br_2:

$$Br_2 + 2I^- \rightarrow 2Br^- + I_2$$

再用 $Na_2S_2O_3$ 标准溶液滴定析出的 I_2。

溴量法利用 Br_2 与不饱和有机物发生加成反应,可直接测定有机物的不饱和度;同时,利用 Br_2 的取代反应可以测定酚类和芳香胺类等物质的含量。

三、硫酸铈法

硫酸铈法是以 $Ce(SO_4)_2$ 为滴定剂的氧化还原滴定法。

$Ce(SO_4)_2$ 是强氧化剂,在水溶液中易水解,需在酸度较高的溶液中使用。在酸性溶液中,Ce^{4+} 与还原剂作用时,Ce^{4+} 被还原为 Ce^{3+},半反应如下:

$$Ce^{4+} + e \rightleftharpoons Ce^{3+} \qquad \varphi^{\ominus} = 1.61\ V$$

Ce^{4+}/Ce^{3+} 电对的条件电位与酸的种类和浓度有关。

$1 \sim 8mol \cdot L^{-1}\ HClO_4$ 溶液　　$\varphi^{\ominus} = 1.70 \sim 1.87\ V$

$0.5 \sim 4mol \cdot L^{-1}\ H_2SO_4$ 溶液　　$\varphi^{\ominus} = 1.44 \sim 1.43\ V$

$1mol \cdot L^{-1}$ HCl 溶液　　$\varphi^{\ominus} = 1.28$ V

$Ce(SO_4)_2$ 在 H_2SO_4 溶液中的条件电位，介于 $KMnO_4$ 与 KCr_2O_7 之间。能用 $KMnO_4$ 法测定的物质，一般也能用 $Ce(SO_4)_2$ 法测定。与 $KMnO_4$ 法相比，$Ce(SO_4)_2$ 法具有以下优点。

①Ce^{4+} 还原为 Ce^{3+} 时，只有一个电子转移，不形成中间价态的产物，反应简单，副反应少。

② 能在多种有机物（如醇类、醛类、甘油、蔗糖、淀粉等）存在下滴定 Fe^{2+}，不发生诱导氧化。

③ 可在 HCl 溶液中用 Ce^{4+} 直接滴定 Fe^{2+} 达化学计量点后，Cl^- 才慢慢被 Ce^{4+} 氧化，因此，Cl^- 的存在不影响滴定。

④ 配制溶液用的硫酸铈铵 $Ce(SO_4)_2 \cdot (NH_4)_2SO_4 \cdot 2H_2O$ 容易提纯，可直接配制标准滴定溶液，溶液稳定，放置较长时间或加热也不分解。

在酸度（低于 $1\ mol \cdot L^{-1}$）较低时，磷酸有干扰，能生成磷酸高铈沉淀。

$Ce(SO_4)_2$ 溶液呈黄色，还原为 Ce^{3+} 时溶液无色，可利用 Ce^{4+} 本身的颜色指示滴定终点，但由于灵敏度不高，一般多采用邻二氮菲-Fe（Ⅱ）作指示剂，终点变色敏锐。

由于 $Ce(SO_4)_2$ 法不像 $K_2Cr_2O_7$ 法中的六价铬有毒，$Ce(SO_4)_2$ 法逐渐得到应用。在医药工业方面测定药品中铁的含量多采用此法，但因为铈盐昂贵，实际工作中应用不多。

第七节　氧化还原滴定法的应用

一、碘量法的应用

（一）维生素 C 含量的测定（直接碘量法）

维生素 C 又名抗坏血酸，分子式为 $C_6H_8O_6$（$M = 176\ g \cdot mol^{-1}$）。

维生素 C 是预防和治疗坏血病及促进身体健康的药品，也是分析中常用的掩蔽剂。维生素 C 为白色或略带淡黄色的结晶粉末，溶于水呈酸性，在空气中易被氧化变黄。

维生素 C 中的烯二醇基() 具有还原性，可被 I_2 氧化为二酮基()，所以可以用 I_2 标准滴定溶液直接滴定。试样要用煮沸后冷却的蒸馏水溶解。

由于维生素 C 的还原性较强，在空气中易被氧化，特别是在碱性溶液中更甚，所以滴定时一般加入一些 HAc，使溶液保持弱酸性，以减少维生素 C 受 I_2 以外其他氧化剂作用的影响。

（二）铜的测定（间接碘量法）

碘量法测定铜是基于 Cu^{2+} 与过量 KI 反应析出 I_2，用 $Na_2S_2O_3$ 标准滴定溶液滴定。

$$2Cu^{2+} + 4I^- \rightarrow 2CuI\downarrow + I_2$$

$$I_2 + 2S_2O_3^{2-} \rightarrow 2I^- + S_4O_6^{2-}$$

在反应中，KI 既是还原剂（还原 Cu^{2+}）、沉淀剂（Cu^{2+} 还原后形成 CuI），又是配位剂（溶解 I_2 形成 I_3^-）。

Cu^{2+} 与 I^- 的反应必须在弱酸性溶液中（pH = 3 ～ 4）进行。酸度过高，I^- 易被氧化为 I_2；酸度过低，Cu^{2+} 会水解生成沉淀。通常用 H_2SO_4 或 HAc 控制溶液的酸度。此外，试液中的 Fe^{3+} 对测定铜有干扰，因为 Fe^{3+} 能氧化 I^-，使测定结果偏高，一般可加入 NaF 掩蔽 Fe^{3+}，排除干扰。

由于 CuI 沉淀强烈地吸附 I_2，致使分析结果偏低。如果在大部分 I_2 被 $Na_2S_2O_3$ 还原后，加入 KSCN 使 CuI（$K_{sp} = 1.1\times10^{-12}$）转化为溶解度更小的 CuSCN（$K_{sp} = 4.8\times10^{-15}$）沉淀，使吸附的 I_2 释放出来，由于 CuSCN 沉淀吸附 I_2 的倾向较小，可以防止结果偏低，减少误差。

$$CuI\downarrow + SCN^- \rightarrow CuSCN\downarrow + I^-$$

（三）胆矾中 $CuSO_4 \cdot 5H_2O$ 含量的测定

工业胆矾的主要成分是 $CuSO_4 \cdot 5H_2O$，为蓝色结晶，含有亚铁、高铁、锌、镁等硫酸盐杂质，纯度为93％～98％。胆矾于200℃时可失去全部结晶水成为白色 $CuSO_4$ 粉末。

试样溶于水后，为了防止铜盐水解，反应必须在 H_2SO_4 酸性溶液中进行，一般控制 pH 在 3～4。为避免大量 Cl^- 与 Cu^{2+} 形成配合物 $CuCl_2$、$CuCl_3^-$，不能加 HCl 控制酸度。

Fe^{3+} 对测定有干扰，因 Fe^{3+} 能将 I^- 氧化成 I_2，使结果偏高。可加入 NH_4HF_2 与 Fe^{3+} 形成稳定的 FeF_6^{3-}，使 Fe^{3+}/Fe^{2+} 电对的电位降低，消除 Fe^{3+} 干扰，而失去氧化 I^- 的能力。同时 NH_4HF_2 又是缓冲剂，可使溶液的 pH 保持在 3.0～4.0。

二、高锰酸钾法的应用

（一）过氧化氧含量的测定 —— 直接滴定

纯 H_2O_2 为无色稠厚液体，呈弱酸性反应，保存中能自行分解

$$2H_2O_2 \rightarrow 2H_2O + O_2\uparrow$$

其稳定性随溶液的稀释程度而增加，工业产品又名双氧水，含 H_2O_2 一般为 30％，通常用作氧化剂、漂白剂。

H_2O_2 在酸性溶液中，可用 $KMnO_4$ 标准滴定溶液直接滴定，反应为

$$2MnO_4^- + 5H_2O_2 + 6H^+ \rightarrow 2Mn^{2+} + 8H_2O + 5O_2\uparrow$$

滴定开始时反应较慢，待有 Mn^{2+} 生成后，滴定稍快。若在滴定前，加入少许 Mn^{2+} 作催化剂，可以加快反应速率。

工业产品双氧水中一般都加入某些有机物（如乙酰苯胺）作稳定剂，这些有机物大多能与 $KMnO_4$ 作用而使测定结果偏高。此时应改用碘量法或铈量法测定。

（二）软锰矿中 MnO_2 含量测定 —— 返滴定

软锰矿的主要成分是 MnO_2，其不仅是锰的来源，又是工业的氧化剂，其氧化能力的大小决定于 MnO_2 的含量。

在酸性溶液中，MnO_2 与过量的 $Na_2C_2O_4$ 加热溶解，然后用

$KMnO_4$ 标准滴定溶液滴定剩余的 $C_2O_4^{2-}$,反应如下:

$$MnO_2 + C_2O_4^{2-} + 4H^+ \rightarrow Mn^{2+} + 2H_2O + 2CO_2\uparrow$$

$$2MnO_4^- + 5C_2O_4^{2-} + 16H^+ \rightarrow 2Mn^{2+} + 8H_2O + 10CO_2\uparrow$$

$Na_2C_2O_4$ 一般应比软锰矿所需计算用量多 0.2 g,约消耗 30 ml$KMnO_4$ 标准滴定溶液。试样必须磨细,一般在 15min 内即可完全溶解,以无黑色颗粒为标准。溶解试样时,应盖上表面皿徐徐加热,防止 $H_2C_2O_4$ 分解,造成结果偏高。

(三) 石灰石中氧化钙含量的测定 —— 间接滴定法

石灰石试样溶于酸后,在弱碱性条件下 Ca^{2+} 与 $C_2O_4^{2-}$ 生成 CaC_2O_4 沉淀,经过滤洗涤后,将沉淀溶于 H_2SO_4 溶液中,然后用 $KMnO_4$ 标准滴定溶液滴定溶液中的 $H_2C_2O_4$,反应如下:

$$Ca^{2+} + C_2O_4^{2-} \rightarrow CaC_2O_4\downarrow$$

$$CaC_2O_4 + 2H^+ \rightarrow Ca^{2+} + H_2C_2O_4$$

$$5H_2C_2O_4 + 2MnO_4^- + 6H^+ \rightarrow 2Mn^{2+} + 8H_2O + 10CO_2\uparrow$$

沉淀 Ca^{2+} 时,是在石灰石溶于酸后加入过量$(NH_4)_2C_2O_4$ 沉淀剂,再用稀氨水中和至甲基橙显黄色,并放置一段时间。这样操作可以得到颗粒较大的晶形沉淀(均相沉淀),便于过滤和洗涤。过滤后,沉淀表面吸附的 $C_2O_4^{2-}$ 必须洗净,为了减少洗涤时沉淀溶解的损失,可用冷水、并采用"少量多次"的方法洗涤沉淀。

(四) 某些有机物的测定

在碱性溶液中,$KMnO_4$ 氧化某些有机物的反应比在酸性溶液中快,采用加入过量 $KMnO_4$ 加热可进一步加快反应。在碱性溶液中,过量的 $KMnO_4$ 能定量地氧化某些有机物,如甘油、甲酸、甲醇等。例如用高锰酸钾法测定甲醇,可将一定过量的 $KMnO_4$ 标准溶液加到碱性试样中,其反应如下:

$$CH_3OH + 6MnO_4^- + 8OH^- \rightarrow CO_3^{2-} + 6MnO_4^{2-} + 6H_2O$$

反应后将溶液酸化,用 $FeSO_4$ 标准溶液滴定,即可算出消耗 $FeSO_4$ 的物质的量。同样,可算出反应前加入的 $KMnO_4$ 标准溶液

相当于 $FeSO_4$ 物质的量，由两者差值即可求出甲醇含量。

（五）水中化学耗氧量 COD_{Mn} 的测定

化学耗氧量又称化学需氧量，简称 COD，是度量水体受还原性物质污染程度的综合性指标。

以 $KMnO_4$ 滴定法测得的化学耗氧量，以往称为 COD_{Mn}，现在称为“高锰酸盐指数”。高锰酸钾法适用于地表水、饮用水和生活污水 COD 的测定。测定范围为 $0.5 \sim 4.5mg \cdot L^{-1}$。对污染较重的水，可少取水样，经适当稀释后测定。

在样品中加入已知量的高锰酸钾和硫酸，沸水浴中加热 30min，高锰酸钾将样品中的某些有机物和无机还原性物质氧化，反应后加入过量的草酸钠还原剩余的高锰酸钾，再用高锰酸钾标准溶液回滴过量的草酸钠，反应式为

$$4MnO_4^- + 5C + 12H^+ \rightarrow 4Mn^{2+} + 5CO_2 \uparrow + 6H_2O$$

$$2MnO_4^- + 5C_2O_4^{2-} + 16H^+ \rightarrow 2Mn^{2+} + 10CO_2 \uparrow + 8H_2O$$

在测定过程中，以高锰酸钾自身为指示剂。

三、重铬酸钾法的应用

（一）铁矿石中全铁量的测定

铁含量的测定方法主要是氯化亚锡-氯化汞-重铬酸钾法。此法准确度高，测定速度快，但氯化汞为剧毒物质，现多采用三氯化钛-重铬酸钾法。

1.氯化亚锡-氯化汞-重铬酸钾法

试样一般用 HCl 加热分解，在热的浓 HCl 溶液中，用 $SnCl_2$ 将 Fe^{3+} 还原为 Fe^{2+}，再用 $HgCl_2$ 除去多余的 $SnCl_2$。该反应以二苯胺磺酸钠为指示剂，在硫、磷混酸介质中，用 $K_2Cr_2O_7$ 标准滴定溶液滴定至终点，溶液由绿色变为蓝紫色。

（1）溶样

$$Fe_2O_3 + 6HCl \rightarrow 2FeCl_3 + 3H_2O$$

在溶样时应加热促其溶解，但温度不宜过高以防 $FeCl_3$ 挥发，致使结果偏低。

（2）还原

$$2Fe^{3+} + Sn^{2+} \rightarrow 2Fe^{2+} + Sn^{4+}$$

在热的浓 HCl 溶液中，滴加 $SnCl_2$ 溶液，并稍过量使 Fe^{3+} 完全还原成 Fe^{2+}，溶液由黄色变为无色。

（3）除去多余的 $SnCl_2$

$$Sn^{2+} + 2HgCl_2 \rightarrow Sn^{4+} + 2Cl^- + Hg_2Cl_2 \downarrow$$

多余的 $SnCl_2$ 能与 $K_2Cr_2O_7$ 作用，用 $HgCl_2$ 将 Sn^{2+} 氧化为 Sn^{4+}，溶液出现白色丝状 Hg_2Cl_2 沉淀。若出现黑色，是由于 $SnCl_2$ 过多，继续将部分 Hg_2Cl_2 还原成 Hg 所致。

$$Sn^{2+} + Hg_2Cl_2 \rightarrow 2Hg \downarrow + Sn^{4+} + 2Cl^-$$

大量 Hg_2Cl_2 和 Hg 会显著消耗 $K_2Cr_2O_7$，使结果偏高。若发现有灰黑色 Hg，应重新溶解试样。

$HgCl_2$ 应一次迅速加入溶液中，避免形成的 Hg_2Cl_2 与溶液中尚存有的 $SnCl_2$ 反应生成 Hg。

（4）滴定

$$6Fe^{2+} + Cr_2O_7^{2-} + 14H^+ \rightarrow 6Fe^{3+} + 2Cr^{3+} + 7H_2O$$

在滴定过程中，由于不断有 Fe^{3+} 生成，在 HCl 介质中为黄色。加入硫-磷混酸使 Fe^{3+} 生成无色的配合物 $Fe(HPO_3)_2^-$，以便消除黄色对终点观察的干扰。同时由于 Fe^{3+} 生成配合物降低了 Fe^{3+} 的浓度，从而降低 Fe^{3+}/Fe^{2+} 电对的电位，使滴定突跃开始部分降低，滴定突跃范围增大，起始点由原来的 0.86 降到 0.71，而二苯胺磺酸钠指示剂可较好地在突跃范围内变色。

2. 三氯化钛-重铬酸钾法（无汞测铁法）

在试样用酸溶解后，趁热用 $SnCl_2$ 还原大部分 Fe^{3+}，以钨酸钠为指示剂，再用 $TiCl_3$ 还原剩余的 Fe^{3+}。当 Fe^{3+} 全部还原为 Fe^{2+}

离子后，过量的一滴 $TiCl_3$ 溶液就会使钨酸钠还原为五价钨的化合物，溶液呈蓝色。然后滴入 $K_2Cr_2O_7$ 溶液使钨蓝恰好褪色。溶液中的 Fe^{2+} 以二苯胺磺酸钠为指示剂，用 $K_2Cr_2O_7$ 标准滴定溶液滴定至紫色为终点。Ti^{3+} 还原 Fe^{3+} 的反应为

$$Fe^{3+} + Ti^{3+} \rightarrow Fe^{2+} + Ti^{4+}$$

（二）测定污水中的化学耗氧量 COD_{Cr}

污水是否达到排放标准由污水的污染指数决定，其中最重要的指标是污水的化学需氧量（COD_{Cr}）值，COD_{Cr} 是综合评价水体污染程度的重要指标之一，也是水质监测的一个重要项目。

在强酸性（H_2SO_4）溶液中用重铬酸钾氧化水中的还原物质，加硫酸银为催化剂，硫酸汞隐蔽氯离子的干扰（$HgSO_4 + 2Cl^- \rightarrow HgCl_2 + SO_4^{2-}$），加热回流 2 h，过量的重铬酸钾以试亚铁灵为指示剂，用硫酸亚铁铵标准滴定溶液返滴定。根据消耗的重铬酸钾算出水中的化学需氧量 COD_{Cr}，以 O_2 mg · L^{-1} 表示。反应方程式如下：

$$6Fe^{2+} + Cr_2O_7^{2-} + 14H^+ \rightarrow 6Fe^{3+} + 2Cr^{3+} + 7H_2O$$

由于 $K_2Cr_2O_7$ 与 Fe^{2+} 的反应速率快、计量关系好、无副反应，指示剂变色明显。

通过 $Cr_2O_7^{2-}$ 和 Fe^{2+} 的反应，还可以测定其他氧化性或还原性物质。利用间接滴定法还可测定一些非氧化还原性物质。例如 Pb^{2+} 或 Ba^{2+} 的测定，先沉淀为铬酸盐，经过滤洗涤后溶解于酸中，以 Fe^{2+} 标准滴定溶液直接滴定或加入过量 Fe^{2+} 标准滴定溶液，剩余 Fe^{2+} 用 $K_2Cr_2O_7$ 标准滴定溶液滴定。

四、溴量法测定苯酚含量

苯酚是医药和有机化工的重要原料，作为一种弱的有机酸，羟基邻位和对位上的氢原子比较活泼，容易被溴取代。

用溴量法测定苯酚含量时，先在试样中加入过量的 $KBrO_3$-KBr 标准滴定溶液，然后加入盐酸将溶液酸化，BrO_3^- 与

Br^- 反应产生的 Br_2 便与苯酚发生加成反应，生成三溴苯酚沉淀。待反应完全后，加入 KI 以还原剩余的 Br_2，再用 $Na_2S_2O_3$ 标准溶液滴定析出的 I_2；同时做空白试验。由空白试验消耗 $Na_2S_2O_3$ 的量（相当于产生 Br_2 的量）和滴定试样所消耗 $Na_2S_2O_3$ 的量（相当于剩余 Br_2 的量），即可求出试样中苯酚的含量。

第六章　重量分析法和沉淀滴定法

重量分析法和沉淀滴定法都是以沉淀反应为基础的分析方法，是分析实验中的重要检测方法，可广泛应用于测定沉淀物质的组分含量。本章主要介绍重量分析法与沉淀滴定法的原理、计算与应用，为分析实验的实际操作奠定基础。

第一节　重量分析概述

一、重量分析的概念

重量分析法是根据生成物的重量来确定被测物质组分含量的方法，是定量分析方法之一。其以沉淀反应为基础，利用物理或化学反应将试样中的被测组分与其他组分分离，之后转化成一定的称重形式，然后用称重方法测定该组分含量。因此，重量分析包括分离和称量两大步骤。

在重量分析中，分析结果直接来自称量的数据，一般不需要基准物质和容量器皿校准，分析结果准确度较高，相对误差一般为0.1%～0.2%。但重量分析法操作烦琐、费时、灵敏度不高、不适于微量及痕量组分的测定、不适于生产的控制分析。尽管如此，在某些工业生产中，重量分析法仍被广泛使用。

二、重量分析的分类

根据被测组分分离方法不同，重量分析法一般分为沉淀重量法、挥发法、萃取法等。

（一）沉淀重量法

沉淀重量法是一种较为古老的分离测定法，应用历史悠久。其是利用沉淀反应，使被测组分形成难溶的沉淀，再将沉淀过滤、洗涤、烘干或灼烧，得到可供称量的物质进行称重，根据称得的重量计算被测组分含量的分析方法。

（二）挥发法

挥发法是利用加热或者蒸馏的方法使试样中挥发性组分气化逸出，称量试样减失的重量，或用适宜的吸收剂吸收直至恒重，称量吸收剂增加的重量来计算该组分含量的一种分析方法。即挥发法是利用物质的挥发性，或将其转化为挥发性物质来进行组分含量测定的分析方法。

例如，测定氯化钡晶体（$BaCl_2 \cdot 2H_2O$）中的结晶水。一种方法是将一定量的 $BaCl_2 \cdot 2H_2O$ 试样加热，使水分挥发掉，氯化钡试样减少的重量即为结晶水的含量，称为干燥失重法。另一种方法是先将一定量的 $BaCl_2 \cdot 2H_2O$ 试样加热至适当温度，用高氯酸镁等吸收剂吸收逸出的水分，高氯酸镁增加的质量即是固体样品中结晶水的质量，称为吸收法。

根据称量对象的不同，挥发法可分为直接法和间接法。

1. 直接法

当待测组分与其他组分分离后，如果称量的是待测组分或其衍生物，通常称为直接法。例如，在进行对碳酸盐的测定时，加入盐酸反应放出 CO_2 气体。再用石棉与烧碱的混合物吸收，后者所增加的重量就是 CO_2 的重量，据此即可求得碳酸盐的含量。

在药品分析中，灰分是控制中草药药材质量的检验项目之一，按中国药典中规定的药品灰分和炽灼残渣的测定，也属于直接法。此时测定的不是挥发性物质，而是测定样品经高温氧化挥发后剩下的不挥发性无机物。灰分中所含的都是无机物，通常为金属的氧化物、氯化物、碳酸盐、硫酸盐等。根据灰分的量可以说明样品中含无机杂质的多少，从而作为药物的一项质量指标。

在直接法测定中，如果有几种挥发性物质并存时，应选用适当的吸收剂，定量地吸收被测物质而不吸收并存物。例如，药典中经常要检测炽热残渣的限量以控制某些药品的质量，此时应取一定量被检药品，经过高温炽热，除去挥发性物质后，称量剩下的不挥发无机物，称为炽热残渣。所测得的虽不是挥发物，但仍属于使用直接挥发法测定组分含量。

2. 间接法

待测组分与其他组分分离后，通过称量其他组分，测定样品减失的重量来求得待测组分的含量的方法称为间接法。

药品检验中的“干燥失重测定法”利用挥发法测定样品中的水分和一些易挥发的物质，属于间接法。精密称取适量样品，在一定条件下加热干燥至恒重，用减失重量和取样量相比来计算干燥失重。

例如，葡萄糖的干燥失重测定中，先精密称定样品 1～2 g，置于已恒重的扁称量瓶中，在 105℃ 干燥至恒重。减失的重量即为葡萄糖的干燥失重。若取葡萄糖($C_6H_{12}O_6 \cdot H_2O$) 样品为 1.8800g，失去水分和挥发性物质后的重量为 1.6980g，则该葡萄糖样品的干燥失重为(1.880 0－1.698 0)/1.880 0×%＝9.68%。

在实际应用中，间接法常用于测定样品中的水分。一般地，存在于物质中的水分主要有吸湿水和结晶水两种形式。吸湿水是物质从空气中吸收的水，其含量与空气的相对湿度以及物质的粉碎程度有关。环境湿度越大，吸湿量越大；物质的颗粒越细小，吸湿量也越大。吸湿水一般在不太高的温度下即能除掉。结晶水是水合物内部的水，有固定的量，可在化学式中表示出来，例如，$BaCl_2 \cdot 2H_2O$、$CuSO_4 \cdot 5H_2O$ 等。

药典中的某些药物要求干燥失重，测定干燥失重常用的干燥方法有以下三种。

（1）常压加热干燥

常压加热干燥适用于性质稳定，受热不易挥发、氧化或分解的物质。通常将样品置于电热干燥箱中，加热到105℃～110℃，保持2h左右，此时吸湿水除尽。然而，对某些吸湿性强或不易除去的结晶水来说，需适当提高温度或延长干燥时间。例如，$BaCl_2 \cdot 2H_2O$ 中的结晶水可在125℃的温度下恒温加热至水分完全失去，同时无水 $BaCl_2$ 等又不挥发。

另有一些含有结晶水的试样，如 $Na_2SO_4 \cdot 10H_2O$、$NaHPO_4 \cdot 2H_2O$ 等，虽受热后不易变质，但因熔点较低，若直接加热至105℃干燥，往往会发生表面熔化结成一层薄膜，使得水分不易挥发而难以恒重。此时，需将样品先在较低温度或用干燥剂去除大部分水分后，再置于规定的温度下干燥至恒重。例如，$NaHPO_4 \cdot 2H_2O$ 先在60℃以下干燥约1 h后，再调到105℃干燥至恒重。

（2）减压加热干燥

减压加热干燥适用于高温易变质或熔点低的物质。高温中易变质或熔点低的试样，在反应时只能加热至较低温度。因此，需使用减压电热干燥箱（真空干燥箱）进行减压加热干燥。《中国药典》规定，一般减压是指压力应在2.67 kPa（20 mmHg）以下，干燥温度一般为60℃～80℃。

（3）干燥剂干燥

干燥剂干燥适用于受热易分解、挥发及能升华的物质。干燥剂是一些与水分子有强结合力的脱水化合物，易吸收空气中的水分，使相对湿度降低，从而促进样品的水分挥发。

在常压或减压下进行，将样品放置于盛有干燥剂的密闭容器中进行干燥，在利用干燥剂干燥时，应注意干燥剂的选择。常用的干燥剂有硅胶、浓硫酸、无水氯化钙及五氧化二磷等。为使用方便，常用硅胶作干燥剂。市售商品硅胶为蓝色透明的指示硅胶，若蓝色变为红色，即表示该硅胶已失效，此时应在105℃左右加热干燥到硅胶重显蓝色，冷却后使用。

（三）萃取法

萃取法是利用被测组分在两种互不相溶的溶剂中的溶解度不同，将被测组分从一种溶剂萃取到另一种溶剂中，然后将萃取液中溶剂蒸去，干燥至恒重，称量萃取出的干燥物的重量，根据萃取物的重量，计算被测组分含量的方法。

分析化学中应用的溶剂萃取主要是液-液萃取，这是一种简单、快速，应用范围又相当广泛的分离方法。

1. 分配系数

在不同的溶剂中，物质有一定的溶解度。在萃取分离中，当溶质在两相中的浓度达到平衡时，称该平衡为分配平衡。当 A 物质同时接触水和有机溶剂两种互不相溶的溶剂，待分配达到平衡时，根据分配定律 $A_{水相} \rightleftharpoons A_{有机相}$，有

$$K = \frac{[A]_{有机相}}{[A]_{水相}}$$

溶质 A 在两相中的平衡浓度之比 K 称为分配系数。分配系数与溶质和溶剂性质以及温度有关，在一定条件下为一常数。浓度较高或溶液中有其他无关组分存在时，应当校正离子强度的影响，用活度代替浓度，即

$$K = \frac{[A]_{有机相} f_{有机相}}{[A]_{水相} f_{水相}}$$

2. 分配比

分配定律适用的溶质只限于固定不变的化合状态。萃取是一个复杂的过程，存在于两相中的溶质，可能伴有离解、缔合和配合等多种化学作用，在两相中可能有多种存在形式，不能简单地用分配系数说明萃取过程的平衡问题。

现引入分配比，溶质 A 在两相中各种存在形式的总浓度之比称为分配比，用 D 表示。

$$D=\frac{c_{有}}{c_{水}}=\frac{\sum[A]_{有机相}}{\sum[A]_{水相}}$$

分配比可测，随溶质和有关溶剂的浓度而改变，对分析工作更有实际意义。

3. 萃取效率

萃取的完全程度即萃取效率，常用萃取百分率(E)表示，即

$$E(\%)=\frac{溶质A在有机相中的总量}{溶质A的总量}\times 100\%$$

$$=\frac{c_{有}V_{有}}{c_{有}V_{有}+c_{水}V_{水}}\times 100\%$$

或

$$E(\%)=\frac{D}{D+V_{水}/V_{有}}\times 100\%$$

萃取百分率由分配比 D 和两相的体积比 $V_{水}/V_{有}$ 决定，D 越大，$V_{水}/V_{有}$ 越小，萃取百分率越高。

多次萃取是提高萃取效率的有效措施。经过多次萃取后，水相中剩余的被萃取物的质量 W_n 可用公式计算

$$W_n=W_0\left(\frac{V_{水}}{DV_{有}+V_{水}}\right)^n$$

式中，W_0 为原有物质质量；$V_{有}$、$V_{水}$ 分别为每次萃取所用有机溶剂和水相体积；n 为萃取次数。

【例 6-1】　设水溶液 90 ml 内含 I_2 10 mg，计算用 90 mlCCl_4 萃取的萃取百分率 E。

① 全量一次萃取；② 每次用 30 ml 分三次萃取。($D=85$)

解：①$V=90$ ml，$n=1$

$$E(\%)=\frac{D}{D+V_{水}/V_{有}}\times 100\%=\frac{85}{85+1}\times 100\%=98.84\%$$

②$V_{有}=30$ ml，$n=3$

$$W_3=W_0\left(\frac{V_{水}}{DV_{有}+V_{水}}\right)^3$$

$$=10\times\left(\frac{90}{85\times 30+90}\right)^3 \text{ mg}=4.0\times 10^{-4}\text{ mg}$$

$$E(\%) = \frac{10 - 4.0 \times 10^{-4}}{10} \times 100\% = 99.99\%$$

同样量的萃取液，分少量多次萃取比全量一次萃取的效率高。但当 D 值太小（$D < 10$）时，依靠增大有机相的体积或不断增加萃取次数使萃取完全的方法不可取。

第二节　重量分析的一般过程及其对沉淀的要求

一、沉淀重量法的基本操作过程

沉淀重量法的基本操作过程：称取一定量的试样，将其溶解，加入适当的沉淀剂使被测组分沉淀，再经过滤、洗涤、烘干或灼烧至恒重，称量求得被测组分的含量。

1. 溶解

溶解试样的方法很多，有水溶法、酸溶法、碱溶法和熔融法。具体操作时根据试样的性质和分析要求选用适当的溶解方法。

2. 沉淀

选取合适的沉淀剂，将待测组分沉淀出来。

3. 过滤

将沉淀和母液分离，要进行过滤和洗涤两个过程。过滤常使用滤纸或玻璃砂芯滤器。在进行过滤时，滤纸应紧贴漏斗，并在漏斗颈部能形成液柱，缩短过滤时间。

沉淀剂采用有机沉淀剂时，一般采用玻璃砂芯滤器进行减压抽滤。如果沉淀的溶解度随温度变化较少，则需趁热过滤。

4. 洗涤

洗涤的目的是洗去沉淀表面吸附的杂质。一般地，选择洗涤液的原则如下。

① 溶解度较大的晶形沉淀，可用沉淀剂稀溶液或沉淀的饱和溶液洗涤。

② 溶解度较小又不易生成胶体的沉淀，可用蒸馏水洗涤。

③ 溶解度较小的非晶形沉淀，需用热的挥发性电解质的稀溶液进行洗涤，再用热洗涤液洗涤，以防止形成胶体。

在进行过滤和洗涤时，通常采用"倾泻法"，即让沉淀放置澄清后，将上层溶液沿玻棒先倾入滤器中，让沉淀尽可能留在杯底，然后再根据少量多次的原则洗涤沉淀。采用此法既可使滤纸或滤器不被沉淀堵塞，缩短过滤时间，同时又可使沉淀洗涤干净。

5. 烘干与灼烧

洗涤后的沉淀，除吸附有大量水分外，还可能含有其他挥发性物质，需用适当的干燥方法使其转化成固定的称量形式。若沉淀只需除去其中的水分或一些挥发性物质，则经烘干处理即可，通常为110℃～120℃烘40～60 min即可，冷却，称量至恒重；若为有机沉淀，则干燥温度还需视具体情况而定。

若沉淀的水分不易除去或沉淀形式组成不固定，干燥后不能称量，则需经高温灼烧后转变成组成固定的形式才能进行称量。此时，应先将滤有沉淀的定量滤纸卷好，置于已灼烧至恒重的瓷坩埚中，先于低温下使滤纸炭化，再于马福炉中高温灼烧，然后冷却到适当温度后，取出，放入干燥器中继续冷至室温，称量，直至恒重。

二、沉淀重量法对沉淀的要求

在分析过程中，向试液中加入适当的沉淀剂使被测组分沉淀出来，所得的沉淀称为沉淀形式，再经过滤、洗涤、烘干或灼烧后得到的沉淀称为称量形式。

称量形式和沉淀形式可以相同，也可以不同。例如，被测对象为Cl^-时，沉淀形式为AgCl，称量形式也为AgCl；而在测量溶液

中的 Mg^{2+} 时，沉淀形式为 $MgNH_4PO_4$，经过滤、洗涤、烘干或灼烧后称量形式变为 $Mg_2P_2O_7$。沉淀重量法的关键是要得到纯净的沉淀形式和理想的称量形式。其对于反应的沉淀形式、称量形式以及沉淀剂，分别有以下要求。

1. 对沉淀形式的要求

① 沉淀的溶解度必须很小，以保证被测组分沉淀完全程度大于99.9%。

② 沉淀纯度要高，尽量避免其他杂质的污染，易于转变为称量形式。

③ 要易于过滤、洗涤，便于操作。为此要尽可能获得粗大的晶形沉淀。

一般要求沉淀在溶液中溶解损失量小于分析天平的称量误差(±0.2 mg)。

2. 对称量形式的要求

① 称量形式必须稳定，不易吸收空气中水分、CO_2，也不易被空气中的 O_2 所氧化。

② 化学组成要恒定，并与化学式相符合，否则将失去定量的依据。

③ 称量形式有较大的摩尔质量，减少称量误差，提高分析的准确度。

3. 对沉淀剂的要求

理想的沉淀剂应根据上述对沉淀形式和称量形式的要求来考虑，应该具备以下条件。

① 具有较好的选择性，只与待测组分发生反应，与试液中其他组分不反应。

② 沉淀剂要易挥发，过量的沉淀剂易在烘干或灼烧时除去。

③ 有机沉淀剂具有相对分子质量大、沉淀溶解度小、沉淀组

成恒定、选择性好、易挥发等性质。

常见的有机沉淀剂见表 6-1。

表 6-1　常见的有机沉淀剂

有机沉淀剂	一些可沉淀的离子
丁二酮肟	Ni^{2+}、Pd^{2+}、Pt^{2+}
铜铁试剂	Fe^{3+}、VO_2^+、Ti^{4+}、Zr^{4+}、Ce^{4+}、Ga^{3+}、Sn^{4+}
8- 羟基喹啉	Mg^{2+}、Zn^{2+}、Cu^{2+}、Cd^{2+}、Pb^{2+}、Al^{3+}、Fe^{3+}、Bi^{3+}、Ga^{3+}、Th^{4+}、Zr^{4+}、UO_2^{2+}、TiO_2^{2+}
水杨醛肟	Cu^{2+}、Pb^{2+}、Bi^{3+}、Zn^{2+}、Ni^{2+}、Pd^{2+}
1- 亚硝基 -2- 萘酚	Co^{2+}、Fe^{3+}、Pd^{2+}、Zr^{4+}
硝酸灵	NO_3^-、ClO_4^-、BF_4^-、WO_4^{2-}
四苯基硼酸钠	K^+、Rb^+、Cs^+、NH_4^+、Ag^+、有机铵离子

第三节　沉淀的形成与沉淀的条件

一、沉淀的形成

（一）沉淀的类型

根据沉淀的结构，可将沉淀分为晶形沉淀和非晶形沉淀两大类，如图 6-1 所示。晶形沉淀直径大小为 0.1 ～ 1 μm，内部离子排列规律，结构紧密，体积小，吸附杂质少，易于过滤和洗涤，如 $BaSO_4$；而非晶形沉淀直径小于 0.02 μm，内部离子排列规律无序，体积庞大，结构疏松，含水量大，容易吸附杂质，难以过滤和洗涤；凝乳状沉淀的直径介于以上两者之间，如 AgCl。

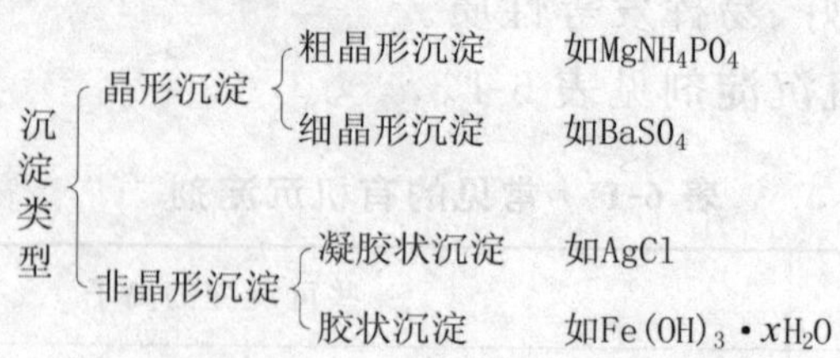

图 6-1 沉淀的类型

（二）沉淀的形成过程

沉淀的形成是一个复杂的过程，包括晶核的形成与晶核的成长两个过程，熟悉沉淀的形成过程是为了控制沉淀条件，获得完全、纯净沉淀的理论依据。沉淀的形成过程如图 6-2 所示。

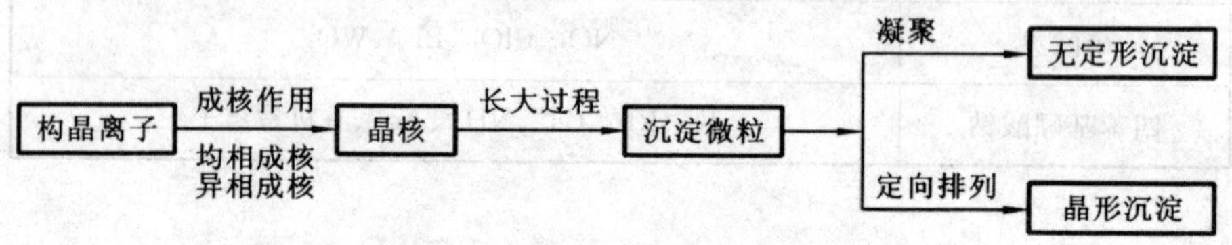

图 6-2 沉淀的形成过程

以 $BaSO_4$ 沉淀的形成为例分析沉淀的形成过程：在 $BaSO_4$ 过饱和溶液中，由于静电作用，Ba^{2+} 和 SO_4^{2-} 缔合为离子对（$Ba^{2+} \cdot SO_4^{2-}$），离子对又进一步结合形成离子群，当离子群长到一定程度时形成晶核。晶核形成后，溶液中构晶离子向晶核表面扩散，并沉积到晶核上，使晶核长大到一定程度，成为沉淀微粒。

1. 聚集速度和定向速度

沉淀形成哪一种状态主要由它生成沉淀时的速度决定，即由聚集速度与定向速度来决定。当向试液中加入沉淀剂时，构晶离子浓度的乘积超过该条件下沉淀的 K_{sp} 时，离子通过相互碰撞聚集成微小的晶核，晶核形成后溶液中的构晶离子向晶核表面扩散，并聚积在晶核上，晶核逐渐长大成沉淀微粒。这种由离子聚集成晶核，再进一步积聚成沉淀微粒的速度称为聚集速度，又称为晶核生成速度。在聚集的同时，构晶离子在静电引力作用下又能够按一定的晶格进行排列，这种定向排列的速度称为定向速度，又称为晶核成长速度。

2.晶形沉淀和非晶形沉淀

当聚集速度大于定向速度时，离子很快聚集起来形成晶核，但又来不及按一定的顺序排列于晶格内，则形成无定形沉淀。当聚集速度小于定向速度时，离子聚集成晶核的速度慢，因此晶核的数量就少，相应溶液中的离子数量就多，此时得到的是晶形沉淀。

沉淀条件的不同，所获得的沉淀的形状也不同。沉淀的形状与沉淀物的溶解度有关，溶解度大的物质聚集速度小，易形成晶形沉淀，溶解度小的物质聚集速度大，则易形成非晶形沉淀。

3.影响聚集速度和定向速度的因素

聚集速度主要由沉淀条件决定，其中最重要的是溶液中生成沉淀物质的过饱和度。聚集速度与溶液中微溶化合物的相对过饱和度成正比，可用冯·韦曼经验公式简单表示，即

$$V = K\frac{(Q-S)}{S}$$

式中，V 为聚集速度；K 为比例常数；Q 为加入沉淀剂瞬间生成沉淀物质的浓度；S 为沉淀的溶解度；$Q-S$ 为沉淀物质的过饱和度；$(Q-S)/S$ 为相对过饱和度。

定向速度主要决定于沉淀物质的本性。一般极性强、溶解度较大的盐类，如 $MgNH_4PO_4$、$BaSO_4$、CaC_2O_4 等，都具有较大的定向速度，以形成晶形沉淀；而高价金属的氢氧化物溶解度较小，聚集速度很大，定向速度小。例如，氢氧化物沉淀一般均为非晶形沉淀或胶体沉淀，如 $Fe(OH)_3$、$Al(OH)_3$ 是胶状沉淀。

不同类型的沉淀，在一定条件下可以相互转化。例如常见的 $BaSO_4$ 晶形沉淀，若在浓溶液中沉淀，很快地加入沉淀剂，也可以生成非晶形沉淀。可见，沉淀究竟是哪一种类型，不仅决定于沉淀本质，也决定于沉淀进行时的条件。

二、沉淀的条件

（一）晶形沉淀的条件

① 在适当稀的溶液中进行沉淀以降低相对过饱和度。

② 在不断搅拌下缓慢加入沉淀剂，这样可避免由局部过浓而产生大量晶核。

③ 在热溶液中进行沉淀，通常，难溶化合物的溶解度随温度升高而增大，而沉淀对杂质的吸附量随温度升高而减小。沉淀完全后，应冷却至室温再进行过滤和洗涤。

④ 陈化能使细晶体溶解而粗大的结晶长大。

（二）非晶形沉淀的条件

① 在较浓溶液中进行沉淀、迅速加入沉淀剂，使生成较为紧密的沉淀。同时沉淀作用完毕后，应立刻加入大量的热水稀释并搅拌。

② 在热溶液中进行沉淀，这样可以防止生成胶体，并减少杂质的吸附作用，使生成的沉淀更加紧密、纯净。

③ 加入适当的电解质以破坏胶体，常使用在干燥或灼烧中易挥发的电解质，如铵盐等。

④ 不必陈化，沉淀完毕后，立即趁热过滤洗涤。

（三）均相沉淀法

均相沉淀法也称均匀沉淀法，是利用化学反应使溶液中缓慢地产生沉淀剂，从而使沉淀在整个溶液中均匀地、缓慢地析出的方法。这种方法可以消除局部过浓的缺点，生成的沉淀颗粒较粗、结构紧密、纯净而易于过滤。例如，在酸性条件下加热水解硫代乙酰胺。

$$CH_3CSNH_2 + 2H_2O \xrightleftharpoons{H^+, \Delta} CH_3COO^- + NH_4^+ + H_2S$$

在反应过程中，均匀地、缓慢地放出 H_2S，与金属离子缓慢生成硫化物沉淀，沉淀结构紧密、易于过滤。

第四节　重量分析的计算和应用

一、重量分析的计算

（一）换算因子的计算

重量分析法是根据沉淀的称量形式与试样的质量来计算获得待测组分的含量。在重量分析中，称量形式与待测组分的形式通常不一样，此时，需将称量形式的质量换算成被测组分的质量。引入换算因素的概念，将其定义为待测组分的摩尔质量与称量形式的摩尔质量的比值，以 F 表示。

计算换算因数时，必须注意给被测组分的摩尔质量及称量形成的摩尔质量乘以适当系数，使分子分母中待测成分的原子数或分子数相等。换算因素表达式如下：

$$换算因素(F)=\frac{a\times 待测组分的摩尔质量}{b\times 称量形式的摩尔质量}$$

式中，a、b 是使使分子分母中待测成分的原子数或分子数相等需乘的系数。换算因素是无量纲的值，常要求保留 4 位有效数字。几种常见沉淀的换算因素见表 6-2。

表 6-2　几种常见沉淀的换算因素

检测组分	沉淀形式	称量形式	换算因数
Fe	$Fe(OH)_3\cdot xH_2O$	Fe_2O_3	$2M_{Fe}/M_{Fe_2O_3}$
MgO	$MgNH_4PO_4$	$Mg_2P_2O_7$	$2M_{MgO}/M_{Mg_2P_2O_7}$
$K_2SO_4\cdot Al_2(SO_4)_3\cdot 24H_2O$	$BaSO_4$	$BaSO_4$	$\frac{M_{K_2SO_4}\cdot M_{Al_2(SO_4)_3\cdot 24H_2O}}{4M_{BaSO_4}}$

【例 6-2】　沉淀重量法测铝时，计算 Al_2O_3 的质量，利用 8-羟

基喹啉将 Al^{3+} 沉淀为 8- 羟基喹啉铝 $(C_9H_6NO)_3Al$，然后再干燥恒重称量，计算换算因素。

解：由换算因素表达式得

$$F=\frac{M_{Al_2O_3}}{M_{(C_9H_6NO)_3Al}\times 2}=\frac{101.96\ g\cdot mol^{-1}}{243.25\ g\cdot mol^{-1}\times 2}=0.2096$$

（二）试样称取量的计算

根据所得沉淀的类型及被测组分的大致含量，推算试样的称取量。

【例 6-3】 欲测含硫约 4% 的煤中硫的含量，沉淀称量形式为 $BaSO_4$，应称取试样多少克？

解：$BaSO_4$ 晶形沉淀，若使称量形式在 0.3～0.5 g，则煤样中硫的含量

$$m=m_{称量方式}\times\frac{M_S}{M_{BaSO_4}}=(0.3\sim 0.5)\times$$

$$\frac{32.06\ g\cdot mol^{-1}}{233.39\ g\cdot mol^{-1}}=0.04\sim 0.07\ g$$

故煤试样应称量为

$$(0.04\sim 0.07)\div 4\%=1\sim 1.8\ g。$$

（三）沉淀剂用量计算

【例 6-4】 欲使 0.3 g $AgNO_3$ 试样中的 Ag^+ 完全沉淀为 AgCl，需要 0.5 $mol\cdot L^{-1}$ 的 HCl 溶液多少 ml？

解：$AgNO_3+HCl = AgCl\downarrow+HNO_3$

由 $n_{HCl}=c_{HCl}\times V_{HCl}$，$n_{AgNO_3}=\frac{m_{AgNO_3}}{M_{AgNO_3}}$，$n_{HCl}=n_{AgNO_3}$

得

$$V_{HCl}=\frac{m_{AgNO_3}}{M_{AgNO_3}\times c_{HCl}}=\frac{0.3}{169.87\times 0.5}\approx 4\times 10^{-3}(L)=4\ ml$$

因为 HCl 易挥发，可过量 100%，所以需 HCl 溶液 8 ml。

（四）分析结果的计算

$$被测组分质量分数(\%)=\frac{称量形式的质量}{试样的质量}\times 100\%$$

【例 6-5】　测定 Na_2SO_4 含量时，称取试样 0.300 0 g，加入 $BaCl_2$ 溶液使其沉淀，经干燥灼烧后，称得 $BaSO_4$ 为 0.491 1 g，求试样中 Na_2SO_4 的质量分数。

解：设试样中含 Na_2SO_4 的质量为 x g。

$$Na_2SO_4 + BaCl_2 \rightarrow BaSO_4 + 2NaCl$$

$$\begin{matrix} 142.04 & & 233.39 \\ x & & 0.491\,1 \end{matrix}$$

$$x = 0.491\,1 \times \frac{142.04}{233.39} = 0.298\,9\ \text{g}$$

$$\omega_{Na_2SO_4}(\%) = \frac{0.298\,9}{0.300\,0}\times 100\% = 99.63\%$$

【例 6-6】　称取含有 NaCl 和 NaBr 的试样 1.000 g 溶于水，加入沉淀剂 $AgNO_3$ 溶液，得到干燥的 AgCl 和 AgBr 沉淀 0.526 0 g。若将此沉淀在氯气流中加热，使 AgBr 转化为 AgCl，再称其重量为 0.426 0 g，计算试样中 NaCl 和 NaBr 的质量分数。

解：设 NaCl 质量为 x g，NaBr 为 y g，则

$$m_{AgCl} = x\times\frac{M_{AgCl}}{M_{NaCl}},\ m_{AgBr} = y\times\frac{M_{AgBr}}{M_{NaBr}}$$

$$\left(x\times\frac{M_{AgCl}}{M_{NaCl}}\right)+\left(y\times\frac{M_{AgBr}}{M_{NaBr}}\right)=0.526\,0\ \text{g}$$

即

$$\left(x\times\frac{143.3\ \text{g}\cdot\text{mol}^{-1}}{58.44\ \text{g}\cdot\text{mol}^{-1}}\right)+\left(y\times\frac{187.8\ \text{g}\cdot\text{mol}^{-1}}{102.9\ \text{g}\cdot\text{mol}^{-1}}\right)=0.526\,0\ \text{g}$$

经氯气处理后，AgCl 质量等于

$$\left(x\times\frac{M_{AgCl}}{M_{NaCl}}\right)+\left(y\times\frac{M_{AgBr}}{M_{NaBr}}\times\frac{M_{AgCl}}{M_{AgBr}}\right)=0.426\,0\ \text{g}$$

$$\left(x\times\frac{M_{AgCl}}{M_{NaCl}}\right)+\left(y\times\frac{M_{AgCl}}{M_{NaBr}}\right)=0.426\,0\ \text{g}$$

$$\left(x \times \frac{143.3\ \text{g} \cdot \text{mol}^{-1}}{58.44\ \text{g} \cdot \text{mol}^{-1}}\right) + \left(y \times \frac{143.32\ \text{g} \cdot \text{mol}^{-1}}{102.9\ \text{g} \cdot \text{mol}^{-1}}\right) = 0.426\ 0\ \text{g}$$

$$2.452x + 1.393y = 0.426\ 0\ \text{g}$$

联立解方程可得

$$x = 0.042\ 23\ \text{g} \quad y = 0.231\ 5\ \text{g}$$

$$\omega_{\text{NaCl}} = 4.22\% \quad \omega_{\text{NaBr}} = 23.15\%$$

二、重量分析法的应用

(一)可溶性硫酸盐中硫的测定(氯化钡沉淀法)

将硫酸盐试样溶解酸化后,以 $BaCl_2$ 为沉淀剂,将 SO_4^{2-} 沉淀为硫酸钡,经陈化后,过滤、洗涤和灼烧至恒重。根据所得硫酸钡的质量,可计算试样中含硫的质量分数。

对可溶性硫酸盐的测定反应必须在热的稀盐酸溶液中,不断搅拌情况下缓缓滴加沉淀剂 $BaCl_2$ 稀溶液,如此陈化后,才能得到较粗颗粒的硫酸钡沉淀。

(二)钢铁中镍含量的测定(丁二酮肟重量法)

丁二酮肟是对 Ni^{2+} 具有较高选择性的试剂,在测定钢铁中的镍时,将试样用酸溶解,加入酒石酸,并用氨水将溶液调节成 pH =8 ~ 9 的氨性缓冲溶液,然后加入丁二酮肟有机沉淀剂,即可生成丁二酮肟镍红色螯合物沉淀。

丁二酮肟沉淀溶解度很小,经过滤、洗涤后,在110℃烘干、称量,直至恒重,根据所得沉淀的质量计算出镍的含量。

第五节 沉淀滴定法的基本原理

沉淀滴定法以沉淀反应为基础,可用于沉淀滴定的反应必须具备以下条件。

① 沉淀反应必须具有确定的化学计量关系。

② 沉淀的溶解度必须足够小($S < 1.0 \times 10^{-6}\ g \cdot mL^{-1}$)。

③ 反应迅速,很快达到平衡,即要求溶液中被测物的浓度能随着滴定的进程而定量地改变。

④ 必须有合适的指示终点的方法。

沉淀反应虽然很多,但能用于沉淀滴定法的却很有限。目前应用广泛的是利用生成难溶性银盐的反应来进行滴定分析的方法,称为银量法。银量法可用于测定 Cl^-、Br^-、I^-、CN^-、SCN^- 和 Ag^+ 等。经处理后定量转化为上述离子的有机物也可用银量法进行测定。

银量法是以 $AgNO_3$ 为标准溶液,测定能与 Ag^+ 生成沉淀的物质含量的一种滴定分析方法。

银量法的基本反应为

$Ag^+ + X^- \rightleftharpoons AgX\downarrow$($X^-$:$Cl^-$、$Br^-$、$I^-$、$CN^-$、$SCN^-$ 等)

一、滴定曲线

(一) 滴定曲线的绘制

现探究 $0.1000\ mol \cdot L^{-1}\ AgNO_3$ 溶液滴定 $0.1000\ mol \cdot L^{-1}$ NaCl 溶液 20.00 ml,了解沉淀滴定过程中离子浓度的变化规律。

反应方程式 $Ag^+ + Cl^- \rightleftharpoons AgCl\downarrow$(白色)

1. 滴定前

溶液中$[Cl^-]$为溶液的起始浓度。

$$[Cl^-] = 0.1000\ mol \cdot L^{-1}$$
$$pCl = -\lg 0.1000 = 1.00$$

2. 开始滴定至化学计量点前

随着滴定剂 $AgNO_3$ 溶液的不断加入，溶液中剩余的$[Cl^-]$不断减少。当加入 $AgNO_3$ 溶液 19.98 ml 时，溶液中剩余的$[Cl^-]$为

$$[Cl^-]=\frac{(20.00-19.98)\times 0.1000}{20.00+19.98}=5.0\times 10^{-5}\ mol\cdot L^{-1}$$

$$pCl=4.30$$

此时，$[Ag^+]$可通过$[Ag^+][Cl^-]=K_{sp}=1.8\times 10^{-10}$求得

$$pCl+pAg=-\lg K_{sp}=pK_{sp}=9.74$$

$$pAg=pK_{sp}-pCl=9.74-4.30=5.44$$

3. 化学计量点

加入 $AgNO_3$ 溶液 20.00 ml 时，Ag^+ 和 Cl^- 正好反应完全。此时

$$[Ag^+]=[Cl^-]=\sqrt{K_{sp}}$$

$$=\sqrt{1.8\times 10^{-10}}=1.3\times 10^{-5}\ mol\cdot L^{-1}$$

4. 化学计量点后

溶液中的$[Ag^+]$由过量的 $AgNO_3$ 浓度决定，当加入 $AgNO_3$ 溶液 20.02 ml 时，则

$$[Ag^+]=\frac{(20.02-20.00)\times 0.1000}{20.02+20.00}=5.0\times 10^{-5}\ mol\cdot L^{-1}$$

$$pAg=4.30$$

$$pCl=9.74-4.30=5.44$$

将不同滴定点 pCl 及 pAg 结果列于表 6-3 中。同时列出 0.100 0 $mol\cdot L^{-1}$ $AgNO_3$ 分别滴定 0.100 0 $mol\cdot L^{-1}$ NaBr 和 0.100 0 $mol\cdot L^{-1}$ NaI 时在不同滴定点的 pBr、pI、pAg 数据。并以 pCl 和 pAg 的关系绘制滴定曲线，如图 6-3 所示。

表 6-3　0.100 0 mol·L^{-1} $AgNO_3$ 溶液分别滴定 20.00 ml 0.100 0 mol·L^{-1} Cl^-、Br^-、I^- 溶液时 pAg 与 pX 的变化

滴定剂加入量		滴定 Cl^-		滴定 Br^-		滴定 I^-	
V_{AgNO_3} / ml	滴定分数 /%	pCl	pAg	pBr	pAg	pI	pAg
0.00	0.00	1.00		1.00		1.00	
18.00	90.00	2.28	7.46	2.28	10.02	2.28	13.80
19.80	99.00	3.30	6.44	3.30	9.00	3.30	12.78
19.98	99.90	4.30	5.44	4.30	8.00	4.30	11.78
20.00	100.00	4.87	4.87	6.15	6.15	8.04	8.04
20.02	100.10	5.44	4.30	8.00	4.30	11.78	4.30
20.20	101.00	6.44	3.30	9.00	3.30	12.78	3.30
22.00	110.00	7.42	2.32	10.00	2.30	13.78	2.30

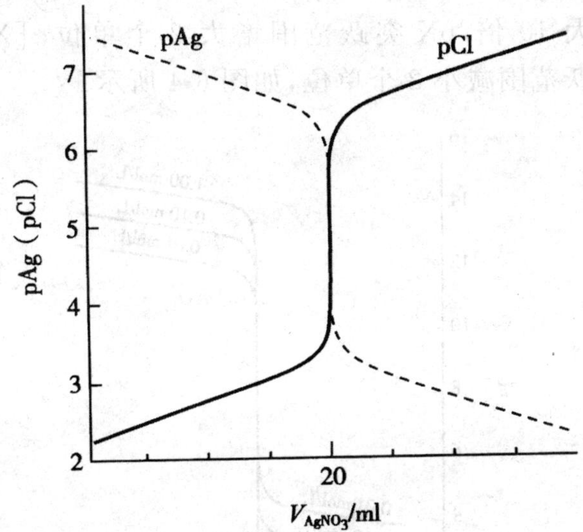

图 6-3　0.100 0 mol·L^{-1} $AgNO_3$ 溶液滴定 20.00 ml0.100 0 mol·L^{-1} NaCl 溶液的滴定曲线

（二）滴定曲线的特点

1. 与酸碱滴定曲线相似

在滴定开始时，溶液中[X^-]较大，逐渐滴入 Ag^+ 所引起的

$[X^-]$ 改变不大，曲线平坦。接近化学计量点时，溶液中的 $[X^-]$ 已经很小，然后滴入少量的 Ag^+，就会引起溶液中 $[X^-]$ 发生较大的变化，从而形成滴定突跃。

2. 滴定曲线以化学计量点为中心前后对称

随着滴定的进行，溶液中 $[Ag^+]$ 逐渐增加，$[X^-]$ 以相同的比例减少，在化学计量点，$[Ag^+]$ 与 $[X^-]$ 相等。即以 pAg、pX 所表示的两条曲线在化学计量点相交。

二、影响滴定突跃的因素

（一）X^- 的浓度

当沉淀的溶度积常数一定时，$[X^-]$ 越大，其滴定突跃范围越大。$[X^-]$ 增大 10 倍，pX 突跃范围增大 2 个单位；$[X^-]$ 减小到 1/10，pX 突跃范围减小 2 个单位，如图 6-4 所示。

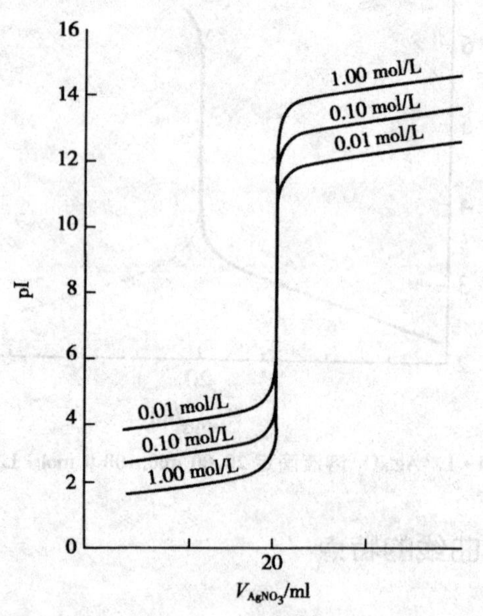

图 6-4　I^- 溶液浓度对滴定曲线的影响

（二）沉淀的溶度积常数 K_{sp}

当被测离子浓度一定时，K_{sp} 越小，滴定突跃范围越大。如图 6-5 所示，在浓度均为 0.100 0 mol·L^{-1} 时，用 $AgNO_3$ 滴定 NaCl（$K_{sp(AgCl)} = 1.8 \times 10^{-10}$）的滴定突跃为 1.14 单位；用 $AgNO_3$ 滴定 NaBr() 的滴定突跃为 3.70 单位；而用 $AgNO_3$ 滴定 NaI（$K_{sp(AgI)} = 9.3 \times 10^{-17}$）则滴定突跃为 7.48 单位。所以相同浓度的 Cl^-、Br^- 和 I^- 的滴定曲线，滴定突跃范围最大的是 I^-，最小的是 Cl^-。

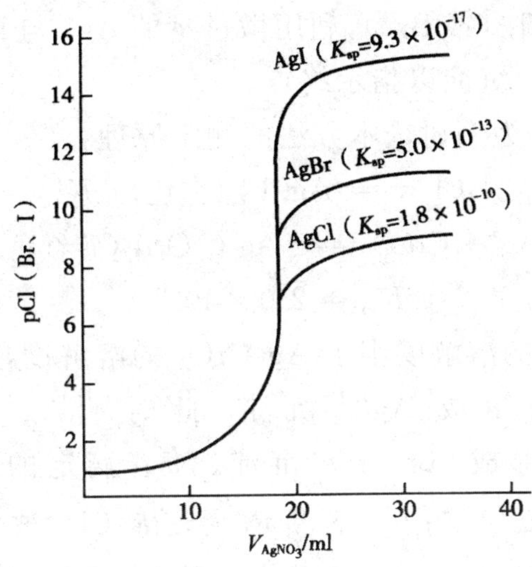

图 6-5　AgX 的 K_{sp} 大小对滴定曲线的影响

三、分步滴定法

如果溶液中同时含有 Cl^-、Br^-、I^-，且它们之间的浓度相近时，可分步进行测定。由于 AgI、AgBr、AgCl 的溶度积常数差别较大，最先沉淀溶度积小的 AgI，而 AgCl 最后析出，可在滴定曲线上显示三个大小不同的滴定突跃。但由于卤化银沉淀的吸附和生成混晶等因素的影响，测定结果误差较大，在实际工作中很少应用。

第六节　莫尔法

以铬酸钾(K_2CrO_4)为指示剂的银量法称为莫尔法,又称铬酸钾指示剂法。

一、原理

以 K_2CrO_4 为指示剂,在中性或弱酸性溶液中用 $AgNO_3$ 标准溶液直接滴定 Cl^-(或 Br^-),利用微过量的 Ag^+ 与 K_2CrO_4 生成砖红色的 Ag_2CrO_4 沉淀以指示终点。

以滴定 Cl^- 为例讨论本方法的测定原理:

终点前　$Ag^+ + Cl^- \rightleftharpoons AgCl\downarrow$(白色)　$K_{sp} = 1.8 \times 10^{-10}$

终点时　$2Ag^+ + CrO_4^{2-} \rightleftharpoons Ag_2CrO_4\downarrow$(砖红色)

$$K_{sp} = 2.0 \times 10^{-12}$$

由于 AgCl 的溶解度小于 Ag_2CrO_4 的溶解度,故在滴定过程中,Ag^+ 与 Cl^- 生成 AgCl 沉淀,此时,$[Ag^+]^2[CrO_4^{2-}] < K_{sp_{(Ag_2CrO_4)}}$,不能形成 Ag_2CrO_4 沉淀。随着滴定的进行,溶液中 $[Cl^-]$ 不断降低,$[Ag^+]$ 不断增大,待 Cl^- 被完全滴定后,$[Ag^+]^2[CrO_4^{2-}] > K_{sp_{(Ag_2CrO_4)}}$,于是出现 Ag_2CrO_4 砖红色沉淀,从而指示滴定终点。

二、滴定条件

(一)指示剂的用量

K_2CrO_4 指示剂的用量直接影响测定的准确性。若指示剂的用量过多,Cl^- 尚未沉淀完全就会有砖红色的 Ag_2CrO_4 沉淀形成,使终点提前;若指示剂用量太少,滴定到化学计量点后,加入过量的 $AgNO_3$ 仍不能形成 Ag_2CrO_4 沉淀,终点推迟,故加入指示剂

K_2CrO_4 的量要尽量控制在合适的范围内。

若到达化学计量点时溶液的总体积约为 50 ml，消耗 $AgNO_3$ 溶液（0.100 0 mol·L^{-1}）约 20 ml，如果允许终点有 0.05% 的滴定剂过量，即多加入 $AgNO_3$ 溶液 0.01 ml，则过量的 Ag^+ 浓度为

$$[Ag^+] = \frac{0.100\,0 \times 0.01}{50} = 2.0 \times 10^{-5}\ mol \cdot L^{-1}$$

根据 $K_{sp_{(Ag_2CrO_4)}} = [Ag^+]^2 \cdot [CrO_4^{2-}] = 2.0 \times 10^{-12}$，恰能生成 Ag_2CrO_4 沉淀所需的 CrO_4^{2-} 浓度，即

$$[CrO_4^{2-}] = \frac{K_{sp_{(Ag_2CrO_4)}}}{[Ag^+]^2} = K_{sp_{(Ag_2CrO_4)}} = [Ag^+]^2 \cdot [CrO_4^{2-}]$$

$$= \frac{2.0 \times 10^{-12}}{(2.0 \times 10^{-5})^2} = 5.0 \times 10^{-3}\ mol \cdot L^{-1}$$

在实际测定时，一般在溶液总体积为 50 ～ 100 ml 的溶液中加入 5%K_2CrO_4 指示剂 1 ～ 2 ml，此时，溶液中的$[CrO_4^{2-}]$为 $2.6 \times 10^{-3} \sim 5.2 \times 10^{-3}$ mol·L^{-1}。

（二）溶液的酸度

溶液的 pH 是影响莫尔法的重要因素之一。若溶液的 pH < 6 时，CrO_4^{2-} 以 $HCrO_4^-$ 形式存在或转化为 $Cr_2O_7^{2-}$，从而使 CrO_4^{2-} 浓度降低，指示终点的 Ag_2CrO_4 沉淀出现较晚，甚至不出现，导致较大的测定误差。

$$2CrO_4^{2-} + 2H^+ \rightleftharpoons 2HCr_4^- \rightleftharpoons Cr_2O_7^{2-} + H_2O$$

若溶液的碱性太强（pH > 10.5），则有 Ag_2O 黑色沉淀析出：

$$2Ag^+ + 2OH \rightleftharpoons 2AgOH$$

$$AgOH \rightarrow Ag_2O\downarrow + H_2O$$

莫尔法应在 pH = 6.5 ～ 10.5 的中性或弱碱性环境中进行。若溶液酸性较强，可加入 $CaCO_3$、$Na_2B_4O_7$、$NaHCO_3$ 等调至中性；若碱性太强，可用稀 HNO_3 中和。

若有铵盐存在，形成 $Ag(NH_3)^+$ 或 $Ag(NH_3)_2^+$ 等配离子，使 AgCl、Ag_2CrO_4 溶解度增大。当$[NH_4^+]$< 0.05 mol·L^{-1}，可通过控制溶液的酸度在 pH = 6.5 ～ 7.2 之间排除；若$[NH_4^+]$> 0.15 mol·L^{-1}，控

制溶液的酸度不能消除影响，此时应在滴定前将 NH_4^+ 除去。

（三）注意事项

1. 干扰离子

溶液中存在的 PO_4^{3-}、AsO_4^{3-}、SO_3^{2-}、S^{2-}、CO_3^{2-}、$C_2O_4^{2-}$ 等均能与 Ag^+ 生成沉淀；Ba^{2+}、Pb^{2+}、Bi^{3+} 等可与 CrO_4^{2-} 发生沉淀反应。在中性或弱碱性的溶液中易发生水解的离子，如 Fe^{3+}、Al^{3+}、Bi^{3+} 和 Sn^{4+} 等会影响观察；大量的有色离子，如 Cu^{2+}、Co^{2+}、Ni^{2+} 等也会影响终点观察。因此在滴定前，需将以上干扰离子预先分离除去。

2. 滴定时应充分振摇

因 AgCl 沉淀吸附 Cl^-、AgBr 沉淀吸附 Br^-，从而使溶液中的 Cl^-、Br^- 浓度降低，此时可剧烈振摇，释放出被 AgCl、AgBr 沉淀吸附的 Cl^- 或 Br^-，防止由此带来的滴定误差。

三、应用范围

莫尔法适用于溶液中 Cl^-、Br^- 和 CN^- 的测定，但不宜测定 I^- 和 SCN^-。由于 AgI 沉淀吸附 I^-、AgSCN 沉淀吸附 SCN^-，且两者的吸附能力很强，即使剧烈振荡也无法使 I^- 和 SCN^- 释放。此外，溶液中 Ag^+ 过量会与指示剂 K_2CrO_4 中的 CrO_4^{2-} 生成 Ag_2CrO_4 沉淀，无法用 NaCl 标准溶液直接滴定 Ag^+。此时，用 NaCl 标准溶液滴定时，Ag_2CrO_4 转化成 AgCl 的速度极慢，使终点滞后，滴定误差很大。若用莫尔法测定 Ag^+，必须采用返滴定法，先在溶液中加入一定量且过量的 NaCl 标准溶液，再用 $AgNO_3$ 标准溶液滴定剩余的 Cl^-。

第七节　福尔哈德法

以铁铵矾［$NH_4Fe(SO_4)_2 \cdot 12H_2O$］为指示剂的银量法称为

福尔哈德法，其又分为直接滴定法和返滴定法。

一、直接滴定法

（一）原理

在酸性溶液中，以铁铵矾为指示剂，用 NH_4SCN 或 KSCN 标准溶液直接滴定 Ag^+。当 Ag^+ 完全沉淀后，稍过量的 SCN^- 与 Fe^{3+} 生成 $Fe(SCN)^{2+}$ 红色配合物指示终点到达。

终点前　$Ag^+ + SCN \rightleftharpoons AgSCN\downarrow$（白色）

终点时　$Fe^{3+} + SCN^- \rightleftharpoons [Fe(SCN)]^{2+}$（红棕色）

（二）滴定条件

1. 酸度控制

直接滴定法应在 HNO_3 溶液中进行滴定，滴定酸度控制在 $0.1\sim1\ mol\cdot L^{-1}$ 为宜，可以防止 Fe^{3+} 的水解。若酸度过低，Fe^{3+} 将水解形成 $Fe(H_2O)_5OH^{2+}$ 或 $Fe(H_2O)_4(OH)_2^+$ 等深色配合物，影响终点观察；碱度过大还会析出 $Fe(OH)_3$ 沉淀，而没有红色的 $Fe(SCN)^{2+}$ 生成，无法指示滴定终点。由于反应在 HNO_3 介质中进行，PO_4^{3-}、AsO_4^{3-}、S^{2-}、CO_3^{2-} 等离子都不会引起干扰。

2. 指示剂的用量

铁铵矾指示剂浓度过大，黄色的 Fe^{3+} 干扰终点观察。为防止黄色干扰，同时在终点时恰观察到 $Fe(SCN)^{2+}$ 明显的红色，所需 $Fe(SCN)^{2+}$ 的最低浓度为 $6\times10^{-6}\ mol\cdot L^{-1}$。考虑 $Fe(SCN)^{2+}$ 的配位平衡，终点时 Fe^{3+} 的浓度以 $0.015\ mol\cdot L^{-1}$ 为宜。

3. 注意事项

因 AgSCN 具有强烈的吸附作用，只有充分振摇才能使沉淀表面被吸附的 Ag^+ 释放出来，防止终点提前。

(三) 应用范围

直接滴定法可用于在酸性溶液中测定 Ag^+ 等。

二、返滴定法

(一) 原理

在含有卤素离子的溶液中加入一定量过量的 $AgNO_3$ 标准溶液，以铁铵矾为指示剂，用 NH_4SCN 标准溶液滴定剩余的 $AgNO_3$。

终点前　　$Ag_{(剩余量)} + SCN^- \rightleftharpoons AgSCN \downarrow$(白色)

终点时　　$Fe^{3+} + SCN^- \rightleftharpoons [Fe(SCN)]^{2+}$(红棕色)

(二) 滴定条件

1. 酸度控制

返滴定反应需在 0.1～1 $mol \cdot L^{-1}$ HNO_3 溶液中进行，此时许多弱酸根离子不干扰测定。

2. 避免沉淀转化

在采用返滴定法测 Cl^- 时，化学计量点处 AgCl 和 AgSCN 两种难溶性银盐同时存在。由于 AgSCN 的溶度积小于 AgCl 的溶度积，当溶液中剩余的 Ag^+ 被滴定完全后，SCN^- 会将 AgCl 沉淀中的 Ag^+ 转化为 AgSCN 沉淀，从而使 AgCl 沉淀溶解，无法及时产生红色的 $Fe(SCN)^{2+}$ 配位离子，用力振摇使已出现的 $Fe(SCN)^{2+}$ 的红色消失。

$$AgCl \downarrow + SCN^- \rightleftharpoons AgSCN \downarrow + Cl^-$$

上述反应式中 SCN^- 的来源有以下两个。

① 返滴定时多消耗 NH_4SCN。

② 用力振摇 $Fe(SCN)^{2+}$ 释放出 SCN^-。

为使终点时保持 $Fe(SCN)^{2+}$ 红色，必须继续滴加 NH_4SCN 标准溶液直至下列平衡关系成立，沉淀转化停止。

$$\frac{[Cl^-]}{[SCN^-]} = \frac{K_{sp(AgCl)}}{K_{sp(AgSCN)}} = \frac{1.8 \times 10^{-10}}{1.1 \times 10^{-12}} = 164$$

由于沉淀转化的存在，过多消耗 NH_4SCN 标准溶液，会造成较大的终点误差。因此，在测定氯化物时，为避免上述沉淀转化反应的发生，可采用以下措施。

① 利用高浓度 Fe^{3+} 作指示剂，可减少终点时 SCN^- 的浓度，从而减少误差。实验证明，当溶液中 Fe^{3+} 的浓度为 0.2 mol·L^{-1}，滴定误差将在 0.1% 以内。

② 用 NH_4SCN 标准溶液返滴剩余 Ag^+ 前，向试液中加入 1～2 ml 硝基苯、邻苯二甲酸二丁酯、异戊醇或 1,2- 二氯乙烷等有机溶剂，并用力振摇，使有机溶剂将 AgCl 沉淀包裹起来，有效地避免 SCN^- 与 Ag^+ 接触，从而防止沉淀转化反应的发生。

③ 加入定量的 $AgNO_3$ 标准溶液使 AgCl 沉淀完全，再煮沸溶液使 AgCl 沉淀凝聚并将其滤去。过滤出的沉淀用稀 HNO_3 洗涤，洗涤液和滤液合并，再用 NH_4SCN 标准溶液滴定滤液中的 Ag^+，从而减少 AgCl 沉淀对 Ag^+ 的吸附。采用这种方法涉及过滤、洗涤等操作，过程烦琐且效果不理想。

3. 注意事项

由于 AgBr 和 AgI 的溶度积比 AgSCN 小，所以用返滴定法测定 Br^-、I^- 时，不存在沉淀转化问题。在滴定 I^- 时，应在加入铁铵矾指示剂前加入过量的 $AgNO_3$ 标准溶液，否则将发生下列反应，影响测定结果的准确性。

$$2Fe^{3+} + 2I^- \longrightarrow I_2 + 2Fe^{2+}$$

4. 去除干扰离子

铜盐、汞盐、氮的氧化物及一些强氧化剂均能与 SCN^- 作用干扰测定，需提前除去。

（三）应用范围

返滴定法可用于测定 Cl^-、Br^-、I^-、CN^-、SCN^- 等离子。

第八节　沉淀滴定的应用

一、基准物质与标准溶液

（一）基准物质

1. $AgNO_3$ 基准物质

在滴定时应选用市售的优级纯或基准 $AgNO_3$。若纯度不够可在稀硝酸中重结晶纯化，避光保存备用。

2. NaCl 基准物质

NaCl 极易吸潮，应置于干燥器中保存。其有基准试剂出售，也可用一般试剂级规格的 NaCl 精制。

（二）标准溶液

1. $AgNO_3$ 标准溶液的配制

（1）直接法配制

用分析天平精密称取一定量的 $AgNO_3$ 基准物，加水溶解并定容，直接配制成标准溶液。

（2）间接配制

市面上有 $AgNO_3$ 基准物出售，但价格昂贵，一般用分析纯的 $AgNO_3$ 试剂配成近似浓度，再用 NaCl 基准物标定其准确浓度。

$AgNO_3$ 标准溶液见光易分解，应置于棕色瓶中避光保存，存放一段时间后，应重新标定。为了消除方法误差，标定方法应与样品测定方法相同。

2. NH_4SCN 标准溶液的配制

NH_4SCN 试剂一般含有杂质，且易潮解，只能用间接法配制。先将溶液配成近似浓度，再用 $AgNO_3$ 标准溶液以铁铵矾为指示剂进行标定。

二、应用示例

（一）水质理化检验中的应用

生活饮用水标准检验方法（GB/T 5750.5—2006）中规定，测定水中氯化物的含量应采用莫尔法进行。同时还规定，在测定水中氰化物的含量时，需配制 0.1 $mg \cdot ml^{-1}$ KCN 标准储备溶液，其准确浓度临用前要用 $AgNO_3$ 标准溶液进行标定。

为计算方便，在测定时，要求 $AgNO_3$ 标准溶液配制成 0.019 20 $mol \cdot L^{-1}$（T_{AgNO_3/CN^-} 为 1.00 $mg \cdot ml^{-1}$）。其中，$AgNO_3$ 标准溶液的准确浓度需用莫尔法标定，并稀释成 $T_{AgNO_3/CN^-} =$ 1.00 $mg \cdot ml^{-1}$，供标定 KCN 标准储备溶液使用。

（二）临床医学上的应用

生理盐水中要求 NaCl 的含量为 0.9%，此时 NaCl 溶液的渗透压以及其中的钠含量与人体血浆相近。因此，可用莫尔法测定生理盐水中的 NaCl 含量。

（三）银合金中银的测定

将银合金溶于 HNO_3 中制成溶液，有

$$Ag + NO_3^- + 2H^+ \longrightarrow Ag^+ + NO_2\uparrow + H_2O$$

溶解试样时，必须将溶液煮沸，除去氮的低价氧化物，避免其与 SCN^- 作用生成红色化合物。

$$HNO_2 + H^+ + SCN^- \longrightarrow NOSCN(红色) + H_2O$$

在试样溶解后，向溶液中加入铁铵钒指示剂，用标准 NH_4SCN 溶液滴定。根据试样的质量以及滴定所使用的 NH_4SCN 标准溶液体积，计算银的百分含量。

【例 6-7】 称取试样 0.500 0 g，经一系列处理后，得到纯 NaCl 和 KCl 共 0.180 3 g。将混合物溶于水，加入 $AgNO_3$ 沉淀剂，得 AgCl 0.390 4 g，计算试样中 NaCl 的质量分数。

解：设 NaCl 的质量为 x，则 KCl 的质量为 0.180 3 g $-x$。

有

$$\left(\frac{x}{M_{NaCl}} + \frac{0.180\,3 - x}{M_{KCl}}\right) \times M_{NaCl} = 0.309\,4$$

解方程得

$$x = 0.082\,8\ g$$

故 NaCl 的质量分数为

$$\omega_{NaCl} = \frac{0.082\,8}{0.500\,0} \times 100\% = 16.56\%$$

（四）有机卤化物中卤素的测定

有机卤化物中所含卤素多为共价键结合，须经适当处理将其转化成卤素离子，然后用莫尔法或福尔哈德法测定组分含量。

以农药“六六六”（六氯环己烷）为例，先将试样与 KOH 的乙醇溶液加热回流，使有机氯转化为 Cl^- 离子进入溶液，此时有

$$C_6H_6Cl_6 + 3OH^- \longrightarrow C_6H_3Cl_3 + 3Cl^- + 3H_2O$$

待溶液冷却后，加入 HNO_3 调节使溶液呈酸性，再用福尔哈德法测得其中 Cl^- 离子的含量。

第七章 仪器分析法

仪器分析是分析化学中一个重要分支，该方法利用特定的仪器，可以对物质进行定性、定量分析。仪器分析除了可用于定性和定量分析外，还可用于结构、价态、状态分析，微区和薄层分析，微量及超痕量分析等，是分析化学发展的方向。

第一节 电化学分析

一、电化学分析法简介

（一）电化学分析的分类及特点

电化学分析法是根据物质的电学及电化学性质来测定物质含量的仪器分析方法。电化学分析种类繁多，归纳起来，可分为三大类。

1. 电化学分析的分类

（1）直接测定法

直接测定法是以待测物质的浓度在某一特定实验条件下与某些电化学参数间的函数关系为基础的分析方法。通过测定这些电化学参数，直接对溶液的组分作定性、定量分析，如直接电位法和直接电导法等。这类方法操作简单快速，缺点是这些电化学参数与溶液组分间的关系随测定条件而改变，因此测定方法的准确度不高。

(2) 电容量分析法

电容量分析法是以滴定过程中某些电化学参数的突变作为滴定分析中指示终点的方法。这类分析方法与化学容量分析法类似,也是把一种已知浓度的标准滴定溶液滴加到被测溶液中,直到化学反应定量完成,根据消耗标准滴定溶液的量计算出被测组分的量。不同的是电容量分析法不用指示剂颜色变化确定滴定终点,而是根据溶液中某个电化学参数的突变来确定终点。这类方法包括电位滴定、电导滴定、库仑滴定等。

(3) 电称量分析法

试液中某种待测物质通过电极反应转化为固相沉积在电极上,然后通过称量确定被测组分含量的方法。这种方法的准确度高,但需要时间较长,如电解分析法。

2. 电化学分析的特点

仪器设备简单,操作方便快速,测试费用低,易于普及;灵敏性、选择性和准确性很高,适用面广;试样用量少,若使用特制的电极,所需试液可少至几微升;由于测定过程中得到的是电信号,可以连续显示和自动记录,因而这种方法更有利于实现连续、自动和遥控分析,特别适用于生产过程的在线分析,自动化程度高;电化学分析法精密度较差,当要求精密度较高时不宜采用此法,电极电位值的重现性受实验条件的影响较大。

(二) 化学电池

电化学分析是通过化学电池内的电化学反应来实现的。化学电池由两个电极插入适当的电解质溶液中组成。化学电池分两种:一种是原电池,将化学能转变为电能的装置;另一种是电解池,将电能转变成化学能的装置。下面主要讨论原电池。

铜-锌原电池,其结构如图7-1所示。在盛有 $ZnSO_4$ 溶液(1 mol·L^{-1})的烧杯中插入锌片作一电极,在盛有 $CuSO_4$ 溶液(1 mol·L^{-1})的烧杯中插入铜片作另一电极,两溶液间用饱和 KCl 盐桥相连,两电极由中间接一灵敏电流计的导线相连，则电流计的指针发生偏转。电池反应式为：

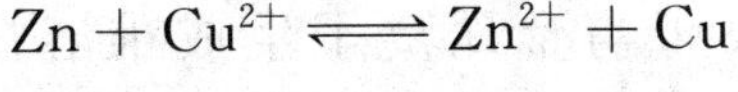

$$Zn + Cu^{2+} \rightleftharpoons Zn^{2+} + Cu$$

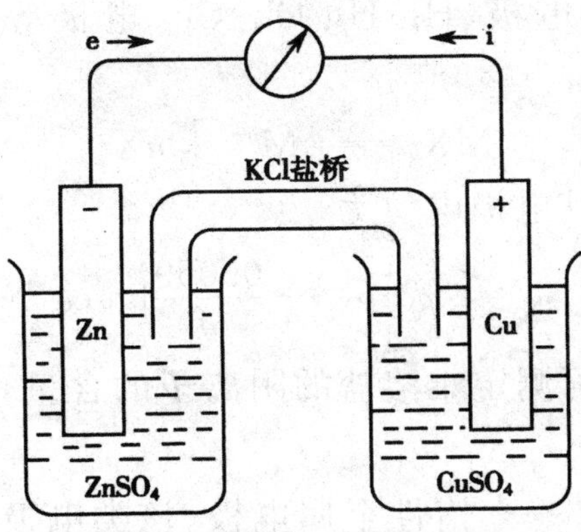

图 7-1　铜 - 锌原电池示意图

（三）指示电池与参比电池

1. 指示电池

指示电极的电位能反映被测离子的活度（浓度）及其变化，流过该电极的电流很小，一般不引起溶液本体成分的明显变化，其电极电位与溶液中相关离子的活度（浓度）符合能斯特方程。理想的指示电极只应对要测量的离子有响应，对其他离子没有响应。

① 第一类电极 —— 金属 - 金属离子电极。电极为一纯金属片或棒，如铜电极、锌电极，把该金属电极放入它的盐溶液中即可得到相应电极，如 $Ag\text{-}AgNO_3$ 电极（银电极）、$Cu\text{-}CuSO_4$ 电极（铜电极）等。发生的电极反应为

$$M^{n+} + ne \Longrightarrow M$$

在 25℃ 时，其电极电位为

$$\varphi_{M^{n+}/M} = \varphi^{\ominus}_{M^{n+}/M} + \frac{0.059}{n}\lg_{R} ea(M^{n+})$$

第一类电极的电位仅与金属离子的活度（浓度）有关，故可用金属电极测定溶液中同种金属离子的活度（浓度）。

② 第二类电极 —— 金属-金属难溶盐电极。在金属电极表面覆盖其难溶盐，再插入到难溶盐的阴离子溶液中即可得到此类电极，其电极电位取决于与金属离子生成难溶盐的阴离子的活度。如 Ag-AgCl/Cl^- 电极、Hg-Hg_2Cl_2/Cl^- 电极等。发生的电极反应为

$$MX_n \rightleftharpoons M^{n+} + nX^-$$

在 25℃ 时，其电极电位为

$$\varphi_{M-MX_n} = \varphi^{\ominus}_{M-MX_n} - \frac{0.059}{n}\lg_R ea(X^-)$$

利用该电极可测定难溶盐的阴离子的含量，这类电极常用作参比电极。

③ 零类电极 —— 惰性金属电极。该类电极是由铂或金等惰性金属作电极，浸入含有均相和可逆的同一元素的两种不同氧化态的离子溶液中而组成。惰性金属的作用只是协助电子的转移，本身不参与反应，这类电极的电极电位与两种氧化态离子活度（浓度）的比值有关。

④ 膜电极 —— 离子选择性电极。离子选择性电极（Ion Selective Electrode，ISE）是一种对溶液中待测离子有选择性地响应的电极，也称膜电极。在膜电极上无半电池反应，无电子的交换，电极电位的形成是基于离子在膜上的扩散和交换等作用的结果。pH 玻璃电极就是具有氢离子专属性的典型离子选择性电极。目前国内外已有几十种离子选择性电极，例如，钠离子玻璃电极，以 LaF_3 单晶为电极膜的氟离子选择电极，以卤化银或硫化银（或它们的混合物）等难溶盐沉淀为电极膜的各种卤素离子、硫离子选择性电极等。由于所需仪器设备简单、轻便，适于现场测量，因此应用较广。

离子选择性电极构造上一般都包括电极膜、电极管、内充溶液和参比电极四个部分，如图 7-2 所示。电极的选择性随电极膜特性而异。当把电极浸入试液时，膜内外有选择性响应的离子通过离子交换或扩散作用在膜两侧建立电位差，平衡后形成膜电位，此电位与溶液中响应离子的活度有关，并符合 Nernst 方程式。

$$\varphi = K \pm \frac{2.303RT}{nF}\lg_{R}e\alpha = K' \pm \frac{2.303RT}{nF}\lg_{R}ec$$

25℃ 时：

$$\varphi = K \pm \frac{0.059}{n}\lg_{R}e\alpha = K' \pm \frac{0.059}{n}\lg_{R}ec$$

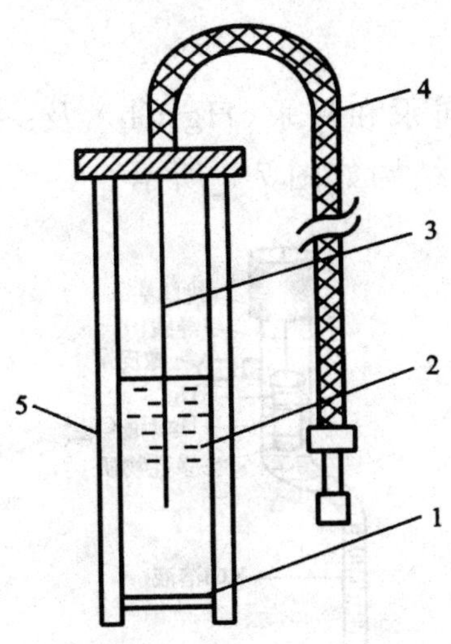

图 7-2　离子选择性电极结构示意图

1— 敏感膜；2— 内参比溶液；3— 内参比电极；
4— 带屏蔽的导线；5— 电极杆

离子选择性电极是一个半电池(气敏电极除外)，必须与适当的参比电极组成完整的电化学电池，而且在一般情况下，电池的电动势的变化完全反映了离子选择性电极膜电位的变化，因此它可直接用于电位法测量溶液中某一特定离子活度的指示电极。

2. 参比电池

参比电极是与被测物质无关，电位已知且稳定，提供测量电位参考的恒电位电极。参比电极应符合以下基本要求：

① 电位稳定，可逆性好，在测量电池电动势的过程中有微弱电流通过时电位能保持不变。

② 重现性好。

③ 简单耐用。

标准氢电极(SHE)是作为确定其他电极电位的基准电极，国际纯粹与应用化学联合会(IUPAC)规定其电位在标准状态下为零，其他电极都是相对于标准氢电极电位确定的，但由于制作过程比较麻烦，故目前用得较少。在实际测量时常用以下几种参比电极。

(1) 甘汞电极

甘汞电极是金属汞和甘汞(Hg_2Cl_2)及一定浓度的 KCl 溶液组成的参比电极，其结构如图 7-3 所示。

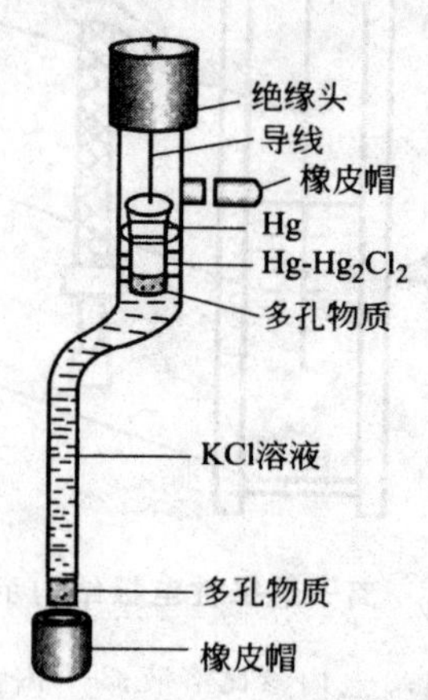

图 7-3 甘汞电极结构示意图

电极由两个玻璃套管组成，内玻璃管的上端封接一根铂丝，铂丝插入纯汞中，下置一层甘汞和汞的糊状混合物，下端用一层多孔物质塞紧；外玻璃管中装入 KCl 溶液，电极下端与待测溶液接触部分是熔结陶瓷芯或玻璃砂芯等多孔物质。甘汞电极的半电极组成是 $Hg\text{-}Hg_2Cl_2$(固) | KCl。

电极反应 $Hg_2Cl_2 + 2e \rightleftharpoons 2Hg + 2Cl^-$

电极电位(25℃)为

$$\varphi_{Hg-Hg_2Cl_2} = \varphi^{\ominus}_{Hg-Hg_2Cl_2} + \frac{0.059}{2}\lg_{R}e\frac{a(Hg_2Cl_2)}{a^2(Hg)a^2(Cl^-)}$$

$$= \varphi^{\ominus}_{Hg-Hg_2Cl_2} - 0.059\lg_{R}ea(Cl^-)$$

上式表明，当温度一定时，甘汞电极的电极电位决定于 Cl^- 的活度。电极中充入不同浓度的 KCl 溶液可具有不同的电位值，见表 7-1。

表 7-1　甘汞电极的电极电位(25℃)

电极类型	0.1 mol·L^{-1} 甘汞电极	标准片汞电极(NCE)	饱和甘汞电极(SCE)
KCl 浓度	0.1 mol·L^{-1}	1.0 mol·L^{-1}	饱和溶液
电极电位 /V	+0.335 1	+0.282 2	+0.245 8

饱和甘汞电极(SCE) 结构简单,使用方便,电极电位稳定,只要测量时通过的电流比较小,它的电极电位不发生显著变化,应用比较广泛。

使用甘汞电极时应注意以下几点。

① 在使用电极时,应将加液口和液络部(多孔物质)的橡皮帽打开,以保持液位差。不用时应罩好。

② 电极内部氯化钾溶液应保持足够的高度和浓度,必要时应及时添加。添加后应使电极内不能有气泡,否则将使读数不稳定。

③ 甘汞电极有温度滞后现象,不宜在温度变化较大的环境中使用。当待测溶液中含有有害物质如 Ag^{+}、S^{2-} 时,应使用加有盐桥的甘汞电极。

(2) 银氯化银电极

银丝表面镀上一层 AgCl,浸在一定浓度的 KCl 溶液中即构成了银氯化银电极,其结构如图 7-4 所示。该电极的半电极组成是 Ag-AgCl(固) | KCl。

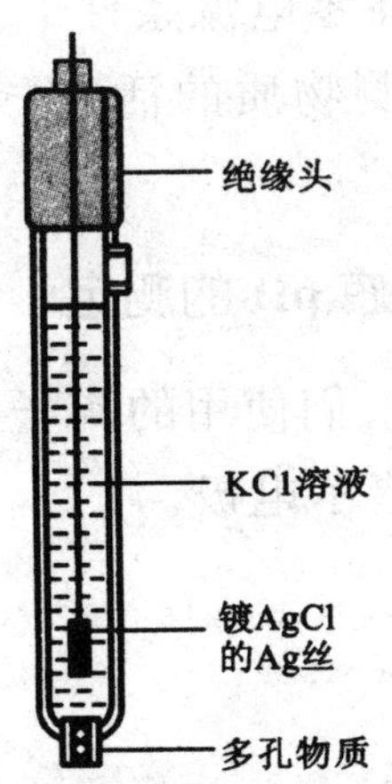

图 7-4　银 - 氯化银电极结构示意图

电极反应　　$AgCl + e \rightleftharpoons Ag + Cl^-$

电极电位(25℃)为

$$\varphi_{Ag-AgCl} = \varphi^{\ominus}_{Ag-AgCl} - 0.059 \lg_R ea(Cl^-)$$

在不同浓度的 KCl 溶液中，其电极电位的值见表 7-2。

表 7-2　银 - 氯化银电极的电极电位(25℃)

电极类型	0.1 mol·L^{-1} Ag-AgCl 电极	标准 Ag-AgCl 电极	饱和 Ag-AgCl 电极(SCE)
KCl 浓度	0.1 mol·L^{-1}	1.0 mol·L^{-1}	饱和溶液
电极电位 /V	+0.2880	+0.2223	+0.2000

二、直接电位法

直接电位法(direct potentiometry)是利用电池电动势与待测组分浓度之间的函数关系，通过测定电池电动势而直接求得样品溶液中待测组分浓度的电位法。该法通常用于测定溶液的 pH 值和其他离子的浓度。

(一) 基本原理

它是以待测试液作为化学电池的电解质溶液，并于其中浸入两个电极，其中一个是指示电极，另一个是参比电极，用电极电位仪(pH 计或离子计等)在零电流条件下，测定这个电池的电动势，再根据其电极电位与待测物质的活度(或浓度)的函数关系计算出待测物质的含量。

(二) 玻璃电极及溶液 pH 的测定

玻璃电极是最早被人们使用的离子选择性电极，是电位法测定溶液 pH 中最常用的指示电极。

1. 玻璃电极

(1) 构造 pH

玻璃电极的构造如图 7-5 所示。它的主要部分是在玻璃管下端接一个厚度为 0.05 ～ 0.1 mm 的球形玻璃膜，这种特殊的膜是在 SiO_2 基质中加入 Na_2O 及少量 CaO 烧制而成的。球内通常充 0.1 mol·L^{-1} 的 HCl 作为内参比溶液，其中插入一根镀有 AgCl 的银丝，与内参比溶液构成 Ag-AgCl 内参比电极。由于玻璃电极的内阻很高，因此导线和电极的引出端都需要高度绝缘，并装有屏障隔离罩以防漏电和静电干扰。

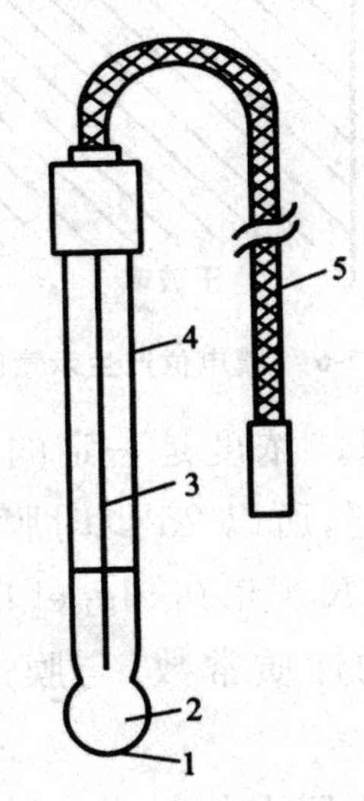

图 7-5　玻璃电极示意图

1— 玻璃薄膜；2— 内参比溶液；3— 内参比电极(Ag-AgCl)；
4— 玻璃管；5— 接线

(2) 响应机理

玻璃电极在使用前必须在水中浸泡一定时间，这一过程称为水化。玻璃敏感膜水化时一般能吸收水分，在玻璃膜表面形成一层很薄的水化凝胶层，其厚度为 10^{-5} ～ 10^{-4} mm。该层表面上 Na^+ 点位几乎全被 H^+ 所替换。当浸泡好的玻璃电极插到溶液中时，水化凝胶层与溶液接触，由于凝胶层表面上的 H^+ 浓度与溶液中的 H^+ 浓度不相等，便从浓度高的一侧向浓度低的一侧迁移，当达到平衡时在溶液与膜相接触的两相界面之间形成双电层，产生电位差，即产生了一定的内外膜相界电位。由于膜外侧溶液的 H^+ 浓度与膜内溶液的 H^+ 浓度不同，则内外膜相界电位也不相等，这样跨越玻璃膜产生的电位差，则称为玻璃电极的膜电位$\varphi_{膜}$（$\varphi_{膜}=\varphi_{外}-\varphi_{内}$），如图 7-6 所示。

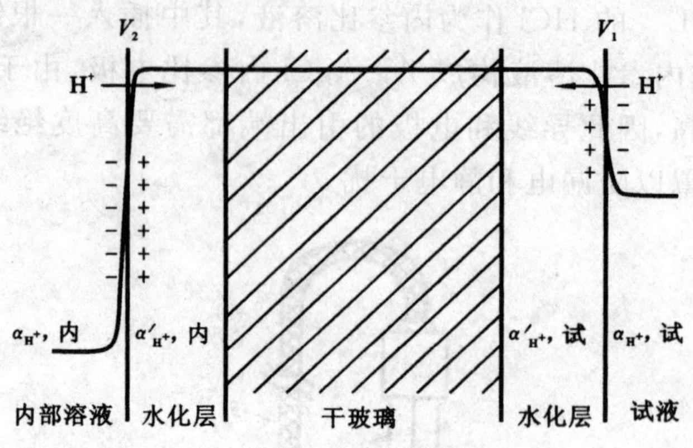

图 7-6　膜电位产生示意图

由于内参比溶液的 H^+ 浓度是一定的，因此$\varphi_{膜}$的大小主要由待测溶液的 H^+ 浓度决定，所以 25℃ 时膜电位可表示为

$$\varphi_{膜}=K+0.059\lg_{R}e[H^+]_{外}$$

式中，K 为膜电位的性质常数，与膜的物理性能和内参比溶液的 H^+ 浓度有关。

玻璃电极的电位是由膜电位与内参比电极的电位决定的，在一定条件下内参比电极的电位是定值，因此在 25℃ 时玻璃电极的电位可表示为

$$\varphi_{玻璃}=K'+0.059\lg_{R}e[H^+]_{外}=K'-0.059pH_{外} \tag{7-1}$$

式中，K' 表示玻璃电极的性质常数，其值与膜电位的性质和内参比电极的电位有关。此式说明在一定温度下玻璃电极的膜电位与溶液的 pH 值呈线性关系。

2. 溶液 pH 值的测定

图 7-7 所示是电位法测定溶液 pH 值的电极体系。

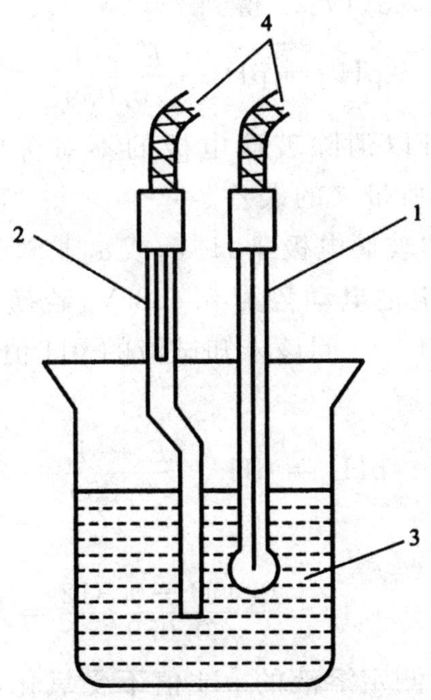

图 7-7　溶液 pH 值的测定装置

1— 玻璃电极；2— 饱和甘汞电极；3— 试液；4— 接 pH 计

图 7-7 中的玻璃电极是作为溶液中 H^+ 浓度的指示电极，饱和甘汞电极为参比电极，这两个电极与待测溶液组成原电池。其原电池符号表示为

$$AgCl - Ag \mid HCl \mid 玻璃膜 \mid 样品溶液$$
$$\| KCl(饱和) \mid Hg_2Cl_2(s)\text{-}Hg$$

25℃ 时，该电池的电动势 E 为

$$\begin{aligned} E &= \varphi_{甘汞} - \varphi_{玻璃} \\ &= \varphi_{Hg_2Cl_2\text{-}Hg} - (K' - 0.059pH) \\ &= K'' + 0.059pH \end{aligned}$$

式中，K'' 为常数。

在 25℃ 时，电池电动势与 pH 值之间的关系满足下式：

$$E_x = K'' + 0.059pH_x \tag{7-2}$$

$$E_x = K'' + 0.059pH_x \tag{7-3}$$

将式(7-3) 代入式(7-2) 得到

$$pH_x = pH_s - \frac{E_s - E_x}{0.059}$$

两次测量法可以消除玻璃电极的不对称电位和公式中“常数”的不确定因素所带来的误差。

【例 7-1】 在“玻璃电极 ‖ H^+ α_s 或 α_x ‖ SCE”电池中，当溶液 pH 9.18 时，测得电池电动势为 0.418 V，若换一未知试液，测得电池电动势为 0.312 V。问该未知试液的 pH 值为多少？

解：根据题意，有

$$pH_x = pH_s - \frac{E_s - E_x}{0.059}$$

解得

$$pH_x = 9.18 - \frac{0.418 - 0.312}{0.059} = 7.38$$

用直接电位法测定溶液的 pH 值不受氧化剂、还原剂或其他活性物质存在的影响，可用于有色物质、胶体溶液或混浊溶液的 pH 值的测定。并且测定前无须对待测液做预处理，测定后不破坏、污染溶液，因此应用极为广泛。在药物分析中常应用于注射剂、大输液、滴眼液等制剂及原料的酸碱度的检查。

三、电位滴定法

(一) 电位滴定法的原理

电位滴定法是根据在滴定过程中电池电动势的变化来确定滴定终点的一类滴定分析方法。

电位滴定的仪器装置如图 7-8 所示。进行电位滴定时，在待测溶液中插入合适的指示电极和参比电极组成原电池，将它们连接在电子电位计上，用以测定并记录电池的电动势。在不断搅拌下加入滴定液，待测溶液与滴定液发生化学反应，使待测离子的浓度不断变化，因而指示电极的电位也相应地发生变化。在化学计量点附近，溶液中待测离子浓度的急剧变化，使得指示电极的电位发生突然变化，导致电池电动势发生突变。因此，通过测量电动势的变化，可确定终点。

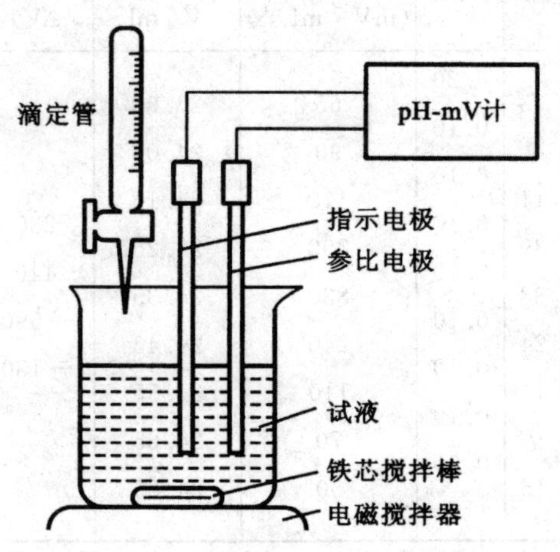

图 7-8　电位滴定的仪器装置

电位滴定法与滴定分析法（指示剂确定终点）相比，具有准确度高，易于自动化，不受溶液有色、浑浊的限制等优点。对于没有合适指示剂确定滴定终点的滴定反应，电位滴定法尤其有利，只要能为待测物找到合适的指示电极，就可用于相应类型的滴定。

（二）滴定终点的确定

进行电位滴定时，在滴定过程中，每加一次滴定剂，测量一次电动势，直到超过化学计量点为止。这样就得到了一系列的滴定剂用量 V 和相应的电动势 E 数据。一般来说，滴定时只需准确测量和记录化学计量点前后 1 ～ 2 ml 的电动势变化即可。应该注意，在化学计量点附近，减少滴定剂的加入量，每加入 0.05 ～ 0.1 ml，记录一次数据，并保持每次加入滴定剂的数量相等，以使数据处理方便、准确。现利用表 7-3 的数据具体讨论三种常用的确定终点的方法。

表 7-3　以 $0.1mol \cdot L^{-1}$ $AgNO_3$ 滴定 NaCl 溶液

滴定液 V/ ml	电位计读数 E/mV	ΔE	V	$(\Delta E/\Delta V)$/ $(mV \cdot mL^{-1})$	平均体积 $\bar{V}$/ ml	$\Delta(\Delta E/\Delta V)$	$\Delta^2 E/\Delta V^2$($\Delta^2 E$ 表示 ΔE 的差)
23.80	161						
		13	0.20	65	23.90		
24.00	174						
		9	0.10	90	24.05		
24.10	183						
		11	0.10	110	24.15		
24.20	194					280	2800
		39	0.10	390	24.25		
24.30	233					440	4400
		83	0.10	830	24.35		
24.40	316					−590	−5900
		24	0.10	240	24.45		
24.50	340					−130	−1300
		11	0.10	110	24.55		
24.60	351						
		7	0.10	70	24.65		
24.70	358						
		15	0.30	50	24.85		
25.00	373						

1. 绘 E-V 曲线法

以表 7-3 中滴定剂体积 V 为横坐标，电位计读数（电池电动势）为纵坐标作图，得到一条 E-V 曲线，如图 7-9(a) 所示。此曲线的转折点（拐点）所对应的体积即为化学计量点的体积。此法应用方便，适用于滴定突跃内电动势变化明显的电位滴定。

2. 绘 $\Delta E/\Delta V$-$\bar{V}$ 曲线法

此法又称一阶微商法。$\Delta E/\Delta V$ 为 E 的变化值与相对应的加入滴定剂体积的增量的比，用表 7-3 中 $\Delta E/\Delta V$ 对 $\bar{V}$ 作图可得到一条峰状曲线，如图 7-9(b) 尖峰所对应的 $\bar{V}$ 即为滴定终点。

3. $\Delta^2 E/\Delta V^2$-V 曲线法

此法又称二阶微商法，用表 7-3 中的 $\Delta^2 E/\Delta V^2$ 对滴定剂体积 V 作图，得到一条具有两个极值的曲线，如图 7-9(c) 所示。曲线上 $\Delta^2 E/\Delta V^2$ 为零时所对应的体积，即为化学计量点的体积。

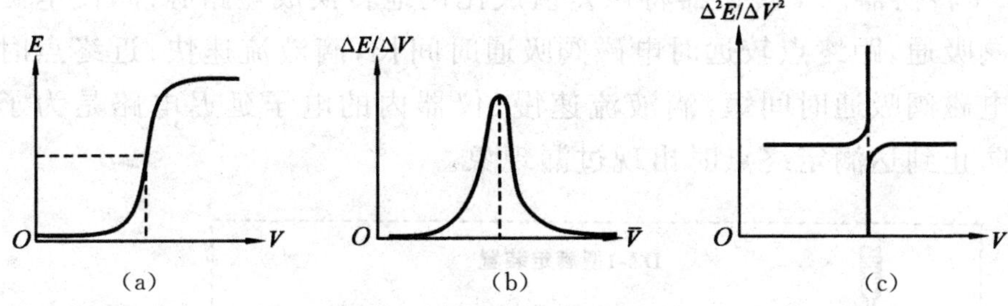

图 7-9 电位滴定数据处理曲线

(a)E-V 曲线;(b)$\Delta E/\Delta V$-$\bar{V}$ 曲线;(c)$\Delta^2 E/\Delta V^2$-V 曲线

在实际的电位滴定中传统的操作方法正逐渐被自动电位滴定所取代,自动电位滴定能判断滴定终点,并自动绘制出 E-V 曲线或 $\Delta E/\Delta V$-$\bar{V}$ 曲线,从而在很大程度上提高了测定的灵敏度和准确度。

(三)自动电位滴定仪

自动电位滴定仪是以测量电极电位的变化确定滴定终点,从而求出被测溶液中离子浓度的仪器。一般的自动电位滴定仪都是在酸度计的基础上增加一些装置而构成的。

图 7-10 所示是 ZD-2 型自动电位滴定计原理方框图,主要由滴定装置、电极、电计几部分组成。滴定管末端连接可通过电磁阀的细乳胶管,此管下端接上毛细管。自动控制终点型仪器需事先将终点信号值(如 pH 值或电压(mV))输入,当滴定到达终点时 10s 内电位不发生变化,则延迟电路就自动关闭电磁阀电源,不再有滴定剂滴入。使用这些仪器实现了滴定操作连续自动化,而且提高了分析的准确度。

进行电位滴定前,根据具体的滴定对象为仪器设置电位(或 pH 值)的终点控制值,终点控制值为理论计算值或滴定实验值。当滴定剂滴入烧杯中时,被测溶液中离子浓度发生变化,浸在溶液中的一对电极两端的电位差 E 即发生变化。这个渐变的电位经调制放大器放大后送入取样回路,在其中电极系统所测得的直流信号 e 与按照滴定终点电位预先设定的电位相比较,其差值进入

e-t 转换器。e-t 转换器将该差值成比例地转换成短路脉冲，使电磁阀吸通。距终点较远时电磁阀吸通时间长，滴液流速快；近终点时电磁阀吸通时间短，滴液流速慢。仪器内的电子延迟电路是为了防止到达滴定终点时出现过漏现象。

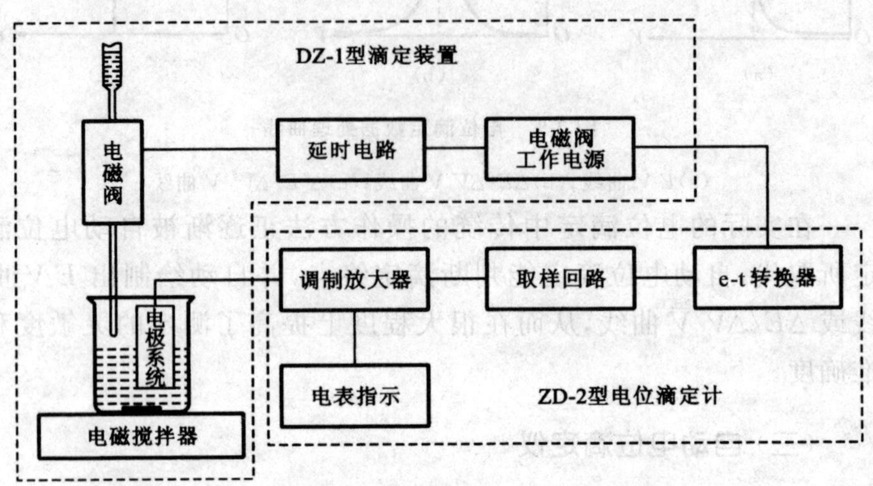

图 7-10　ZD-2 型自动电位滴定计原理方框图

（四）应用实例

电位滴定法适合于各类滴定分析，但要根据不同的反应类型，选用合适的指示电极和参比电极，表 7-4 列出几种滴定分析中常用电极的选择。该法尤其适合于没有合适指示剂和难以用指示剂判断终点如浑浊溶液或溶液颜色较深等的滴定分析，易于自动化，准确度较高。随着离子选择电极的迅速发展，可供选择的电极越来越多，电位滴定法在药物分析中的应用范围越来越广泛。

表 7-4　几种滴定分析中常用电极的选择

反应类型	参比电极	指示电极
酸碱滴定	饱和甘汞电极	pH 玻璃电极
非水溶液酸碱滴定	饱和 KCl 无水乙醇溶液甘汞电极	pH 玻璃电极
沉淀滴定	饱和甘汞电极外加 KNO_3 溶液盐桥的双液接电极	银电极，汞电极

续表

反应类型	参比电极	指示电极
氧化还原滴定	饱和甘汞电极	铂电极
配位滴定	饱和甘汞电极	金属离子选择电极

四、永停滴定法

(一) 永停滴定法的原理

永停滴定法(Dead-Stop Titration)是根据电池中双铂电极的电流,随滴定液的加入而发生变化来确定滴定终点的方法,属于电流滴定法。永停滴定法的仪器装置如图 7-11 所示。测量时,把两个相同的铂电极插入待滴定的溶液中,在两个铂电极间外加一微小电压(10 ~ 100 mV),然后进行滴定,通过观察滴定过程中电流指针的变化,指针突变点即为滴定终点。

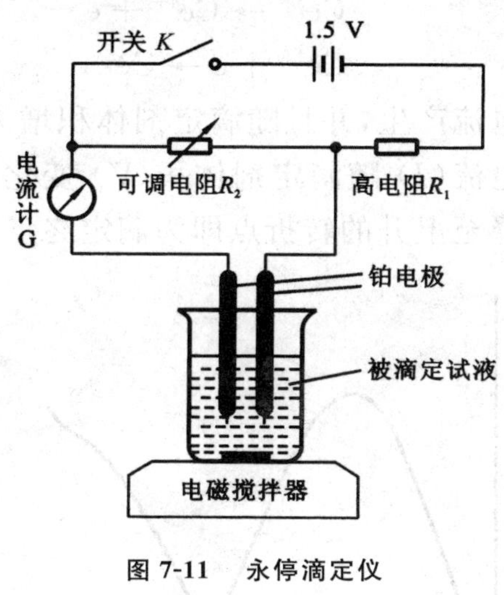

图 7-11　永停滴定仪

(二) 终点确定方法

按照滴定曲线的变化,一般分为三种情况。

1. 可逆电对滴定可逆电对

可逆电对滴定可逆电对，如 Ce^{4+} 滴定 Fe^{2+} 滴定前，被滴定的溶液中只存在 Fe^{2+}，所加电压小，因此不产生电解电流。滴定开始至化学计量点前，发生如下滴定反应：

$$Ce^{4+} + Fe^{2+} \xlongequal{} Ce^{3+} + Fe^{3+}$$

即滴定开始到化学计量点前，溶液中存在 Fe^{3+}/Fe^{2+}、Ce^{3+}，在微小的外加电压作用下，电极发生如下反应：

阳极 $Fe^{2+} \rightarrow Fe^{3+} + e$

阴极 $Fe^{3+} + e \rightarrow Fe^{2+}$

此时，检流计显示有电流流过，随着滴定剂体积的增大，溶液中的$[Fe^{3+}]$增加，电流增大。当滴定完成了 50% 时，$[Fe^{3+}]/[Fe^{2+}] = 1$时，电流达最大值；随后，电流逐渐减小。

化学计量点时，溶液中几乎没有 Fe^{2+}，电流降到最小。

化学计量点后，随着滴定剂体积过量，产生 Ce^{4+}/Ce^{3+} 可逆电对，电极发生如下反应：

阳极 $Ce^{3+} \rightarrow Ce^{4+} + e$

阴极 $Ce^{4+} + e \rightarrow Ce^{3+}$

此时，又有电流产生，并且随滴定剂体积增大，该电流逐渐加大。滴定过程中电流(I) 随滴定剂体积(V) 变化的曲线如图 7-12 所示，电流由下降至上升的转折点即为滴定终点。

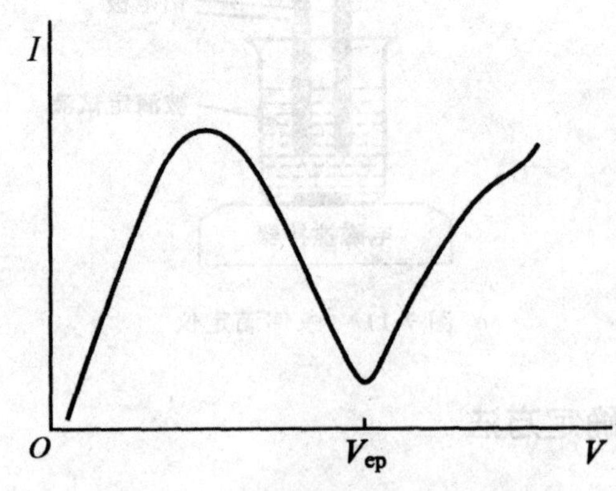

图 7-12 Ce^{4+} 滴定 Fe^{2+} 的 I-V 曲线

2.不可逆电对滴定可逆电对

不可逆电对滴定可逆电对，如 $Na_2S_2O_3$ 滴定含有过量KI的 I_2 溶液。滴定反应为

$$2S_2O_3^{2-} + I_2 \longrightarrow S_4O_6^{2-} + 2I^-$$

滴定开始后，溶液中存在 I_2/I^-，外加微小电压时，阴极和阳极发生如下反应：

阳极　　　　$2I^- \longrightarrow I_2 + 2e$

阴极　　　　$I_2 + 2e \longrightarrow 2I^-$

检流计显示有电流流过，并且随着滴定剂体积逐渐增大，$[I_2]$ 逐渐减小，电流也随之下降。

化学计量点时，溶液中几乎不存在 I_2，电流降到最小。

化学计量点后，随着滴定剂体积过量，溶液中存在 $S_2O_3^{2-}/S_4O_6^{2-}$，在阳极可以发生下列电极反应：

$$2S_2O_3^{2-} \rightarrow S_4O_6^{2-} + 2e$$

但在阴极不能发生下列电极反应：

$$S_4O_6^{2-} + 2e \rightarrow S_2O_3^{2-}$$

因此，没有电流产生。滴定过程中 *I-V* 曲线如图 7-13 所示。也就是这类滴定的终点时检流计读数一致保持在最低值(零或零附近)不动，永停滴定法由此得名。

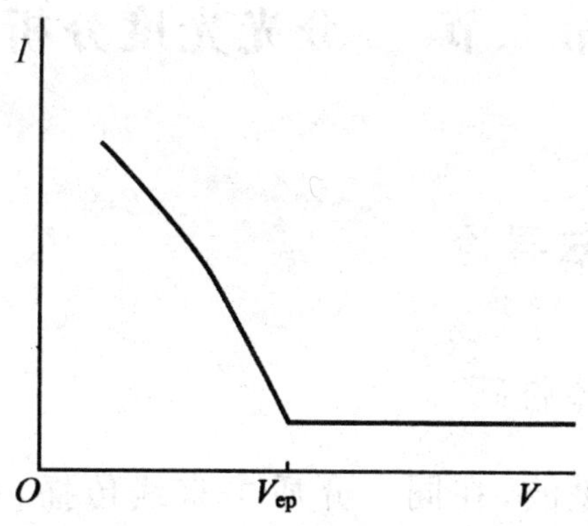

图 7-13　$Na_2S_2O_3$ 滴定 I_2 的 *I-V* 曲线

3. 可逆电对滴定不可逆电对

可逆电对滴定不可逆电对，如 I_2 滴定 $Na_2S_2O_3$，滴定开始至化学计量点前，由于溶液中只存在不可逆电对 $S_2O_3^{2-}/S_4O_6^{2-}$，所以随着滴定剂 I_2 滴入，检流计一直显示没有电流通过。

化学计量点时，仍然是 $I=0$。化学计量点后，过量一滴的试剂(I_2)使检流计的指针突然偏向一边(不再为零)，并随着滴定剂 I_2 继续滴加，$[I_2]$ 增大，读数逐渐增大。滴定曲线及终点如图 7-14 所示。

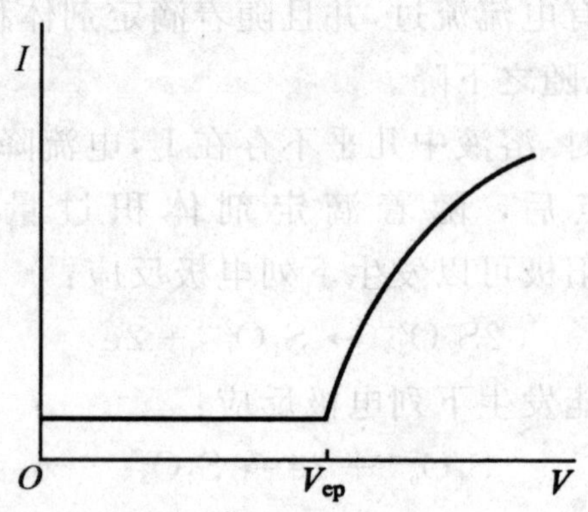

图 7-14 I_2 滴定 $Na_2S_2O_3$ 的 I-V 曲线

第二节　分光光度分析

一、光分析法导论

(一) 光的基本性质

光是一种电磁波，在同一介质中直线传播，而且具有恒定的速度。光具有波粒二象性。光的波动性可用波长 λ、频率 ν、光速 c、波数(cm^{-1})等参数来描述：

$$\lambda\nu = c$$

$$波数 = \frac{1}{\lambda} = \frac{\nu}{c}$$

光是由光子流组成的，光子的能量为

$$E = h\nu = \frac{hc}{\lambda}$$

式中，h 为普朗克常数，$h = 6.626 \times 10^{-34}$ J·s。

光具有一定的能量、波长和频率。紫外光区包括远紫外区（10～200 nm，也叫真空紫外区）和近紫外区（200～400 nm）；人们眼睛能感觉到的光是可见光（400～760 nm），它只是电磁辐射中的一小部分。各种颜色光的近似波长范围列于表 7-5。

表 7-5 各种颜色光的近似波长范围

颜色	波长 /nm	颜色	波长 /nm
红	620～760	青	480～500
橙	590～620	蓝	130～180
黄	560～590	紫	100～430
绿	500～560	近紫外	200～400

（二）光的色散与互补

当一束白光通过光学棱镜或光栅时，即可得到不同颜色的谱带（光谱），这种现象叫光的色散。白光经色散后成为红、橙、黄、绿、青、蓝、紫七色光，说明白光是由这七种颜色的光按一定比例混合而成的。把这种由不同波长的光复合而成的光称为复合光；而把经色散后获得的不同波长的光称为单色光。实验证明，不仅上述七种颜色的光能复合成白光，而且两种特定颜色的光按一定强度比例复合也可以得到白光，将这两种颜色光称为互补色光。如黄光与蓝光为互补色、绿光与紫光为互补色。这种色光的互补关系如图 7-15 所示，图中直线两端的光为互补光。

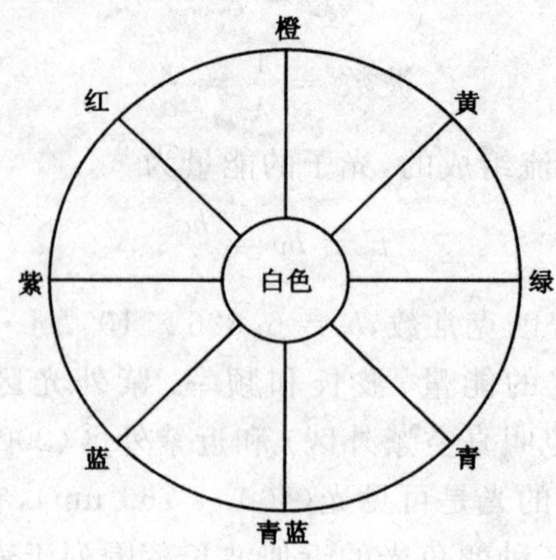

图 7-15　互补色光示意图

（三）物质颜色与光的关系

物质呈现的颜色与光有密切的关系。物质之所以呈现不同的颜色，是由于物质对不同波长的光具有不同程度的透射或反射。当白光照射到不透明的物质时，某些波长的光被吸收，其余波长的光被反射，人们看到是物质反射光的颜色。由于色光互补，所以物质呈现出所吸收光的互补色。例如，某物质吸收黄色光，则呈现蓝色；若吸收绿色光，则呈现紫色；若吸收所有波长的光，则呈现黑色；若全部反射所有波长的光，则呈现白色。物质的溶液之所以呈现不同的颜色，也是由于溶液中的分子或离子选择性地吸收了不同波长的光而引起的。例如，高锰酸钾稀溶液呈紫红色，是由于它吸收 500 ～ 550 nm 的绿光，透过溶液的主要是紫红色光，因而人们看到 $KMnO_4$ 溶液呈紫红色，即 $KMnO_4$ 溶液呈现的紫红色是它所吸收的绿色光的互补色光的颜色。溶液浓度愈大，观察到的颜色愈深，这就是比色分析的基础。

有些物质本身无色或颜色很浅，但能与适当的试剂发生显色反应，如 Fe^{2+} 能与有机试剂 1,10- 邻二氮菲生成橙红色的 1,10- 邻二氮菲亚铁配合物，可于显色之后进行比色或在可见光区进行分光光度分析。

（四）吸收曲线

吸收曲线（或称吸收光谱）是描述物质对不同波长光的吸收能力的关系曲线。即让不同波长的光通过一定浓度的有色溶液，分别测出各个波长的吸收程度（即吸光度 A）。以波长 λ(nm) 为横坐标，吸光度 A 为纵坐标绘图，即可得到一条曲线。图 7-16 是三个不同浓度的 1,10- 邻二氮菲亚铁溶液的吸收曲线。从图 7-16 上可以得到以下结论。

① 曲线上吸收峰最高处对应的波长称为最大吸收波长，用 λ_{max} 表示。对同一种物质，最大吸收波长 λ_{max} 不变，在 λ_{max} 处测定吸光度，灵敏度最高。因此吸收曲线是分光光度法选择测定波长的重要依据。

② 最大吸收波长对应的颜色就是物质吸收光的颜色。1,10-邻二氮菲亚铁溶液的 λ_{max} 为 510 nm，该溶液对橙红色光几乎不吸收，完全透过，因而该溶液呈橙红色。

③ 同一物质不同浓度的溶液，在一定波长处的吸光度随浓度的增加而增大，这个特性可作为物质定量分析的依据。

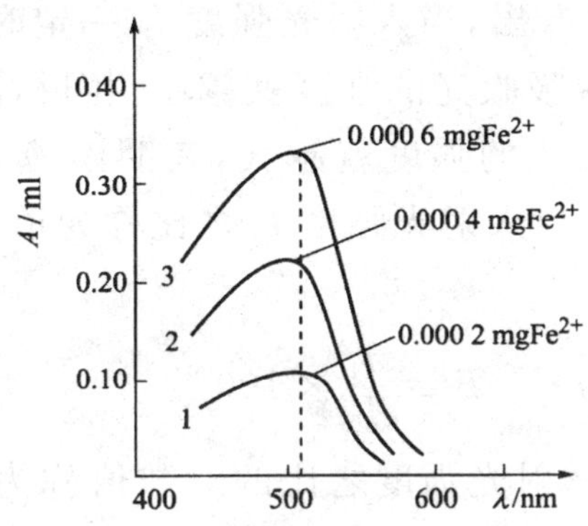

图 7-16　1,10- 邻二氮菲亚铁溶液的吸收曲线

④ 由于物质对光的选择吸收情况与物质的分子结构密切相关，因此每种物质具有自己特征的光吸收曲线。比较不同物质的吸收曲线，就会发现这些曲线的形状、吸收峰的位置和强度都不相同，这是由物质的分子结构决定的。吸收峰的位置和形状对各

种物质来讲是特征的，可作为定性鉴定的依据；而吸收峰的强度大小又与物质的浓度有关，浓度越大吸收峰越强，因此可作为定量分析的依据。

二、光吸收定律

（一）透光度和吸光度

当一束平行单色光垂直照射到一均匀、非散射的吸光物质溶液时，光的一部分被溶液中的吸光质点吸收，一部分透过溶液，还有一部分被器皿的表面反射。

设入射光强为 I_0，吸收光强度为 I_a，透过光强度为 I_t，反射光强度为 I_r，则

$$I_0 = I_a + I_t + I_r \tag{7-4}$$

在光谱分析中，盛装待测试液和参比溶液的吸收池是采用相同质料和厚度的光学玻璃制成，I_r 基本不变，且其值很小，其影响可相互抵消，式(7-4) 可简化为

$$I_0 = I_a + I_t \tag{7-5}$$

由式(7-5) 可以看出，当入射光强度 I_0 一定时，溶液透射光的强度 I_t 越大，则溶液吸收光的强度就越小；相反，溶液透射光的强度 I_t 越小，溶液吸收光的强度就越大，表明溶液对光的吸收能力越强。透射光强度 I_t 与入射光强度 I_0 之比称为透光度，用 T 表示，即

$$T = \frac{I_t}{I_0} \times 100\% \tag{7-6}$$

入射光强度与透射光强度之比的对数值称为吸光度，用符号 A 表示，则

$$A = \lg \frac{I_0}{I_t} = \lg \frac{1}{T} = -\lg T \tag{7-7}$$

（二）朗伯-比尔定律

溶液的吸光度与液层的厚度、溶液的浓度及入射光波长有

关。朗伯和比尔分别于1760年和1852年研究了光的吸收与液层厚度及浓度的定量关系，二者结合称为朗伯-比尔定律，即光的吸收定律，可表示为

$$A = abc$$

或

$$A = \varepsilon bc$$

式中，A为吸光度；c为溶液浓度，$g \cdot L^{-1}$或$mol \cdot L^{-1}$；b为液层厚度（吸收池或比色皿的厚度），cm；a为吸光系数，$L \cdot g^{-1} \cdot cm^{-1}$；$\varepsilon$为摩尔吸光系数，$L \cdot mol^{-1} \cdot cm^{-1}$。

摩尔吸光系数在特定波长和溶剂的情况下是吸光质点的一个特征常数，是物质吸光能力的量度，可作为定性分析的参考，也可用于大致估计定量分析方法的灵敏度。通常所说的摩尔吸光系数是指最大吸收波长λ_{max}处的摩尔吸光系数ε_{max}。ε值越大，方法的灵敏度越高。如ε为10^4数量级时，测定该物质的浓度范围可以达到$10^{-6} \sim 10^{-5}$ $mol \cdot L^{-1}$，灵敏度比较分析化学高；当$\varepsilon < 10^3$时，其测定浓度范围在$10^{-4} \sim 10^{-3}$ $mol \cdot L^{-1}$，灵敏度就要低得多。

三、分光光度计

（一）基本组成

在可见光区用于测定溶液吸光度的分析仪器称为可见分光光度计。可见分光光度计由光源、单色器、比色皿、检测器和显示器五大部分组成，其组成框图见图7-17。

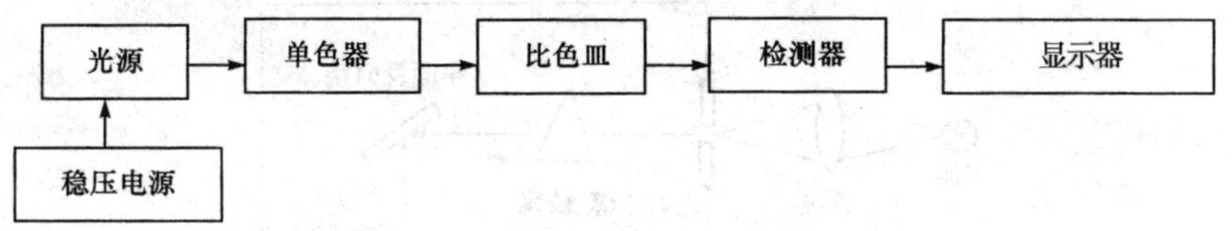

图7-17　分光光度计组成框图

1. 光源

光源的作用是提供符合要求的入射光。对于可见分光光度计,用的光源是钨丝白炽灯。它可以发射连续光谱,波长范围在 320 ～ 2 500 nm。白炽灯的发光强度和稳定性都与供电电压有密切关系。只要增加供电电压,就能增大发光强度;只要保证电源的电压稳定,就能提供稳定的发光强度。钨丝白炽灯的缺点是寿命短,由于采用低电压大电流供电,钨丝的发热量很大,容易烧断。

对于紫外 - 可见分光光度计,除了由钨丝白炽灯提供可见光外,还可用氢灯或氘灯提供辐射波长范围 200 ～ 400 nm 的近紫外光源。它们是氢气的辉光放电灯,氘灯的发光强度比氢灯要高 2 ～ 3 倍,寿命也比较长。为保证发光强度稳定,也要用稳压电源供电。

2. 单色器

单色器的作用是将光源发射的复合光分解成单色光。单色器是由色散元件、狭缝和透镜系统组成的。狭缝和透镜系统的作用是调节光的强度,控制光的方向并取出所需波长的单色光。图 7-18 为经典的棱镜单色器的工作原理示意图。光源发出的光经透镜聚焦在入射狭缝上,进入单色器后由棱镜分光,再由平面反射镜反射至出射狭缝。棱镜由玻璃或石英制成,玻璃棱镜只适用于可见光范围,紫外区必须用石英棱镜。棱镜和平面反射镜的位置可通过机械装置调整,让所需波长的光通过狭缝。狭缝的宽度也是可调的,通过它可调节光的强度和谱带宽度。

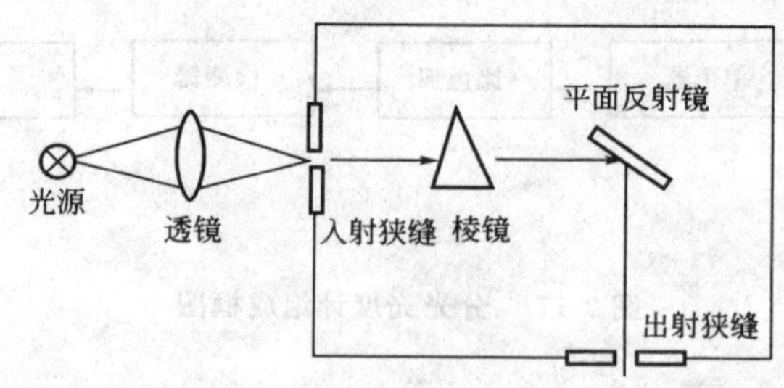

图 7-18　棱镜单色器示意图

新型的单色器使用光栅作色散元件。光栅是在玻璃表面刻上等宽度等间隔的平行条痕，每毫米的刻痕多达上千条。一束平行光照射到光栅上，由于光栅的衍射作用，反射出来的光就按波长顺序分开。光栅的刻痕越多，对光的分辨率越高，现在可达到±0.2 nm。有的新型分光光度计用两个或三个光栅来分光，已不用手工调节波长，而是用微机控制，只要设定好所需的波长，微机会自动转换光栅，调整到所需的波长。

3. 比色皿

比色皿由无色透明的光学玻璃或石英制成，用于盛放待测溶液和参比溶液，又称吸收池。可见光区可用玻璃比色皿。比色皿的规格常用其厚度来表示，一般仪器均配有 0.5 cm、1.0 cm、2.0 cm、3.0 cm、5.0 cm 等规格的比色皿，同一规格的比色皿彼此之间的透光度误差应小于 0.5%，特别注意透光面应不受磨损。

4. 检测器

它是利用光电效应将透过吸收池的光信号转变成可测的电信号的装置。常用的检测器有光电池、光电管或光电倍增管。

① 光电池。光电池是一种光电转换元件，它不需外加电源而能直接把光能转换为电能。硅光电池具有性能稳定、光谱响应范围宽（300 ～ 1 000 nm）、使用寿命长、转换效率高、耐高温辐射等特点，因此在众多种类的光电池中应用最为广泛。

硅光电池的工作原理基于光生伏特效应，当光照射 P 型区表面时，则在 P 型区内每吸收一个光子便产生一个电子 - 空穴对，P 型区表面吸收的光子最多，激发的电子 - 空穴最多，越向内部越少。这种浓度差的存在使表面光生电子和空穴向 PN 结方向扩散。由于 PN 结内电场的方向是由 N 型区指向 P 型区的，它使扩散到 PN 结附近的电子 - 空穴对分离，大部分光生电子却受到结电场的加速作用穿越 PN 结，到达 N 型区，大部分光生空穴被电场推回 P 型区而不能穿越 PN 结，从而使 N 型区带负电，P 型区带正电，形成光生电动势。若用导线连接 P 型区和 N 型区，电路中就有光电流流过。这就是光生电动势。硅光电池的结构如图 7-19 所示。

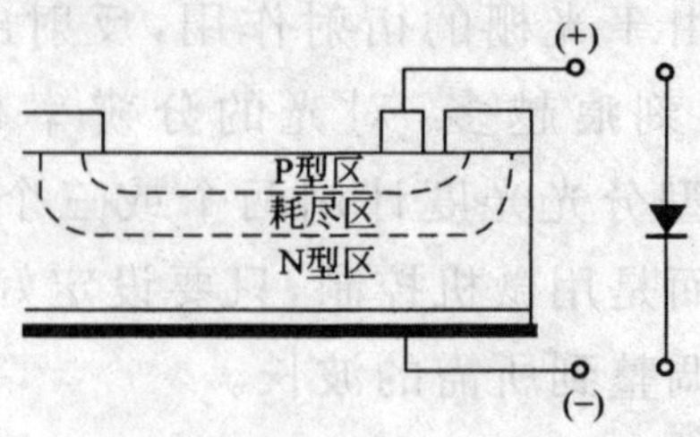

图 7-19　硅光电池结构示意图

② 光电管。光电管是一个真空二极管，其阳极为金属丝，阴极为半导体材料，两极间加有直流电压。当光线照射到阴极上时，阴极表面放出电子，在电场作用下流向阳极，形成光电流。光电流的大小在一定条件下与光强度成正比。按光电管的阴极材料不同，光电管分蓝敏和红敏两种，前者可用于波长范围为 210 ～ 625 nm，后者可用于波长范围为 625 ～ 1 000 nm。光电管的响应灵敏度和波长范围都比光电池优越。

③ 光电倍增管。光电倍增管相当于一个多阴极的光电管，如图 7-20 所示。光线先照射到第一阴极，阴极表面放出电子。这些电子在电场作用下射向第二阴极，并放出二次电子。经过几次这样的电子发射，光电流就被放大了许多倍。因此光电倍增管的灵敏度很高，适用于微弱光强度的测量。

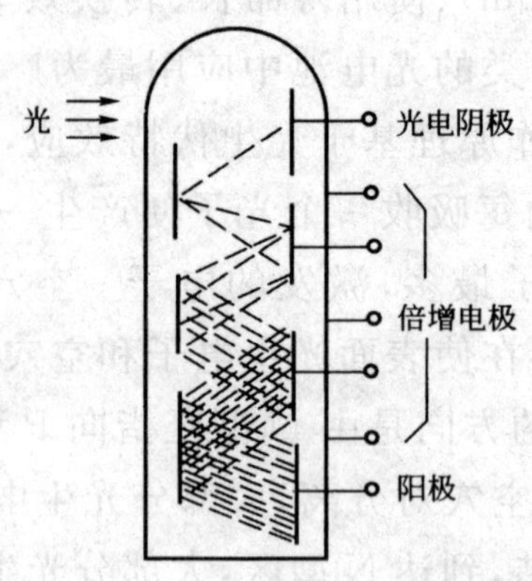

图 7-20　光电倍增管工作原理示意图

5. 显示器

一般由检流计构成，其作用是将检测到的信号以适当方式显示或记录下来，在检流计的标尺上有两种刻度，等刻度的是百分透光度，不等刻度的是吸光度。目前大多数光度计采用记录仪或数字显示器。

（二）分光光度计的类型

分光光度计可归纳为三种类型，即单光束分光光度计、双光束分光光度计和双波长分光光度计。

1. 单光束分光光度计

氢灯或氘灯为紫外光源，钨灯为可见光源，光栅为色散元件，光电管作检测器，是一类较精密、可靠，适用于定量分析的仪器，可用于吸光系数的测定。单光束仪器只有一束单色光，空白溶液100％透光率的调节和样品溶液透光率的测定，是在同一位置用同一束单色光先后进行。仪器结构简单，但对光源发光强度的稳定性要求较高，其光路示意图如图 7-21 所示。

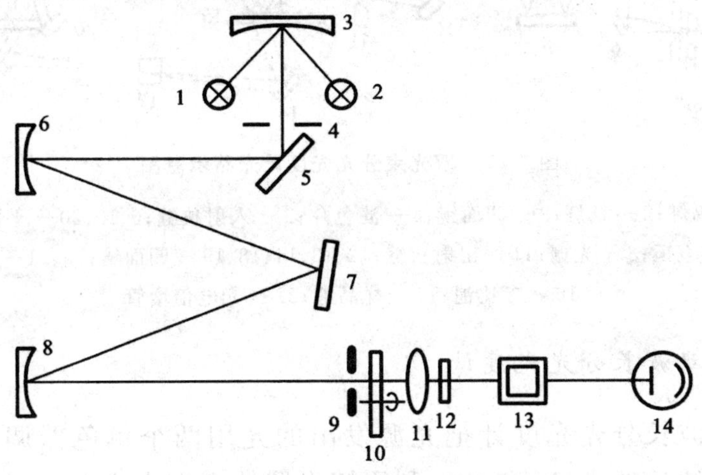

图 7-21　单光束分光光度计光路示意图

1— 溴钨灯；2— 氘灯；3— 凹面镜；4— 入射狭缝；5— 平面镜；6、8— 准直镜；7— 光栅；9— 出射狭缝；10— 调制器；11— 聚光镜；12— 滤色片；13— 吸收池；14— 光电倍增管

2. 双光束分光光度计

双光束光路是被普遍采用的光路，图 7-22 表示其光路的原理。从单色器发射出来的单色光，用一个旋转扇面镜(又称斩光器)将它分成两束交替断续的单色光束，分别通过空白溶液和样品溶液后，再用一同步扇面镜将两束光交替地投射于光电倍增管，使光电管产生一个交变脉冲信号，经比较放大后，由显示器显示出透光率、吸光度、浓度或进行波长扫描，记录吸收光谱。扇面镜以每秒几十转至几百转的速度匀速旋转，使单色光能在很短时间内交替地通过空白与试样溶液，可以减少因光源强度不稳而引入的误差。测量中不需要移动吸收池，可在随意改变波长的同时记录所测量的吸光度值，便于描绘吸收光谱。

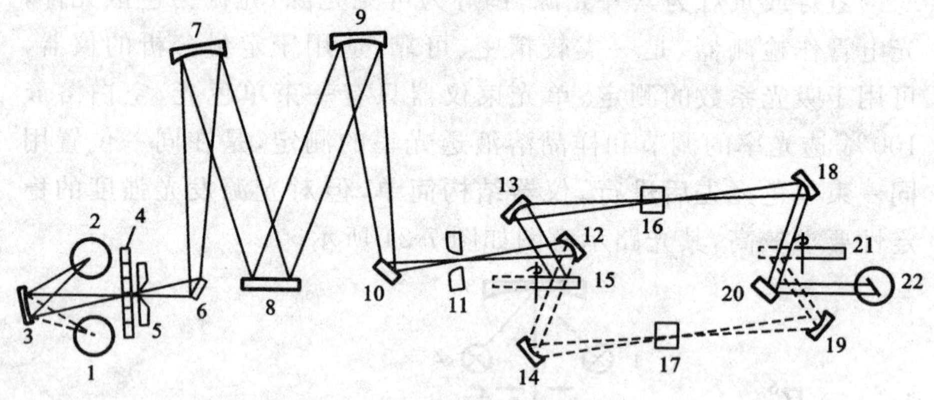

图 7-22　双光束分光光度计光路示意图

1— 钨灯；2— 氘灯；3— 凹面镜；4— 滤色片；5— 入射狭缝；6、10、20— 平面镜；7、9— 准直镜；8— 光栅；11— 出射狭缝；12、13、14、18、19— 凹面镜；15、21— 扇面镜；16— 参比池；17— 样品池；22— 光电倍增管

3. 双波长分光光度计

双波长分光光度计把光源发出的光用两个单色器调制成两束不同波长的光(λ_1 和 λ_2)，利用切光器使两束光交替通过样品溶液，再由接收器分别接收，通过电子系统可直接显示两个波长处的吸光度差值 $\Delta A(\Delta A = A\lambda_1 - A\lambda_2)$。它的优点是消除了由于人

工配制的空白溶液和样品溶液本底之间的差别而引起的测量误差，无须参比池。图 7-23 所示是双波长分光光度计光路示意图。

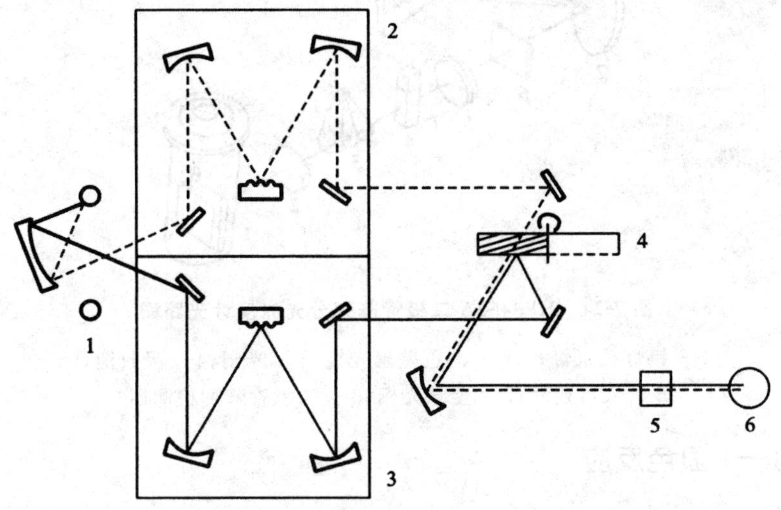

图 7-23 双波长分光光度计光路示意图

1— 光源；2、3— 两个单色器；4— 折光器；5— 样品吸收池；6— 光电倍增管

近年来还出现了配置光多道二极管阵列检测器的分光光度计，这是一种具有全新光路系统的仪器，其光路原理如图 7-24 所示。由光源发出，经消色差聚光镜聚焦后的多色光通过样品池，再聚焦于多色仪的入口狭缝上，透过光经全息光栅表面色散并投射到二极管阵列检测器上。二极管阵列的电子系统，可在 1/10 秒的极短时间内获得 190 ～ 820 nm 范围的全光光谱。

四、显色反应及显色反应条件的选择

有色化合物在溶液中受酸度、温度、溶剂等的影响，可能发生水解、沉淀、缔合等化学反应，从而影响有色化合物对光的吸收，因此在测定过程中要严格控制显色反应条件，以减少测定误差。

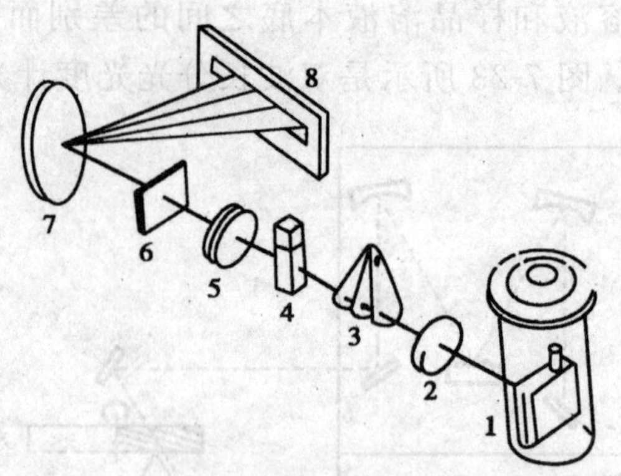

图 7-24 HP8452A 二极管阵列分光光度计光路图

1— 钨灯或氘灯；2、5— 消色差聚光镜；3— 光闸；4— 吸收池；
6— 入口狭缝；7— 全息光栅；8— 二极管阵列检测器

（一）显色反应

1. 显色反应

许多物质本身是无色的，不能直接用可见分光光度法测定。对于这些物质的测定，可以通过适当的化学处理，使该物质转变成对可见光有较强吸收的化合物。这种将无色的被测组分转变成有色物质的化学处理过程称为“显色过程”，所发生的化学反应称为“显色反应”，所用试剂称为“显色剂”。选择显色反应时，应考虑的因素是灵敏度高、选择性高、生成物稳定、显色剂在测定波长处无明显吸收。

显色反应可以是氧化还原反应，也可以是配位反应，或是兼有上述两种反应。例如 Fe^{2+} 无色，不能直接用分光光度法测定，当它与显色剂 1,10- 邻二氮菲作用生成红棕色 1,10- 邻二氮菲亚铁后，非常适合用分光光度法测定。又如钢中微量锰的测定，Mn^{2+} 不能直接进行光度测定，但将 Mn^{2+} 氧化成紫红色的 MnO_4^- 后，可在 525 nm 处进行测定。

2. 显色剂

光度分析中采用的显色剂有无机显色剂和有机显色剂两大

类。无机显色剂在光度分析中应用不多，其主要原因是无机显色剂与金属离子形成的有色配合物稳定性差，灵敏度和选择性不高所致。目前还有实用价值的主要有硫氰酸盐（测铁、钼、钨和铌）、钼酸铵（测硅、磷和钒）、氨水（测铜、钴和镍）和过氧化氢（测钛、钒和铌）等。

有机显色剂与金属离子发生显色反应主要通过配合反应形成稳定并具有特征颜色的螯合物实现。有机显色剂种类繁多，一般分为氧配位的显色剂、氮及氮氧配位的显色剂、硫、硫氧及硫氮配位的显色剂和离子缔合显色剂等类型。

显色剂在分光光度分析中应用很普遍，选择显色剂时主要考虑以下几点：

① 显色灵敏度要高，即要求显色剂与被测组分的生成物 ε 要大，ε 越大，则测定的灵敏度越高。

② 显色剂的选择性要高，且显色剂与被测组分的生成物要稳定和组成恒定，只有这样，共存的干扰离子影响才小，测定的准确度才高。

③ 显色剂的颜色与生成物的颜色之间要有足够大的差别。显色剂与生成物的最大吸收波长之间的差值 $\Delta\lambda$ 叫对比度（要求 $\Delta\lambda > 60nm$），差值越大则对比度越大，显色剂颜色引起的干扰就越小。

④ 显色剂与生成物要易溶于水，便于测定。

（二）显色反应条件的选择

显色反应能否完全满足分析的要求，除了主要与显色剂本身的性质有关外，控制好显色反应的条件也十分重要。如果显色条件不合适，将会影响分析结果的准确度。影响显色反应的因素主要有溶液酸度、显色剂用量、显色时间、显色温度、溶剂等，必须加以控制和选择。

1. 显色剂的用量

显色反应在一定程度上是可逆的，为了保证显色反应进行完全，显色剂必须过量，但不是过量愈多愈好，显色剂的适宜用量要通过实验来确定。一般是固定被测组分的浓度和其他条件，改变显色剂的加入量，配制出一系列显色溶液，再测量其吸光度。以吸光度 A 对显色剂浓度 c 作图，根据其关系曲线确定显色剂最佳用量。图 7-25 所示为几种典型的试液吸光度与显色剂浓度的关系曲线。其中图 7-25(a) 是最常见的情况，可在平坦区选择适当浓度进行测定；图 7-25(b) 与图 7-25(a) 的不同之处在于，当平坦区出现之后，从某一点开始 A 又随着 c 的增加而下降，此时应注意严格控制 c 在平坦区。图 7-25(c) 与前述两种情况完全不同，A 随着 c 的增加不断增大，不出现平坦区，在这种情况下，对显色剂用量的控制要求更加严格，否则无法得到准确的测定结果，且应使 c 相对较大，以保证显色反应完全，但一般最好不采用这样的显色体系。

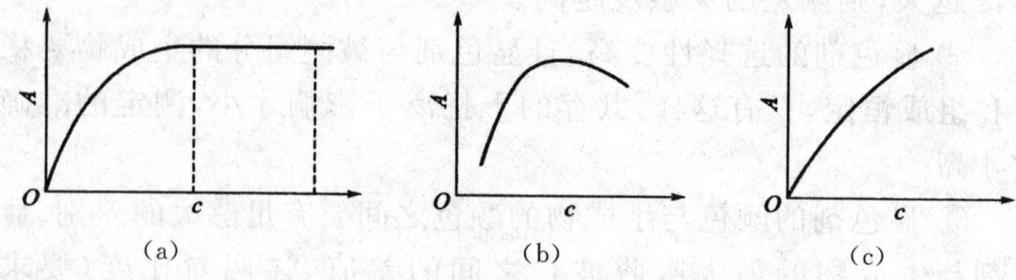

图 7-25　吸光度与显色剂浓度的关系曲线

2. 溶液的酸度

酸度对显色反应的影响很大，主要包括以下几个方面。

(1) 对被测离子有效浓度的影响

许多金属离子特别是高价重金属离子，当溶液的 pH 较高时容易发生水解反应，生成氢氧化物沉淀，降低了有效浓度，使显色反应进行不完全，甚至完全不能显色。遇到这种情况，要控制溶液的酸度，防止水解。

(2) 对显色剂的影响

有机显色剂大都是弱酸或弱碱，它们的解离度或自身颜色由溶液的 pH 决定。例如，PAR 在 pH ＝ 2 ～ 4 时显黄色，pH ＝ 4 ～ 7 时为橙色，pH ≥10 时为红色，它与许多金属离子形成的配合物也呈红色,因此用 PAR 作显色剂,应在 pH = 2 ~ 4 时进行。

(3) 对配合物组成的影响

有的显色剂与同一种被测离子能形成多种配合物,在不同的 pH 下,配合物的组成不同,颜色也不同。如水杨酸与 Fe^{3+} 作用生成组成不同的配合物:pH = 2 ~ 3 时,$[FeSal]^{+}$,红紫色;pH = 4 ~ 9 时,$[Fe(Sal)_2]^{-}$,红棕色;pH ≥ 9 时,$[Fe(Sal)_3]^{3-}$,黄色。

总之,pH 对显色反应的影响可通过实验确定反应条件。即在相同实验条件下,分别测定不同 pH 条件下显色溶液的吸光度。选择曲线中吸光度较大且恒定的平坦区所对应的 pH 范围。

3. 显色时间与温度

(1) 显色时间与稳定时间

从加入试剂到显色反应完成所需的时间称为显色时间,显色后有色配合物能保持稳定的时间称为稳定时间。显色时间是由显色反应本身决定的,而且与温度有很大关系;稳定时间是由有色配合物的稳定性决定的。各种有色配合物的显色时间和稳定时间相差很大,如硅钼杂多酸在室温下需 20 ~ 30 min 形成,在沸水浴中只需 30s,生成的硅钼蓝可稳定数十小时,而钨与对苯二酚的有色配合物只能稳定 20 min。测定吸光度时应当在充分显色后的稳定时间内进行。最佳时间还是要通过实验来求得。

(2) 温度

一般显色反应在室温下完成,但有些反应必须在较高温度下才能完成。因此,对每个具体的反应,温度的影响要通过条件实验来确定。另外,由于温度对光的吸收和颜色的深浅都有影响,因此在绘制标准曲线和样品测定时要保持温度一致。

4. 溶剂

有机溶剂常降低有色化合物的解离度,从而提高显色反应的灵敏度。此外,有机溶剂还可以影响显色反应速率,影响配合物的颜色、溶解度和组成等。合适的溶剂及其用量一般也通过实验来确定。

表面活性剂具有胶束增溶、增敏作用，甚至可与有色化合物形成含有表面活性剂的多元配合物，从而提高显色反应的灵敏度，增加有色化合物的稳定性。合适的表面活性剂及其用量也要通过实验来确定。常用的有溴化十六烷基吡啶（CPB）、溴化十四烷基吡啶（TPB）、氯化十六烷基三甲基铵（CTMAC）和氯化十四烷基二甲基苄基铵（ZEPH）等阳离子表面活性剂，十二烷基磺酸钠（SDBS）、十二烷基硫酸钠（SDS）等阴离子表面活性剂和 OP 乳化剂、TritonX-100、吐温-80 等非离子表面活性剂。此外，近年来环糊精的应用研究也较多。

5. 干扰离子

在光度分析中，共存离子的存在常常对测定产生干扰，使测定结果产生较大甚至严重误差，这是造成光度分析误差的重要原因。例如，如果共存离子本身有颜色或能与显色剂反应生成有色化合物，并且在测量条件下产生吸收，就会使测定结果偏高，产生正误差；如果共存离子因与待测组分反应或与显色剂反应生成更稳定的在测量条件下无吸收的配合物，从而降低了待测组分和显色剂的平衡浓度，致使显色反应不能进行完全，就会导致测定结果偏低，产生负误差；如果在显色条件下，共存离子发生水解、析出沉淀，则会使溶液浑浊而无法准确测定其吸光度。

五、定量方法

（一）目视比色法

目视比色法是通过人的眼睛观察溶液颜色的深浅来判断被测组分的含量。采用的光源是太阳光或普通灯光，没有单色器，不需要其他的光电器件，所用的主要仪器是比色管及比色管架，因此目视比色法简单方便，适用于准确度要求不高的测定。

测定方法首先是配制一系列含有待测组分的标准样品于一

组比色管中，然后将被测样品也装在同样的比色管中，从比色管自上而下借助反光镜观察颜色的深浅。当样品溶液颜色与其标准样品的颜色一致时，就确认它们的浓度相等。

应用目视比色法时要注意以下几点：

① 目视比色法的光源是太阳光，在夜间或光源不足时，要用目光灯而不用白炽灯，因为白炽灯的光中黄光较多，观察颜色时会引起误差。

② 同一组比色管的材质相同，规格一致。

③ 为提高测定的准确度，应在试液含量附近多配几个间隔小的标准溶液，以便进行比较。

（二）工作曲线法

工作曲线法也称标准曲线法，适用于大量重复性的样品分析，是工厂控制分析中应用最多的方法。

1. 工作曲线的绘制

选择配制一系列（$n \geqslant 4$）适当浓度的标准溶液，在一定的实验条件下，显色后分别测定其吸光度，以吸光度 A 对浓度 c 作图，即得工作曲线，也叫标准曲线，如图 7-26 所示。然后将被测样品溶液在同样条件下显色，测得吸光度后在工作曲线上查得被测组分的浓度，最后再换算成原试液中待测组分的浓度。这种方法简单方便，适用于多个样品的系列分析。

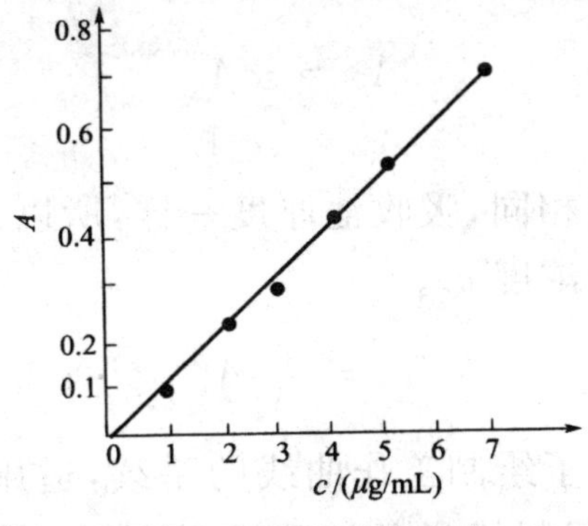

图 7-26　工作曲线示例

2. 绘制与使用中应注意的问题

绘制工作曲线需要注意以下问题:

① 试液测定条件与绘制工作曲线条件必须一致,且工作曲线必须准确可信。

② 当绘制工作曲线的条件发生变化时,如更换试剂、吸收池或光源灯等,都可能引起工作曲线的变化,应及时校正工作曲线。如果校正的点与工作曲线相差较大,应查找原因并重作曲线。

③ 光吸收定律只适用于稀溶液,工作曲线只在一定浓度范围内呈直线,所以工作曲线不能随意延长。如果试样的浓度超出了工作曲线的范围,应采用稀释的方法进行调整。

④ 正常情况下工作曲线应是一条通过原点的直线。若工作曲线不通过原点,一般是由于标样与参比溶液的组成不同,即背景对光的吸收不同造成的。这种情况可选择与标样组成相近的参比溶液。

⑤ 控制适宜的吸光度(读数范围)。应选择适当的测量条件,让工作曲线落在 $A = 0.20 \sim 0.70$ 这个范围,减小测量误差。

(三)直接比较法

直接比较法是一种简化的工作曲线法。该方法的实质是配一个已知被测组分浓度为 c_s 的标样,测其吸光度为 A_s,在同样条件下再测未知浓度样品的吸光度为 A_x,通过计算求出未知样品的浓度 c_x。

$$A_s = \varepsilon c_s L$$
$$A_x = \varepsilon c_x L$$

由于溶液性质相同,吸收池厚度一样,所以 $A_s/A_x = c_s/c_x$,由此可计算出样品的浓度 c_x。

$$c_x = \frac{c_s}{A_s} A_x$$

这种方法简化了绘制工作曲线的手续,适用于个别样品的测定。操作时应注意配制标样的浓度要接近被测样品的浓度,这样可减小测量误差。

（四）标准加入法

标准加入法的实质是先测定浓度为 c_x 的未知样品的吸光度 A_x，再向未知样品中加入一定量的标样，配制成浓度为 $c_x+\Delta c_1$、$c_x+\Delta c_2$ 等一系列样品，显色后再测定吸光度为 A_1、A_2 等。以吸光度 A 为纵坐标，以浓度 c 为横坐标绘制曲线，连成直线后延长，与横轴的交点 c_x 就是未知样品的浓度 c_x，如图 7-27 所示。

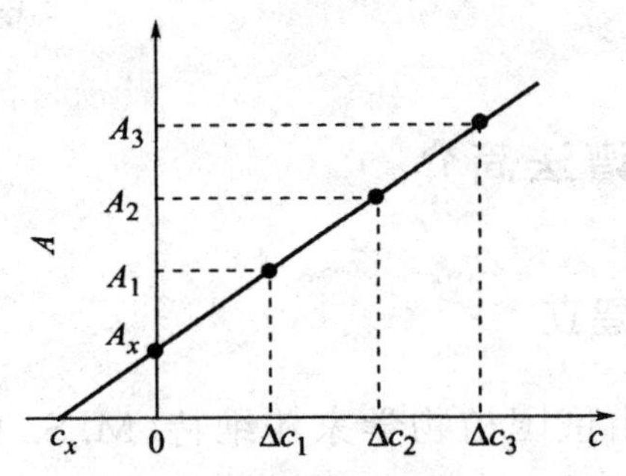

图 7-27　标准加入法

这种方法操作比较麻烦，不适于作系列样品分析，但它适用于组成比较复杂、干扰因素较多而又不太清楚的样品的分析，因为它能消除背景的影响。应用标准加入法时要注意加入的标样浓度要适当，使绘制的曲线保持适当的角度，浓度过大或过小都会带来测量误差。

（五）光度分析的计算

分光光度分析的计算依据是光吸收定律，下面通过几个例题来说明。

【例 7-2】　用邻二氮菲显色测定铁，已知显色液中亚铁含量为 50 μg/100 ml。用 2.0 cm 的吸收池，在波长 510 nm 处测得吸光度为 0.205。计算邻二氮菲亚铁的摩尔吸光系数（ε_{510}）。

解：根据公式 $A=\varepsilon bc$

得
$$\varepsilon=\frac{A}{bc}$$

根据定义，Fe^{2+} 的浓度应用 $mol \cdot L^{-1}$ 表示，因此需要换算。

$$c(\mathrm{Fe}) = \frac{50 \times 10^{-6}}{55.85 \times 100} \times 1\,000 = 8.95 \times 10^{-6}\ \mathrm{mol \cdot L^{-1}}$$

根据题意，Fe^{2+} 的浓度等于 Fe^{2+}-邻二氮菲配合物的浓度，因此

$$\varepsilon_{510} = \frac{0.205}{8.95 \times 10^{-6} \times 2.0} = 1.14 \times 10^{4}\ \mathrm{L \cdot (mol \cdot cm)^{-1}}$$

第三节　气相色谱分析

一、气相色谱法简介

（一）色谱的建立

色谱最初是由俄国植物学家茨维特（M. S. Tswett）在研究植物色素的过程中，于 1906 年创立的简易分离技术，茨维特的实验奠定了传统色谱法基础。从此之后，化学家、生物化学家和生理学家们在制备高纯化合物、分离和鉴定复杂混合物时便有了一条崭新的有效途径。茨维特的实验是在一根玻璃管的狭小一端塞上小团棉花，在管中填充碳酸钙，形成了一个分离柱，如图 7-28 所示。然后将含有植物色素的石油醚抽取液流经柱子，结果植物色素中的几种色素便在玻璃柱中展开，最上面的是叶绿素，接下来的是两三种黄色的叶绿素，最下层的是黄色胡萝卜素，形成了一个有规则的色层。再用纯石油醚进行淋洗，使柱中色层完全分开。然后将柱中潮湿的碳酸钙从玻璃管中推出，依色层的位置用小刀切开，再以醇为溶剂将它们分别溶解，即得到了各植物色素的纯溶液。茨维特在他的论文中，把上述分离方法叫作色谱法，把填充碳酸钙的玻璃柱管称为色谱柱，里面填充的碳酸钙称为固定相，用来淋洗的纯石油醚称为流动相，柱中出现的色层称为色谱图。

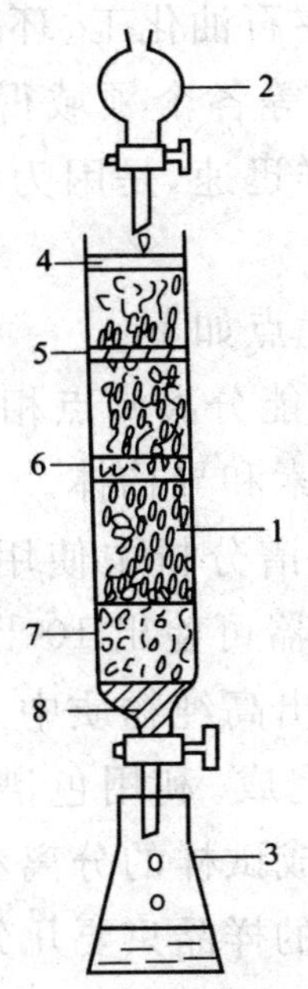

图 7-28　茨维特吸附色谱分离实验示意图

1— 装有碳酸钙颗粒的透明玻璃柱；2— 装有石油醚的分液漏斗；
3— 接收洗脱液的锥形瓶；4— 色谱柱顶端石油醚层；5— 绿色叶绿素；
6— 黄色叶黄素；7— 黄色胡萝卜素；8— 色谱柱出口填充的棉花

（二）气相色谱法的分类与特点

气相色谱法是用气体作流动相，以试样组分在固定相和流动相之间的溶解、吸附等作用的差异建立起来的分离分析方法（通常缩写为 GC）。根据固定相的状态不同，气相色谱法又分为气 - 固色谱法和气 - 液色谱法两种。

气 - 固色谱法是用固体物质（吸附剂）作为固定相的色谱分析法（缩写为 GSC）。它是依据吸附平衡原理进行分离的，因此也称为气 - 固吸附色谱法。

气 - 液色谱法是用涂在固体颗粒表面上或毛细管内壁上的固定液作为固定相的色谱分析法（缩写为 GLC）。它是依据被测组分在气 - 液两相间分配能力的不同进行分离的，因此也称为气 - 液分配色谱法。

目前气相色谱法已在石油化工、环境保护、医药科学、食品科学、生命科学及航天科学等各个领域得到了广泛的应用。气相色谱法之所以能发展得这样迅速，是因为它具有一般分析方法所不具备的独特优点。

气相色谱法具有的优点如下：

① 分离效率高。不仅能分离沸点相近的组分和组成复杂的混合物，而且可以分离同位素和异构体。

② 灵敏度高。由于色谱分析中使用高灵敏的检测器，所以检测灵敏度高。如 FID 检测器可检出 10^{-12} g・s^{-1} 的物质。若与浓缩富集方法结合，可以测定出高纯物质中 $10^{-9}\sim10^{-6}$ 的杂质。

③ 分离和测定同时完成。利用色谱柱的分离作用，可以与其他分析仪器联机，一次完成试样的分离和测定工作。

④ 分析速度快。一般的样品只要几分钟到十几分钟即可完成。

⑤ 易于实现自动化。可对化工生产或其他反应过程实现“在线分析”。

（三）气相色谱法分析流程

气相色谱法用于分离分析样品的基本过程如图 7-29 所示。

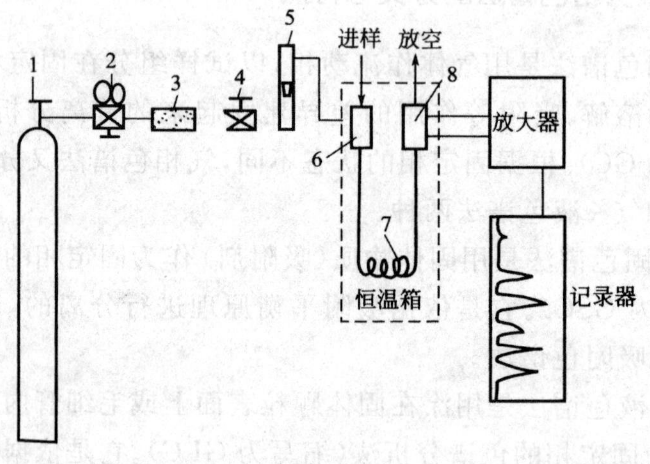

(a)

图 7-29　气相色谱仪气路流程

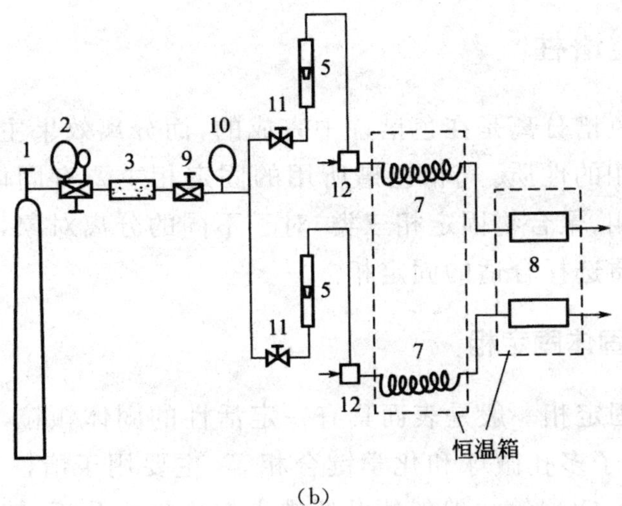

(b)

图 7-29(续)

(a) 单柱单气路气相色谱仪；(b) 双柱双气路气相色谱仪

1— 载气钢瓶；2— 减压阀；3— 净化器；4— 气流调节阀；

5— 转子流量计；6— 汽化室；7— 色谱柱；8— 检测器；9— 稳压阀；

10— 压力表；11— 针形阀；12— 进样 - 汽化室

图 7-29(a) 为单柱单气路气相色谱仪气路流程示意图。载气(流动相) 由高压钢瓶供给，经减压阀、净化器、流量调节器和转子流量计后，以稳定的压力和恒定的流速连续流过汽化室、色谱柱、检测器，最后放空。汽化室与进样口相接，它的作用是把从进样口注入的液体试样瞬间汽化为蒸气，以便随载气带入色谱柱中进行分离，分离后的样品随载气依次带入检测器，检测器将组分的浓度(或质量) 变化转化为电信号，电信号经放大后，由记录仪记录下来，即得色谱图。

图 7-29(b) 为双柱双气路气相色谱仪气路流程示意图。载气经净化、稳压后分成两路，分别进入两根色谱柱。每个色谱柱前装有进样 - 汽化室，柱后连接检测器。双气路能够补偿气流不稳及固定液流失对检测器产生的影响，特别适用于程序升温。新型双气路仪器的两个色谱柱可以装入性质不同的固定相，供选择进样，具有两台气相色谱仪的功能。

二、色谱柱

气相色谱分离是在色谱柱中完成的，而分离效果主要取决于柱中固定相的性质。气相色谱所用的固定相主要有固体固定相、液体固定相、聚合物固定相三类，对于不同的分离对象，需要根据它们的性质选择合适的固定相。

（一）固体固定相

固体固定相一般是表面具有一定活性的固体颗粒，主要有吸附剂、高分子多孔微球和化学键合相等。主要用于惰性气体、H_2、O_2、N_2、CO、CO_2 等一般气体及低沸点有机物的分析。特别是对烃类异构体的分离具有很好的选择性和较高的分离效率。其缺点是吸附等温线常常为非线性，所得的色谱峰往往不对称。只有当试样量很小时，才会有对称峰。另外，重现性差。由于在高温下常具有催化活性，因而不宜分析高沸点和有活性组分的试样。

（二）液体固定相

液体固定相是将固定液均匀涂渍在载体而成，故可分为固定液和载体两部分。

液体固定相因具有较高的可选择性而受到普遍重视。目前用于气相色谱的固定液有数百种，一般按其化学结构类型和极性进行分类，方法各有利弊。按官能团分类便于了解固定液的类别，可由结构相似出发来选择固定相，同样也便于寻找同类替代品。而按极性分类的方法可根据被测物极性的大小来查阅，方便寻找极性相似的固定液作为替代品。在实际应用中，若样品较为简单，按官能团类别来选择固定液较为方便。

载体是固定液的支持骨架，使固定液能在其表面上形成一层薄而匀的液膜，以加大与流动相接触的表面积。载体大致可分为硅藻土类和非硅藻土类。

（三）聚合物固定相

聚合物固定相主要是以苯乙烯或乙基苯乙烯为单体，二乙烯基苯为交链剂共聚而成。它既是一种性能优良的吸附剂，可直接作为固定相使用，又可作为载体在表面涂固定液后使用。

三、气相色谱分析操作条件的选择

（一）分离度

塔板高度能反映柱效能高低，但不能反映柱的选择性。两个组分怎样才算达到完全分离？第一是两组分的色谱峰之间的距离必须相差足够大；第二是峰必须窄，只有同时满足这两个条件，两组分才能完全分离。相邻两组分在色谱柱中的分离情况，可用分离度判断。

分离度指相邻两组分色谱峰保留值之差与两个组分色谱峰峰底宽度平均值之比：

$$R=\frac{t_{R(2)}-t_{R(1)}}{\frac{1}{2}(W_1+W_2)}=\frac{2[t_{R(2)}-t_{R(1)}]}{W_1+W_2}$$

当两组分的色谱峰分离较差，峰底宽度难以测量时，可用半高峰宽代替峰底宽度，并用下式表示分离度：

$$R=\frac{t_{R(2)}-t_{R(1)}}{W_{\frac{h}{2}(1)}+W_{\frac{h}{2}(2)}}$$

计算时要把保留时间与峰宽换算成同一个单位。分离度的示意图见图 7-30。

由上述公式和示意图可知，两个峰的保留时间相差越大，峰宽越窄，则分离度越好。若峰形对称且满足于正态分布，则当 $R=1$ 时，分离程度可达 98%；当 $R=1.5$ 时，分离程度可达 99.7%。因而可用 $R=1.5$ 来作为相邻两峰已完全分开的标志。

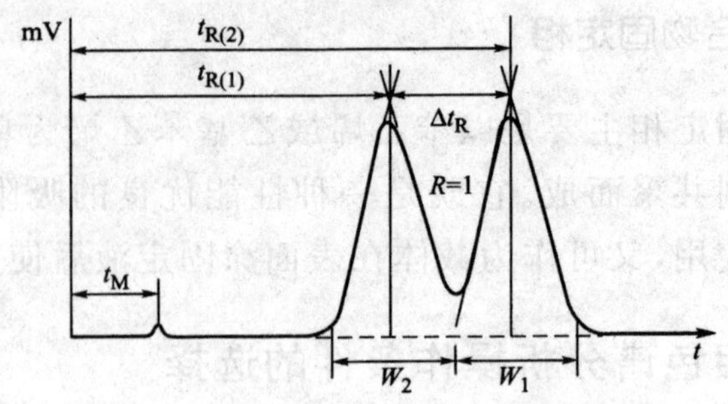

图 7-30　分离度 *R* 的示意图

（二）色谱分离条件的选择

1. 载气及其流速的选择

载气的选择与采用的检测器有关，一般热导检测器用氢气作载气，氢火焰离子化检测器用氮气作载气。

由速率理论可知，载气的流速是影响柱效能的主要因素。载气的最佳流速可以通过实验获得，对于给定的色谱柱，调节不同的载气流速，测得一系列塔板高度，用塔板高度 H 对载气流速 u 作图，得到如图 7-31 所示的 H-u 曲线图。曲线的最低点塔板高度 H 最小，柱效能最高，这点所对应的流速即是载气的最佳流速。

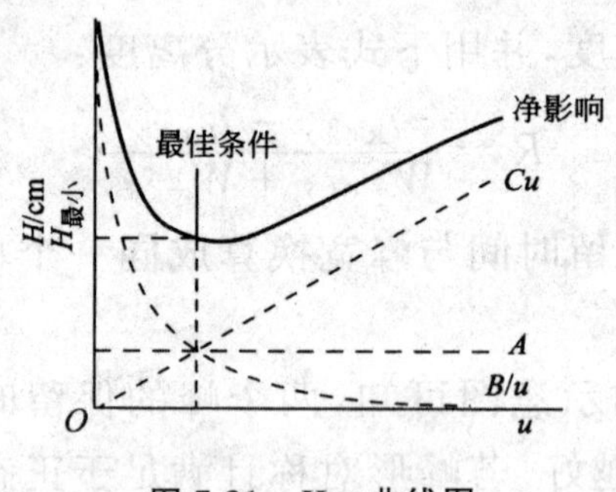

图 7-31　*H-u* 曲线图

2. 柱温的选择

柱温是一个重要的色谱操作参数，它直接影响分离效能和分析速度。通常按以下原则选择柱温。

① 柱温不能高于固定液的最高使用温度。柱温高于固定液的最高使用温度,会造成固定液大量挥发流失,使柱效降低。

② 尽量选择较低的柱温。降低柱温可使色谱柱的选择性增大,而升高柱温可以缩短分析时间及改善气相和液相的传质速率,但同时也加快了分子的纵向扩散,使固定液的选择性下降、分离度降低,所以,在能使沸点最高的组分达到分离的前提下,尽量选择较低的温度。

③ 对于宽沸程混合物,采用程序升温法。程序升温是指色谱柱的温度按照组分沸程设置的程序连续地随时间线性或非线性逐渐升高,使柱温与组分的沸点相互对应,以使低沸点组分和高沸点组分在色谱柱中都有适宜的保留、色谱峰分布均匀且峰形对称。因此,对于沸点范围很宽的混合物,往往采用程序升温法进行分析。

3. 汽化室与检测室温度

汽化室温度、检测室温度一般高于柱温 30℃ ～ 70℃。在样品不分解前提下,汽化室温度可以高些,以保证样品瞬间汽化。

4. 柱长和内径的选择

增加柱长能提高分离度,但也增加了分析时间。在满足分离度的条件下,尽量用短柱。

增加色谱柱的内径,可以增加分离的样品量,但由于纵向扩散路径的增加,会使柱效降低,通常填充柱的内径为 3 ～ 4 mm。

5. 固定液配比

指填充柱中固定液和载体的质量比(简称液载比)。例如 20∶100 即是 20 g 固定液涂在 100 g 载体上,习惯上也有用 20/100 或 20% 表示的。固定液配比不宜过高,一般在 5% ～ 30% 之间。

6. 进样时间和进样量

进样时间应在 1 s 内完成。因为进样时间长时，色谱峰半高峰宽随之变宽，甚至使峰变形。

进样量的多少要依据液载比、柱子负荷和检测器的灵敏度以及具体分析结果的要求而定。进样量太大，容易超出色谱柱的负荷，使柱效下降，峰形变坏，影响分离效果和定量的准确性；进样量太小，会使微量组分检测不出来。因此最大允许的进样量，应控制在使峰面积和峰高与进样量呈线性关系的范围内，并将此范围内允许的最大进样量称为柱容量或柱负荷（图 7-32）。液体样品通常进 0.5 ~ 5 μL，气体样品通常进 0.1 ~ 5 ml。

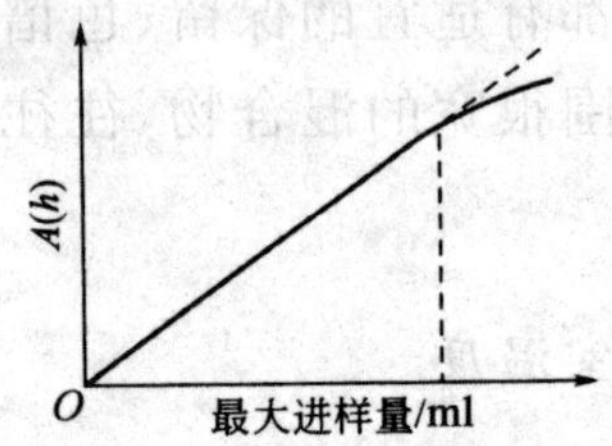

图 7-32　峰面积与进样量的关系

第四节　仪器分析的新进展——荧光分析法与荧光探针研究

一、荧光分析法

（一）荧光分析的基本原理

1. 荧光的产生

荧光的波长，可以与其吸收的激发光波长相同，称为共振荧光。由于物质吸收了一定波长的光能后，先在其内部进行了无辐射跃迁的能量转移后，再以光的形式释放出来。所以多数情况下，荧光的波长比激发光波长长，这种现象称为斯托克斯位移。斯托克斯位移越大，激发光对荧光的干扰越小，当它们相差大于20nm时，就可以很好地进行荧光测定。物质对光能的吸收、转移、辐射的情况，如图7-33所示。

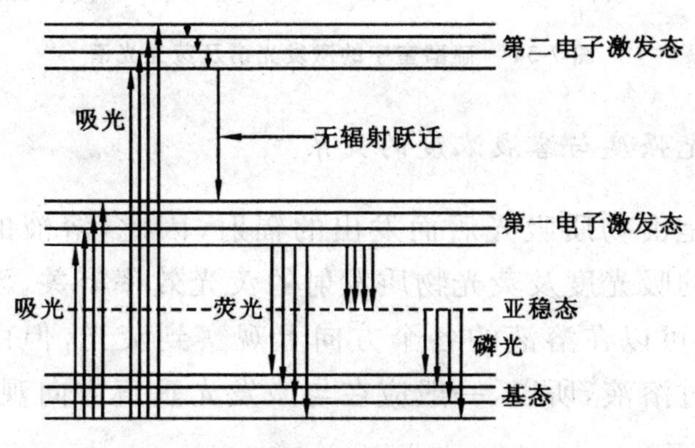

图7-33　光能的吸收、转移、发射示意图

2.激发光谱与荧光光谱

用不同波长的激发光对物质进行扫描，来测定其发射荧光的强度，然后以荧光强度对激发光波长作图，得到荧光物质的激发光谱，即其表观吸收光谱。激发光谱中最高峰的波长、能使荧光物质发射最强的荧光，为该物质的最大激发波长。荧光的产生是由第一电子激发态的最低振动能级开始的，而与分子被激发至哪一能级无关。固定激发光的波长和强度不变，对分子发射的荧光波长扫描，依次测定其荧光强度，以荧光强度对相应的荧光波长作图，得到荧光物质的发射光谱，简称荧光光谱。荧光光谱的波长和形状与激发光的波长无关，但荧光强度与其有关。荧光光谱中最高峰的波长，为该物质的最大发射波长，如图7-34所示。一般来讲，测定激发光谱时，是将物质的发射波长固定为最大发射波长；测定其荧光光谱时，是将其激发波长固定为最大激发波长。

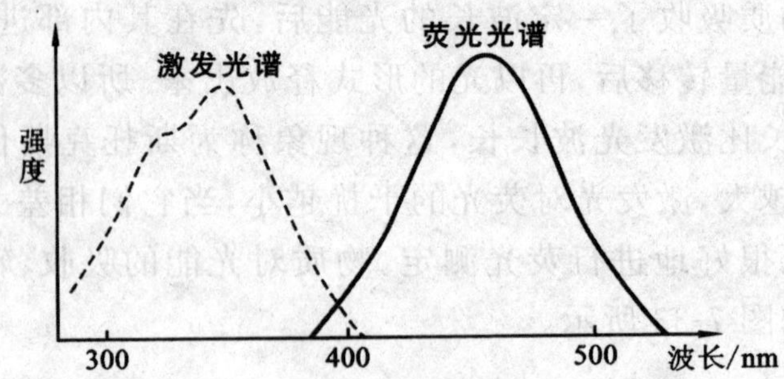

图 7-34　硫酸奎宁的激发光谱及荧光光谱

3. 荧光强度与溶液浓度的关系

荧光是由物质吸光后而发出的辐射，因此，溶液的荧光强度与该溶液的吸光度及荧光物质发射的荧光效率有关。溶液被入射光激发后，可以在溶液的各个方向上观察到荧光，但由于激发光部分可透过溶液，所以，一般应在与激发光垂直方向观测荧光，如图 7-35 所示。

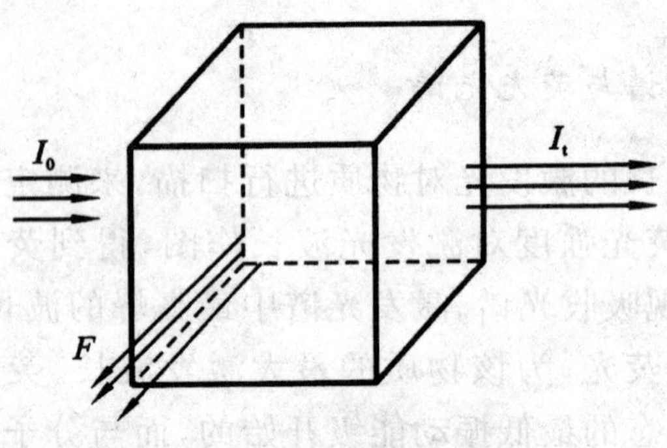

图 7-35　溶液的荧光

设入射光强度为 I_0，透过光强度为 I_t，则溶液的荧光强度 F 为

$$F = \Phi(I_0 - I_t)$$

式中，Φ 为荧光的量子效率。

设液层厚度为 b，浓度为 c，根据朗伯 - 比尔定律得

$$I_t / I_0 = 10^{-\varepsilon bc}$$

则

$$F = \Phi(I_0 - I_0 \cdot 10^{-\varepsilon bc}) = \Phi I_0(1 - 10^{-\varepsilon bc}) = \Phi I_0(1 - e^{-2.303\varepsilon bc})$$

当溶液浓度很稀，吸光度 $A = \varepsilon bc \leqslant 0.05$ 时，$e^{-2.303\varepsilon bc} = 1 - 2.303\varepsilon bc$，则

$$F = 2.303\Phi I_0 \varepsilon bc$$

对于一定的物质来讲，当入射光波长和强度固定、液层厚度 b 固定时，可进一步简化为

$$F = K \cdot c$$

该式只有当溶液浓度很稀，$A \leqslant 0.05$ 时才成立，否则，荧光强度与溶液浓度不呈线性关系。在浓溶液中，荧光强度往往不随溶液浓度增大而增大，反而由于所谓"自吸收"现象而导致荧光减弱。

（二）荧光分析仪器

荧光分析仪器与一般的光度计有类似之处，都是由光源、单色器、样品池及检测系统四大部件所组成的，如图 7-36 所示。

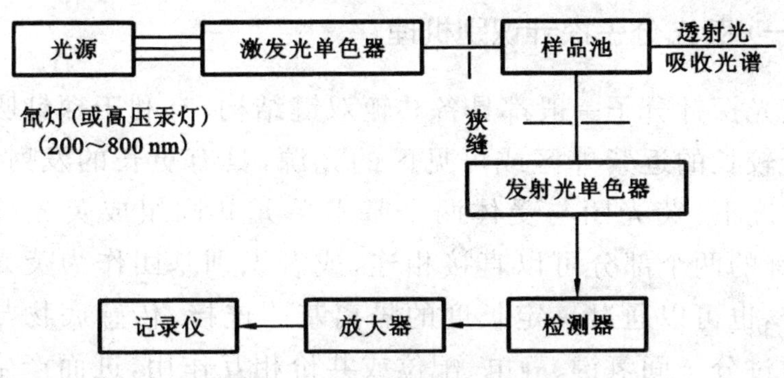

图 7-36　荧光分析仪器结构图

荧光分析仪器常用的光源有高压汞灯及氙灯，前者发射的为非连续光谱，后者发射的为 250 ～ 700 nm 的连续光谱。为了能分别测定激发光谱和发射光谱、选择合适的激发和发射光、除去干扰光，荧光分析仪器具备两个单色器，即激发光单色器和发射光单色器。荧光光度计是用滤光片作单色器，而荧光分光光度计大都用光栅，有的采用石英棱镜与光栅复合分光，也有的用干涉滤

光片作为简化的分光系统。荧光分析所用的样品池，通常为低荧光材料的石英制成的散射光较少的方形池，四面透明，清洗或握执时，应注意任何一面都不能污染。荧光光度计检测的是荧光信号，必须避开激发光的影响，因此，检测器与激发光应有一定的角度，通常为直角。

二、荧光探针

近些年来，物理学、化学、生命科学和纳米材料等科学的进步，使得荧光显微与成像等多种荧光类分析方法逐渐涌现出来，更是推动了荧光分析技术在诸多方面的应用。目前，基于离子诱导产生荧光变化的探针分析法以其独特的高灵敏度、高选择性、可实现原位、检测限低以及操作简便等优势，已然成为了众多领域检测金属离子的理想方法之一，该技术也在逐渐成熟，有潜力为更受欢迎的基因组学提供有价值的方法和信息。

（一）荧光分子探针识别机理

荧光探针分子一般都具备共轭双键结构，有利于探针吸收波长位于较长的近紫外区或可见区的光源，具有更长的发射波长。正常情况下，荧光团与受体两个基本单元共同组成荧光分子探针。探针的两个部分可以直接相连，或者识别基团作为荧光团的一部分，也可以通过一定长度的隔离基团连接。传感底物与受体单元通过分子间氢键、静电、配位或共价相互作用，进而产生荧光信号变化的过程来实现对金属离子的检测。如图 7-37 所示，探针的设计原理通常包括三种：荧光团 - 受体共价连接型、竞争置换型以及化学计量器法等。受体与目标分析物选择性结合之后，荧光团给出光学响应，对比前后发生荧光强度、光谱位置或荧光寿命的响应变化，这种探针也是目前探针设计中最常见的一类，利用共价键将受体和荧光团连接在一起。

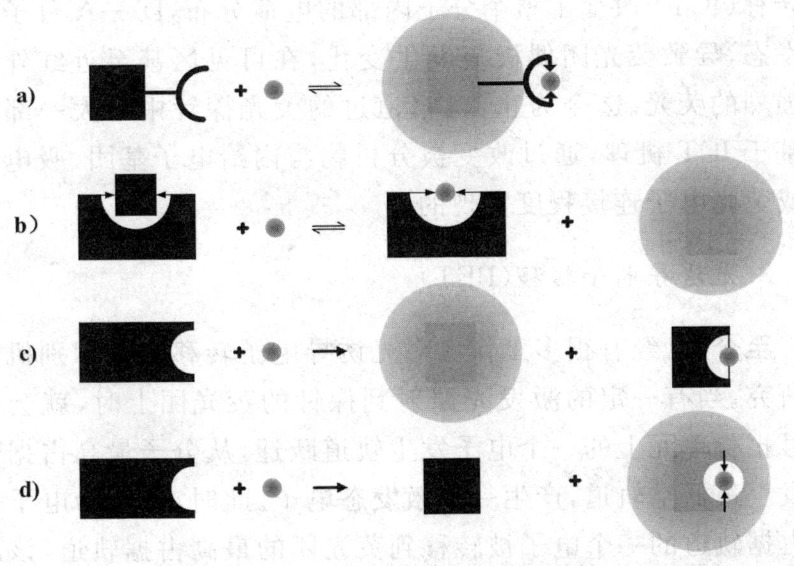

图 7-37　探针的设计原理

(a) 荧光团 - 受体连接型；(b) 竞争置换型；

(c) 分析底物和探针发生化学反应仍以共价键相连；(d) 底物催化型

探针与被分析物作用后，荧光信号（包括荧光强度、波长、荧光寿命等）有别于反应前，发生相应变化，是荧光探针的基本性质之一。所以，设计荧光探针可以考虑从影响荧光性质常见的因素出发。

1. 吸电子与供电子取代基效应

芳香族类化合物荧光特性受不同取代基的影响极其复杂。通常，吸电子取代基与供电子取代基的引入能对分子起到一定诱导作用，进而提高吸收率，荧光光谱发生迁移。目前在已报道过的荧光探针中，供电子基团多被用在芳香胺和醇类化合物，而类似醛、酮、腈、酰胺及硝基类化合物则常引入吸电子取代基。

2. 分子内电荷转移(ICT)

当给电子取代基和吸电子取代基与同一个 π- 电子共轭体系相连时，会形成给电子 -π- 桥连 - 吸电子（D-π-A）分子。分子内电荷转移(ICT)改变了整个分子内部的电荷分布,D-π-A 分子处于激发态,导致荧光团偶极矩发生变化,在可见区甚至近红外区出现强烈的荧光。迄今为止,已报道过的荧光探针中很大一部分都是基于 ICT 机理,通过改变被分析物与内给电子基团、吸电子能力或荧光电子连接程度实现的。

3. 光诱导电子转移(PET)

至今,已经有很多工作者对光诱导电子转移这种识别机理做了研究。当有一定的激发光照射到探针的荧光团上时,就会诱导信号报告单元上的一个电子发生轨道跃迁,从分子最高占据轨道激发至最低空轨道,产生一个激发态电子。此时,位于给电子体最高占据轨道的一个电子被转移到荧光团的最高占据轨道,该激发态电子不能再次返回到基态,荧光团也因受到抑制而不能发射荧光。对于此类型识别机理的荧光探针,探针与金属离子相互络合也会诱导荧光团的分子轨道发生跃迁现象,因此发射信号也相应增强或减弱。

4. 激发态分子内质子转移(ESIPT)

激发态分子内质子转移(ESIPT)因其对环境媒介独特的光谱灵敏度等优势,也已被广泛用于设计探针。用一定的光激发探针,探针本身结构中带有的质子跃迁到杂原子(N、O、S 等)上,共轭双键结构也由此改变。这种作用形式实际是分子内激发态质子由氢键给体向氢键受体单元快速转移的过程。

5. 荧光共振能量转移(FRET)

探针一般存在两个不同的荧光团。若两个荧光团之间间隔较供体与受体碰撞直径大,且与供体-受体分子的特征频率等同时,由于偶极共振耦合作用,激发态的能量转移给处于基态的能量受体。受体分子既可以是发光团,也可以有淬灭作用。若受体充当荧光部分,则因为荧光共振能量转移的作用,供体被一定波长的光照射，这时候便会放射出一定的荧光。相反地，如果受体分子作为荧光淬灭剂时，受到激发光照射，供体的荧光被淬灭。由此可以看出，经过客体与探针的特异性作用，使荧光共振能量转移发生相应的变化，也可以使探针性质变化从而输出荧光信号。

6. 激基缔合物(Excimer)

含有两个或多个同样荧光团(萘、芘、蒽等)的荧光探针，在其所有的荧光团都与共同的识别基团结合时，其被单一激发的一个荧光团与其他仍处于基态的荧光团就会构成分子内激基缔合物。此过程也会受到其他因素的影响，比如，单体浓度、荧光团间距及溶剂黏度等。与单体发射光谱相比，此类发射光谱具有长波长、无精细结构、发射峰强且宽等特点。

(二) 罗丹明类荧光探针概述

众所周知，荧光探针与被分析物作用时，荧光经常会出现因探针聚集而导致淬灭的现象，影响了荧光性质的正常输出表达，这也是传统荧光传感器在应用方面存在的弊端。不仅如此，少许半导体量子点因自身有部分重金属成分，应用在生物传感探究上，其毒性不免会对生物体造成危害，应用范围会有很大的局限。由此可以看出，荧光基团的选择是探针设计过程中一个关键的步骤。到目前为止，研究者已经发现了多类荧光物质，且应用在探针设计上。这些荧光基团都有着不同于其他物质的激发和发射波长，比如，香豆素、芘、氧杂蒽类、萘酰亚胺及氟化硼二吡咯(BODIPY)类等。随着荧光团的不断发展，罗丹明等氧杂蒽类物质因其荧光量子产率高、摩尔消光系数高、激发波长长、稳定性好、对pH不敏感等独特的光物理特性优势，受到众多化学、生物、药物、环境等研究者的青睐。罗丹明及其衍生物也因其特殊的分子构型与优越的光学特性，在离子检测方面被广泛科研工作者所关注。

20世纪初，罗丹明化合物初次由Noelting等人合成。之后，随着化学工作者对罗丹明性质研究的逐步深入，此化合物就普遍用于染料激光介质、荧光标记生物众多研究领域。但罗丹明 B 衍生物与其开环反应受到众多化学学者的注意已经是20世纪末了。罗丹明是一种碱性咕吨染料前体，分子结构中的羧基能和伯氨发生反应，生成五元内酰胺环，具有螺环和开环两种互变结构。这种探针实现特异性检测金属离子，主要是根据罗丹明类衍生物内酰胺环开-关的机制，也可以说是基于金属离子对探针分子的诱导作用，螺环结构打开，并伴随着强烈的荧光产生。同时，这个过程也依赖于溶剂体系。一般地，荧光探针分子在酸性环境中更容易与被分析金属离子特异性配位，诱导螺内酰胺羰基被活化，螺环打开，罗丹明衍生物溶液由无色变成粉红色，伴随着较强的荧光发射。由此可见，罗丹明衍生物适合用作荧光探针的设计母体。

1. 铜离子荧光探针

铜元素是生物体内多数蛋白质的必要组成成分，在生命过程中扮演着非常重要的角色。每 10^4 mg 的成年人体重中，铜元素的含量就约占 1.4 ～ 2.1 mg。这个数字看起来很小，可对于维持人体各项生理活动的持续正常运转是至关重要的。铜浓度失调有可能引发冠心病。如果人体内铜离子的代谢发生紊乱，也很可能诱发一系列疾病，像鬈发综合征和威尔逊病等。所以，设计一种能选择性地对铜离子进行定性和定量检测的荧光探针具有极大的应用价值。

20 世纪末，Czarnik 等人第一次报道了罗丹明 B 衍生物作为检测铜离子的探针，实现了首次应用螺环内酯结构的开关性质设计荧光探针。他们制备得到的衍生物是一种铜离子增强型探针。如图 7-38 所示，该探针通过 Cu^{2+} 催化水解罗丹明水合肼，生成化合物1罗丹明B，出现强烈的荧光发射，达到对 Cu^{2+} 选择性识别的目的。中性水溶液中，化合物 1 能够在 2 min 内检测出浓度为 10^{-2} μM 的 Cu^{2+}。

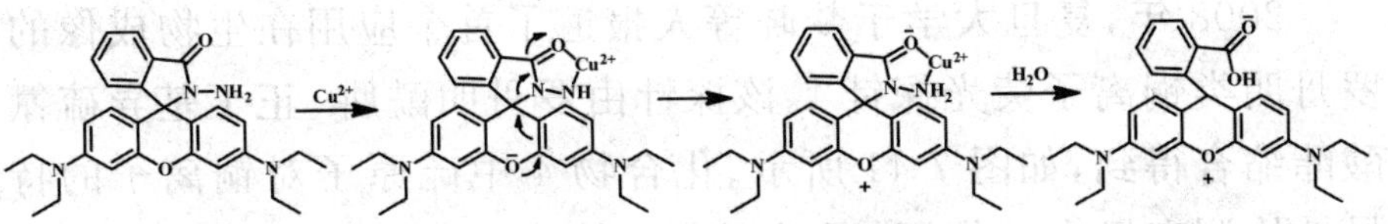

图 7-38　化合物 1 对 Cu^{2+} 的识别过程

1997 年以后，特别是近年来，罗丹明及其开环反应的研究吸引了众多科学家的关注。2006 年，清华大学童爱军课题组首次报道了化合物 2 罗丹明 B 酰肼 - 水杨醛，能选择性地检测 Cu^{2+}。如图 7-39 所示，该化合物自身无色无荧光，在中性介质环境中加入 1 当量 Cu^{2+} 后螺内酰胺开环，溶液呈粉红色，在 500 nm 发射波长处出现很强的荧光，由此达到了对 Cu^{2+} 的单一检测。

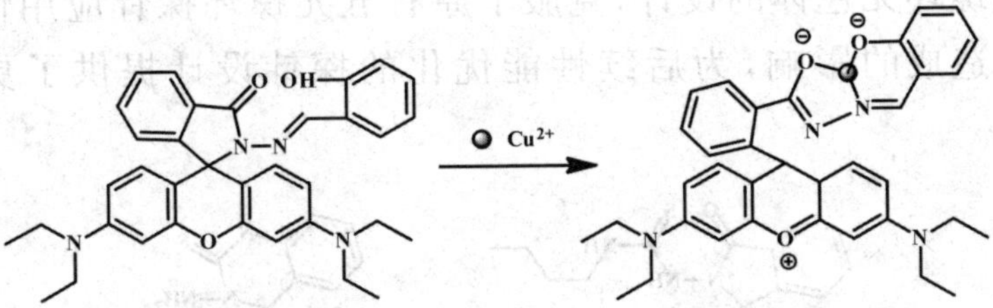

图 7-39　化合物 2 对 Cu^{2+} 离子的识别过程

Shiraishi 等人在 2007 年设计合成了化合物 3 罗丹明乙二胺二乙酸，作为识别 Cu^{2+} 的荧光探针，该探针在 575 nm 处有较弱的荧光发射，加入 Cu^{2+} 后荧光光谱发生蓝移，溶液产生强烈的绿荧光，荧光强度增强 49 倍，而加入其他离子只呈现出微弱的橙色荧光，如图 7-40 所示。

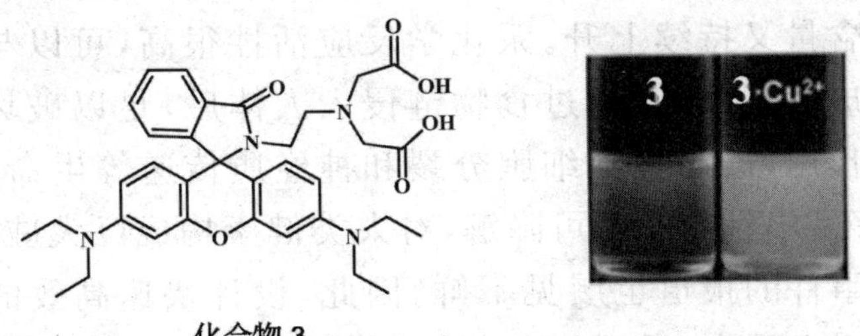

图 7-40　化合物 3 的结构式及紫外灯下加入 Cu^{2+} 溶液荧光颜色变化

2008 年，复旦大学于梦晓等人报道了首个应用在生物成像的罗丹明类铜离子荧光探针 4。该探针由罗丹明酰肼-正丁基异硫氰酸酯缩合得到，如图 7-41 所示。化合物 4 中硫原子对铜离子的特异性检测有极大的作用，通过铜离子催化开环、氧化还原、水解反应等一系列变化实现对铜离子的识别。与前面探针相比不同的是，该探针可以通过激光扫描共聚焦显微成像技术，在活体 HeLa 细胞（宫颈癌细胞系）和 MCF-7 细胞（人乳腺癌细胞系）中观察到铜离子的含量。

2012 年，吴聪等人设计了一个新的六元螺环无色罗丹明类荧光探针 5，嵌入一个 N 杂原子，如图 7-41 所示。其结果发现，Cu^{2+} 的加入可使硫脲基团变成异硫氰酸盐，造成蒽的重排产生荧光。这六元螺环无色体的设计，克服了原有五元螺环探针应用性能约束膨胀造成的影响，为后续性能优化的探针设计提供了更好的思路。

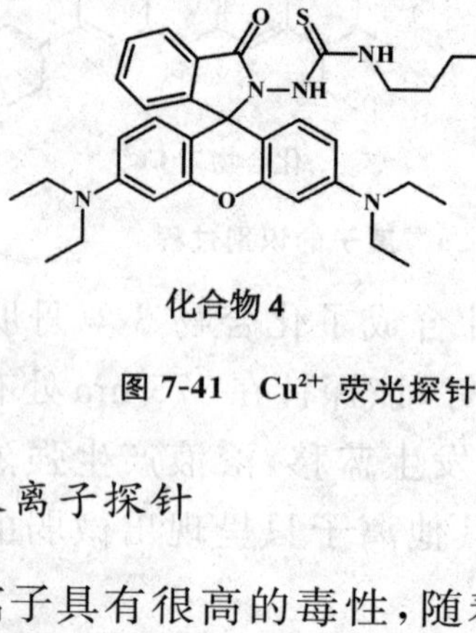

化合物 4 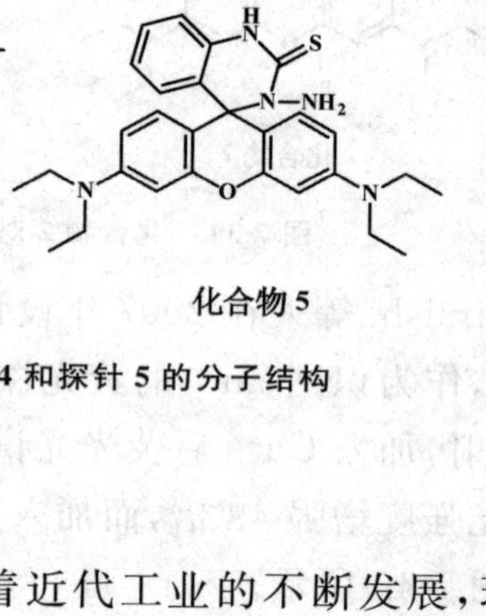　　化合物 5

图 7-41　Cu^{2+} 荧光探针 4 和探针 5 的分子结构

2. 汞离子探针

汞离子具有很高的毒性，随着近代工业的不断发展，环境中的汞元素含量又持续上升。汞化学反应活性很高，可以与微生物作用转变成甲基汞，其通过食物链侵入人体后，足以破坏肝脏细胞的解毒作用，进而扰乱细胞分裂和神经质传递等生命过程。此外，汞能够富集且生物不可降解，对人类健康构成巨大威胁。生活中汞中毒事件的报道也屡见不鲜。因此，设计快速高效的汞离子荧光探针意义重大，受到了广大科研工作者的关注。

汞离子具有亲疏性质，能够与生命系统中各类蛋白酶和核酸的巯基、羧基、磷酸基等官能团缔合，出现毒性效应。相关的科研工作者根据这一特点开发了不同种类的汞离子荧光探针。2005年，Yook 等人设计合成了一种在水-甲醇体系中高效检测 Hg^{2+} 的荧光探针 6-罗丹明酰肼-异硫氰酸苯酯。Hg^{2+} 的加入导致螺内酰胺开环，促使氨基硫脲转化为 1,3,4-噁二唑，识别过程如图 7-42 所示，灵敏度很高，在水体系中可检测到 Hg^{2+} 浓度在 2 ppb 以下。Shin 等人[57] 又进一步将该探针应用到荧光显微成像研究，发现该探针可以在活体细胞中对 Hg^{2+} 进行实时检测。

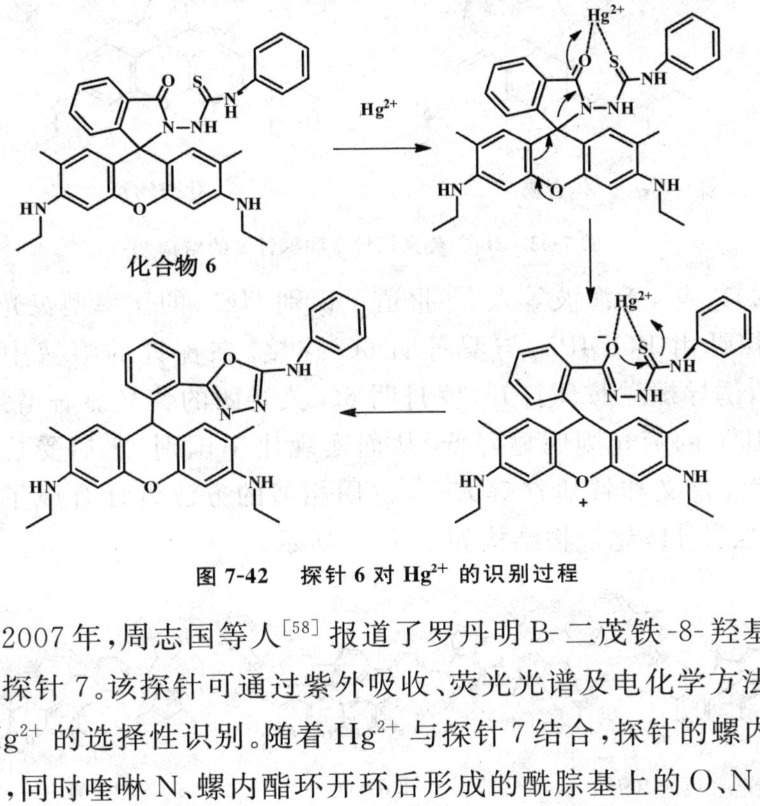

化合物 6

图 7-42　探针 6 对 Hg^{2+} 的识别过程

2007 年，周志国等人[58] 报道了罗丹明 B-二茂铁-8-羟基喹啉荧光探针 7。该探针可通过紫外吸收、荧光光谱及电化学方法实现对 Hg^{2+} 的选择性识别。随着 Hg^{2+} 与探针 7 结合，探针的螺内酯环打开，同时喹啉 N、螺内酯环开环后形成的酰腙基上的 O、N 络合，溶液颜色由无色变为粉红色，伴随有橘黄色荧光的产生。Hg^{2+} 也因二茂铁结构的作用有了明显的电化学反应。此研究还发现，通过共聚焦激光扫描显微镜可以实时监测到活性细胞中探针对 Hg^{2+} 的识别作用。黄晓华等人合成了一种结构简单的 Hg^{2+} 荧光探针 8，此探针在体积比为 5∶5 的 CH_3CN（乙腈）和 H_2O（水）混

合溶剂中对 Hg^{2+} 表现出了高灵敏度与高选择性的检测效果。在测试体系中，Hg^{2+} 的加入使探针 8 的溶液由无色变成了明亮的粉红色。另外，探针 8 与 Hg^{2+} 可以在 5.0～9.0 的宽 pH 范围内仍然具有稳定的荧光信号输出。图 7-43 所示是 Hg^{2+} 荧光探针 7 和探针 8 的结构。

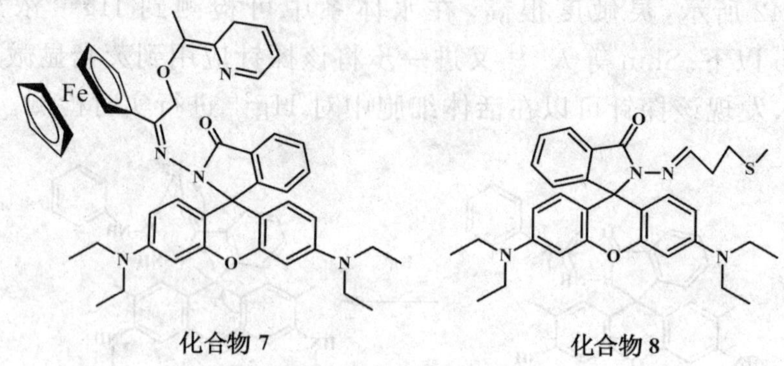

图 7-43　Hg^{2+} 荧光探针 7 和探针 8 的结构

2011 年，于海波等人[60] 报道了识别 Hg^{2+} 的比率型荧光探针 9，该探针由 BODIPY 与罗丹明 6G 连接。在探针的溶液中加入 Hg^{2+}，诱导螺酰胺环打开，罗丹明 6G 荧光团的荧光显著增强，而 BODIPY 的荧光则明显降低，从而实现比率识别。之后受这个探针启发，肖义和钱旭红等人[60] 也用相似的方法设计合成了探针 10 和探针 11，化合物结构如图 7-44 所示。

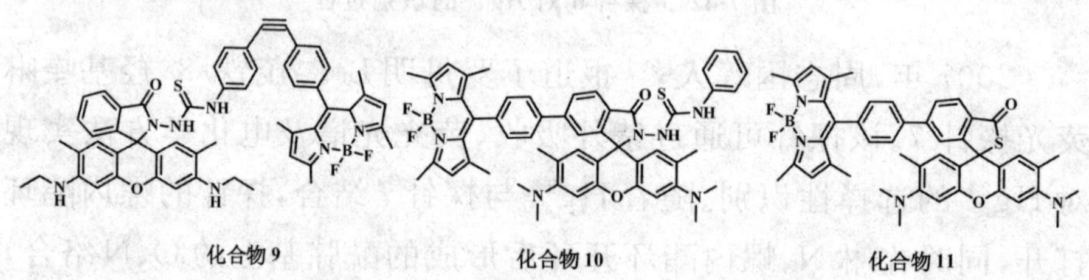

图 7-44　Hg^{2+} 荧光探针 9～11 的分子结构

3. 铁离子荧光探针

铁是自然界中含量最丰富且应用很普遍的过渡金属之一，在各类生命系统中都发挥着重要的作用。目前已有大量事实可以说明铁离子含量过低或过剩都会导致人体内生理系统失衡。许多疾病如缺铁性贫血、心脏病、肿瘤、关节炎、亨廷顿病、帕金森综合征等都与体内铁含量失衡有关。由铁离子引起的各种健康问题给人类敲响了警钟，促使研究人员开发高效的选择性和敏捷的铁离子探针，为了解其分布和潜在的危害提供切实可行的方法。

由于Fe^{3+}具有顺磁性这一特性，传统检测Fe^{3+}离子的荧光探针大多属于猝灭型，此类型探针不利于对生物体的荧光成像及原位检测。因此，设计高效的增强型和比率型铁离子探针是研究的趋势所向。童爱军课题组[62]较早时候就将二乙基三胺将两个罗丹明B连接在一起，设计出一种能够识别Fe^{3+}的荧光探针12（图7-45）。在C_2H_5OH（乙醇）和H_2O体系中加入Fe^{3+}后，探针螺环打开，荧光发射变强，从而完成了对铁离子的识别。

黄培刚等人通过萘二甲酰亚胺荧光团与罗丹明衍生物的缩合反应合成了荧光探针13。该探针实现了在水中高效率的选择性识别铁离子，也可以将此效果应用于EC109细胞（活体食管癌细胞）进行荧光成像研究。Fe^{3+}离子的加入使探针溶液发生明显的颜色变化，可以更直观的裸眼观察到探针对铁离子的检测效果。除此之外，他们还测试验证了探针13检测Fe^{3+}的可逆性，说明该探针确实具备作为检测铁离子荧光传感器的应用潜质。

苏娜等人[64]在2015年报道了一种由罗丹明B和2,6-二氨基氮杂苯缩合而成的新型探针14。此化合物能够实现比色识别铁。其他离子对探针-铁的荧光发射影响很小，并在HepG2细胞（肝肿瘤细胞株）中实现了铁离子的荧光成像。

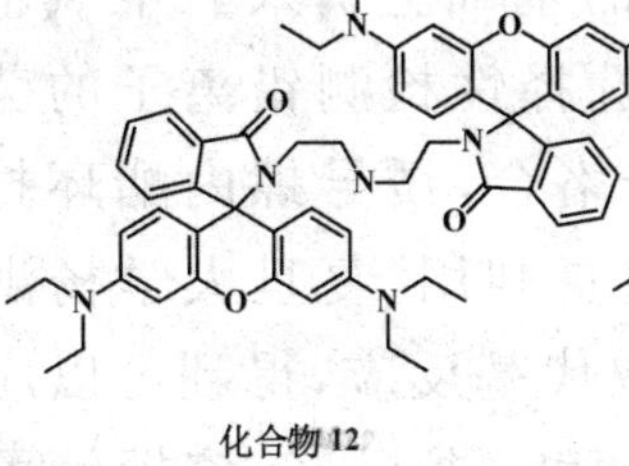

化合物12 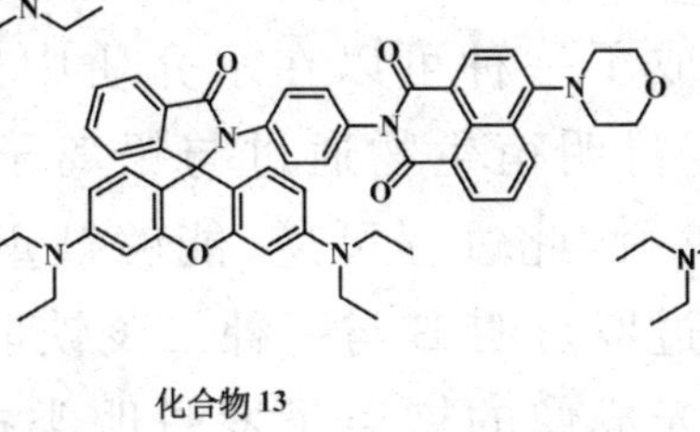　　化合物13 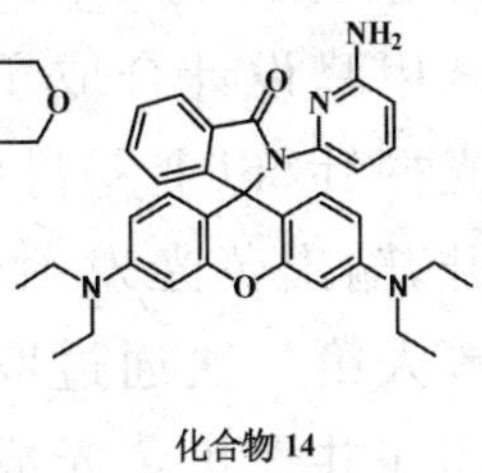　　化合物14

图7-45　Fe^{3+}荧光探针12～14的分子结构

2016 年,印度科研工作者 Behera 课题组[65] 合成了两个具有相同 N,N-二甲基-氨乙基氨受体但不同亚基的罗丹明类探针,即罗丹明 B(15) 与罗丹明 6G(16),并对其受金属离子诱导产生的光物理现象进行了测试。实验结果发现,在 C_2H_5OH 溶剂中,两个探针均与 Fe^{3+} 络合,都使探针的螺内酰胺环打开,产生特殊的荧光效果,紫外吸收也明显地增强,如图 7-46 所示。在 C_2H_5OH-H_2O (pH =7.10) 的混合溶剂中,探针 15 优先识别 Hg^{2+},而相同溶剂条件下,探针 16 仍能选择性识别 Fe^{3+}。溶剂成分的变化使探针 15 与离子的络合发生了由 Fe^{3+} 至 Hg^{2+} 络合的转变。可见,溶剂环境对金属离子的识别有很大的影响。

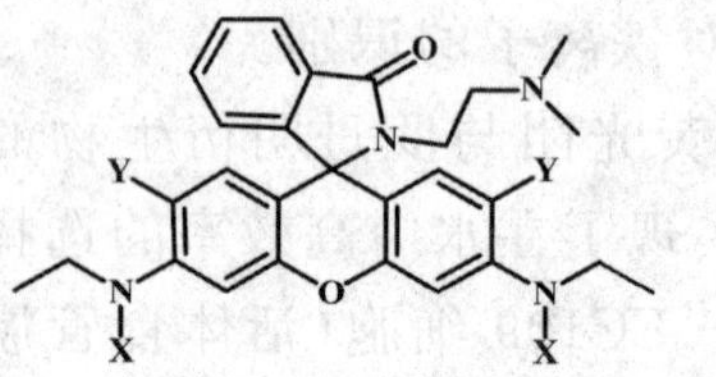

			Metal ion specificity	
			EtOH	EtOH-H_2O
X=CH_2-CH_3	Y=H	(15)	Fe^{3+}	Hg^{2+}
X=H	Y=CH_3	(16)	Fe^{3+}	Fe^{3+}

图 7-46　探针 15 和探针 16 在不同溶剂下对离子的识别转化

4. 其他金属离子探针

不止于此,其他金属离子对维持生命体制、生态环境等机制中都有特定作用,一旦平衡被打破,会造成各种不同的危害,所以对常见离子的特异性识别同样也是被研究的热点。Mashraqui 等人报道了含吡啶识别基团化合物,在化合物的溶液中加入 Zn^{2+} 后,两者发生络合,诱导螺环开环,可以检测微摩尔浓度的 Zn^{2+}。2015 年,Sunnapu 等人在罗丹明 6G 酰肼的基础上引入三甲氧基苯甲醛设计合成了一种可以在水介质中选择性检测铅离子的荧光探针。以上罗丹明衍生物通过与铅离子络合,诱导螺内酯环打开,输出荧光发射,此过程可逆,能够被重复利用。复旦大学杨洪等人第一次通过罗丹明 B 与一种二茂铁取代基反应,得到可以应用在共聚焦荧光成像的铬离子罗丹明类探针。据报道,该探针可以在 C_2H_5OH 和 H_2O 环境体系中单独检测 Cr^{3+}。苏文崎等人以水溶性好、识别性能高的2-氨基苯氧基-N,N,O-三乙酸作为识别基团,与罗丹明反应得到一种新颖的罗丹明探针分子结构,可以准确地识别钙离子,并在防止生物细胞受损、淬灭细胞固有荧光信号进而提高对钙离子生物体检测可能的层面提供了思路。

参考文献

[1] 张丽. 分析化学[M]. 北京:科学出版社,2017.

[2] 姜洪文. 分析化学[M]. 4 版. 北京: 化学工业出版社,2017.

[3] 张雪梅,汪徐春. 分析化学[M]. 北京:科学出版社,2017.

[4] 黄杉生. 分析化学[M]. 北京:科学出版社,2016.

[5] 柴逸峰,邸欣. 分析化学[M]. 8 版. 北京:人民卫生出版社,2016.

[6] 许国旺,侯晓莉,朱书奎. 分析化学手册 · 5 · 气相色谱分析[M]. 3 版. 北京:化学工业出版社,2016.

[7] 陈浩. 仪器分析[M]. 3 版. 北京:科学出版社,2017.

[8] 刘珍. 化验员读本(上、下册)[M]. 4 版. 北京:化学工业出版社,2015.

[9] 张梅,池玉梅. 分析化学[M]. 北京:中国医药科技出版社,2014.

[10] 任健敏. 分析化学[M]. 北京:化学工业出版社,2014.

[11] 夏玉宇. 化学实验室手册[M]. 3 版. 北京:化学工业出版社,2015.

[12] 黄一石,乔子荣. 定量化学分析[M]. 3 版. 北京:化学工业出版社,2014.

[13] 姚思童,刘利,张进. 分析化学[M]. 北京:化学工业出版社,2015.

[14] 王中惠,张清华. 分析化学[M]. 北京:化学工业出版社,2013.

[15] 刘宇,余莉萍. 分析化学[M]. 天津:天津大学出版

社,2011.

[16] 张凌,李锦.分析化学[M].北京:人民卫生出版社,2012.

[17] 潘祖亭,黄朝表.分析化学[M].武汉:华中科技大学出版社,2011.

[18] 李生泉.分析化学[M].北京:中国农业大学出版社,2008.

[19] 蔡明招.分析化学[M].北京:化学工业出版社,2009.

[20] 赵怀清.分析化学[M].3版.北京:人民卫生出版社,2013.

[21] 樊行雪.分析化学学习与考研指津[M].2版.上海:华东理工大学出版社,2010.

[22] 方慧群,于俊生,史坚.仪器分析[M].北京:科学出版社,2017.

[23] 董慧茹.仪器分析[M].3版.北京:化学工业出版社,2016.

[24] 于世林,苗凤琴.分析化学[M].3版.北京:化学工业出版社,2010.

[25] 刘世纯.实用分析化验工读本[M].2版.北京:化学工业出版社,2007.

[26] 顾明华.无机物定量分析基础[M].北京:化学工业出版社,2006.

[27] 夏玉宇.化验员实用手册[M].3版.北京:化学工业出版社,2012.

[28] 姜洪文,陈淑刚.化验室组织与管理[M].3版.北京:化学工业出版社,2014.

[29] 胡育筑.分析化学(上)[M].4版.北京:科学出版社,2015.

[30] 胡育筑,孙毓庆.分析化学[M].3版.北京:科学出版社,2011.

[31] 李发美. 分析化学[M].7 版. 北京: 人民卫生出版社,2012.

[32] 李发美. 分析化学[M]. 北京: 中国医药科技出版社,2006.

[33] 梁生旺,万丽. 分析化学(化学分析部分)[M]. 北京:中国中医药出版社,2013.

[34] 池玉梅. 分析化学[M]. 北京:科学出版社,2012.

[35] 郭兴杰,温金莲. 分析化学[M]. 2 版. 北京:中国医药科技出版社,2012.

[36] 张凌,李锦. 分析化学[M]. 7 版. 北京:人民卫生出版社,2012.

[37] 邹学贤. 分析化学[M]. 北京:人民卫生出版社,2006.

[38] 李明梅,王文渊,吴琼林. 分析化学[M]. 武汉:华中科技大学出版社,2012.

[39] 邹学贤. 分析化学[M]. 北京:人民卫生出版社,2006.

[40] 吴立军. 有机化合物波谱分析[M]. 3 版. 北京:中国医药科技出版社,2009.

[41] 黄忠臣. 水环境分析实验与技术[M]. 北京:中国水利水电出版社,2012.

[42] 谢庆娟,杨其绛. 分析化学[M]. 北京: 人民卫生出版社,2009.

[43] 邱细敏,朱开梅. 分析化学[M]. 3 版. 北京:中国医药科技出版社,2012.

[44] 姜洪文,王英健. 化工分析[M]. 北京: 化学工业出版社,2008.

[45] 孙毓庆. 分析化学[M]. 4 版. 北京: 人民卫生出版社,2012.

[46] 毋福海. 分析化学[M]. 2 版. 北京: 人民卫生出版社,2014.

[47] 华中师范大学等六校合编. 分析化学(上册)[M]. 4 版.

北京:高等教育出版社,2011.

[48] 陈媛梅. 分析化学[M]. 北京:科学出版社,2012.

[49] 苏娜，杨美盼，孟文斐,等. 基于罗丹明B新型 Fe^{3+} 荧光探针的合成及其性能研究[J]. 有机化学，2015，35 (1)：175-180.

[50]Behera K C, Bag B. Switch in turn-on signaling preferences from Fe(Ⅲ) to Hg(Ⅱ) as a function of solvent and structural variation in rhodamine based probes[J]. Dyes and Pigments, 2016, 135: 143-153.

[51]Mashraqui S H, Khan T, Sundaram S, et al. Rhodamine-pyridyl probe: A selective optical reporter for biologically important Zn^{2+}[J]. Chemistry Letters, 2009, 38(7): 730-731.

[52]Prodi L, Bolletta F, Montalti M, et al. Luminescent chemosensors for transition metal ions[J]. Coordination Chemistry Reviews, 2000, 205(1): 59-83.

[53] 陈韵聪. 新型生物无机物种荧光探针的设计与成像研究[D]. 南京：南京大学，2014.

[54]Yang Y M, Zhao Q, Feng W, et al. Luminescent chemodosimeters for bioimaging[J]. Chemical Reviews, 2013, 113(1): 192-270.

[55]Quang D T, Kim J S. Fluoro-and chromogenic chemodosimeters for heavy metal ion detection in solution and biospecimens[J]. Chemical Reviews, 2010, 110(10): 6280-6301.

[56]Li J B, Hu Q H, Yu X L, et al. A novel rhodamine-benzimidazole conjugate as a highly selective turn-on fluorescent probe for Fe^{3+}[J]. Journal of Fluorescence, 2011, 21(5): 2005-2013.

[57]Lin W Y, Cao X W, Ding Y D, et al. A reversible fluorescent Hg^{2+} chemosensor based on a receptor composed of a thiol atom and an alkene moiety for living cell fluorescence imaging[J]. Organic and Biomolecular Chemistry, 2010, 8(16): 3618-3620.

[58] 葛凤燕，闫喜龙，潘惠英，等. 荧光素类探针在生物分析中的研究进展[J]. 分析化学，2005，33(8)：1199-1204.

[59]Xi P X，Dou J Y，Huang L，et al. A selective turn-on fluorescent sensor for Cu(Ⅱ) and its application in imaging in living cells[J]. Sensors and Actuators B：Chemical，2010，148(1)：337-341.

[60]Goswami S, Sen D, Das A K, et al. A new rhodamine-coumarin Cu^{2+}-selective colorimetric and "off-on" fluorescence probe for effective use in chemistry and bioimaging along with its bound X-ray crystal structure[J]. Sensors and Actuators B：Chemical，2013，183：518-525.

[61]Yang Z，She M Y，Zhang J，et al. Highly sensitive and selective rhodamine Schiff base "off-on" chemosensors for Cu^{2+} imaging in living cells[J]. Sensors and Actuators B：Chemical，2013，176：482-487.

[62]Que E L，Domaille D W，Chang C J. Metals in neurobiology：probing their chemistry and biology with molecular imaging[J]. Chemical Reviews，2008，108(5)：1517-1549.

[63]Silva A P，NimaláGunaratne H，MarkáLynch P，et al. Molecular fluorescent signalling with "fluor-spacer-receptor" systems：Approaches to sensing and switching devices via supramolecular photophysics[J]. Chemical Society Reviews，1992，21(3)：187-195.

[64]MartínezMáñez R，Sancenón F. Fluorogenic and chromogenic chemosensors and reagents for anions[J]. Cheminform，2004，35(6)：4419－4476.

[65]Bissell R A，Silva A P D，Lynch P L M，et al. Fluorescent PET (photoinduced electron transfer) sensors[M]. Cheminform，1993，168：223-264.

[66] 龚毅君. 新型罗丹明和芘的衍生物荧光探针的设计合

成及其性能研究[D]. 长沙：湖南大学，2013.

[67]Chen X, Pradhan T, Wang F, et al. Fluorescent chemosensors based on spiroring-opening of xanthenes and related derivatives[J]. Chemical Reviews, 2012, 112(3): 1910-1956.

[68]Wu Z K, Chen Q Q, Yang G Q, et al. Novel fluorescent sensor for Zn(Ⅱ) based on bis(pyrrol-2-yl-methyleneamine) ligands[J]. Sensors and Actuators B: Chemical, 2004, 99(2): 511-515.

[69]Jung J H, Lee S A, Lee J H, et al. Coumarin-based organogel formed at different solvent compositions and their luminescent properties[J]. Bulletin of the Korean Chemical Society, 2014, 35(12): 3668-3670.

[70]Lee S K, Choi M G, Chang S K. Signaling of chloramine: a fluorescent probe for trichloroisocyanuric acid based on deoximation of a coumarin oxime[J]. Tetrahedron Letters, 2014, 55(51): 7047-7050.

[71]Lou X D, Zhao Z J, Hong Y N, et al. A new turn-on chemosensor for bio-thiols based on the nanoaggregates of a tetraphenylethene-coumarin fluorophore[J]. Nanoscale, 2014, 6(24): 14691-14696.

[72]Chowdhury J A, Moriguchi T, Shinozuka K. Development of a novel stem-loop-type molecular beacon probe possessing polyamine-connected deoxyuridine and silylated pyrene[J]. Chemistry Letters, 2014, 43(12): 1915-1917.

[73]Jungclas H, Komarov V V, Popova A M, et al. Pyrene fluorescence in nanoaggregates irradiated by IR photons[J]. Zeitschrift Fur Naturforschung A, 2014, 69(12): 629-634.

[74] 黄阳阳，王梦嘉，库梦尧，等. 基于氧杂蒽结构可控官能化的荧光探针研究新进展[J]. 有机化学，2014, 31(1): 1-25.

[75]Lei Z H, Li X R, Li Y, et al. Synthesis of sterically

protected xanthene dyes with bulky groups at C-3′ and C-7′[J]. The Journal of Organic Chemistry，2015，80(22)：11538-11543.

[76]Ramachandram B，Saroja G，Sankaran B，et al. Unusually high fluorescence enhancement of some 1，8-naphthalimide derivatives induced by transition metal salts[J]. The Journal of Physical Chemistry B，2000，104(49)：11824-11832.

[77]Zhu W H，Hu C，Chen K C，et al. Luminescent properties of copolymeric dyad compounds containing 1，8-naphthalimide and 1，3，4-oxadiazole[J]. Synthetic Metals，1998，96(2)：151-154.

[78]Karolin J，Johansson L B A，Strandberg L，et al. Fluorescence and absorption spectroscopic properties of dipyrrometheneboron difluoride（BODIPY）derivatives in liquids，lipid membranes，and proteins[J]. Journal of the American Chemical Society，1994，116(17)：7801-7806.

[79]Loudet A，Burgess K. BODIPY dyes and their derivatives：Syntheses and spectroscopic properties[J]. Chemical Reviews，2007，107(11)：4891-4932.

[80]Atilgan S，Ozdemir T，Akkaya E U. A sensitive and selective ratiometric near IR fluorescent probe for zinc ions based on the distyryl-bodipy fluorophore[J]. Organic Letters，2008，10(18)：4065-4067.

[81]Suresh M，Shrivastav A，Mishra S，et al. A rhodamine-based chemosensor that works in the biological system[J]. Organic Letters，2008，10(14)：3013-3016.

[82]Jeong J W，Rao B A，Son Y A. Rhodamine-chloronicotinaldehyde-based “off-on” chemosensor for the colorimetric and fluorescent determination of Al^{3+} ions[J]. Sensors and Actuators B：Chemical，2015，208(208)：75-84.

[83] 付杨，颜范勇，郑坦承，等. 反应型罗丹明类荧光探针

[J]. 化学进展，2015，27(9)：1213-1229.

[84]Lee M H，Wu J S，Lee J W，et al. Highly sensitive and selective chemosensor for Hg^{2+} based on the rhodamine fluorophore[J]. Organic Letters，2007，9(13)：2501-2504.

[85]Noelting E，Dziewoński K. Zur Kenntniss der Rhodamine[J]. European Journal of Inorganic Chemistry，2010，39(3)：2744-2749.

[86]Kumar A，Sain D，Dey S，et al. Detection of Hg^{2+} and Cs^{+} with a rhodamine-based sensor and ethoxy-substituted dihydroimidazole ring formation associated with the reduction of Hg^{2+} to Hg [J]. Chemistry Select，2017，2(3)：1106-1110.

[87]AmatGuerri F，Costela A，Figuera J，et al. Laser action from rhodamine 6G-doped poly (2-hydroxyethyl methacrylate) matrices with different crosslinking degrees[J]. Chemical Physics Letters，1993，209(4)：352-356.

[88]Dujols V，Ford F，Czarnik A W. A long-wavelength fluorescent chemodosimeter selective for Cu（Ⅱ）ion in water[J]. Journal of the American Chemical Society，1997，119(31)：7386-7387.

[89] 王晓春，刘晓端，杨永亮，等. 罗丹明类荧光探针在重金属和过渡金属离子检测中的应用[J]. 光谱学与光谱分析，2010，30(10)：2693-2699.

[90] 孟文斐，杨美盼，成昭，等. 新型罗丹明B类荧光探针的合成及其对 Fe^{3+} 识别研究[J]. 有机化学，2014,34 (2)：398-402.

[91]Kaur M，Min J C，Dong H C. A phenothiazine-based “naked-eye” fluorescent probe for the dual detection of Hg^{2+} and Cu^{2+}：Application as a solid state sensor[J]. Dyes and Pigments，2016，125：1-7.

[92]Hu Y，Zhang J，Lv Y Z，et al. A new rhodamine-based colorimetric chemosensor for naked-eye detection of Cu^{2+} in aqueous solution[J]. Spectrochimica Acta Part A Molecular and

Biomolecular Spectroscopy，2016，159：164-169.

[93]Kim H N，Min H L，Kim H J，et al. A new trend in rhodamine-based chemosensors：Application of spirolactam ring-opening to sensing ions[J]. Chemical Society Reviews，2008，39(45)：1465-1472.

[94]Beija M，Afonso C A，Martinho J M. Synthesis and applications of rhodamine derivatives as fluorescent probes[J]. Chemical Society Reviews，2009，38(8)：2410-2433.

[95]Xiang Y，Tong A J，Jin P Y，et al. New fluorescent rhodamine hydrazone chemosensor for Cu(Ⅱ) with high selectivity and sensitivity[J]. Organic Letters，2006，8(13)：2863-2866.

[96]Zhang X，Shiraishi Y，Hirai T. Cu (Ⅱ)-selective green fluorescence of a rhodamine-diacetic acid conjugate[J]. Organic Letters，2007，9(24)：5039-5042.

[97]Yu M X，Shi M，Chen Z G，et al. Highly sensitive and fast responsive fluorescence turn-on chemodosimeter for Cu^{2+} and its application in live cell imaging[J]. Chemistry-A European Journal，2008，14(23)：6892-6900.

[98]Wu C，Bian Q N，Zhang B G，et al. Ring expansion of spiro-thiolactam in rhodamine scaffold：Switching the recognition preference by adding one atom[J]. Organic Letters，2012，14(16)：4198-4201.

[99]Chen X，Baek K H，Kim Y，et al. A selenolactone-based fluorescent chemodosimeter to monitor mecury/methylmercury species in vitro and in vivo[J]. Tetrahedron，2010，66(23)：4016-4021.

[100]Park S，Kim W，Swamy K M K，et al. Rhodamine hydrazone derivatives bearing thiophene group as fluorescent chemosensors for Hg^{2+}[J]. Dyes and Pigments，2013，99(2)：323-328.

[101] 杨杨，高超颖，郑秋颖，等. 罗丹明-乙二胺类荧光探

针的合成及对 Hg^{2+} 识别研究[J]. 传感技术学报，2015，28(10)：1438-1441.

[102] 米程，刘静，赵渊博，等. 新型水溶性 Hg^{2+} 荧光探针的合成及光谱性能研究[J]. 广州化工，2015，43(8)：59-61.

[103] 殷芳芳，朱维菊，方敏，等. 咔唑-硫脲席夫碱荧光探针对 Hg^{2+} 和 Ag^{+} 的可视化识别[J]. 发光学报，2015，36(10)：1137-1144.

[104]Wan D, Li Y X, Zhu P. A series of emission "turn-on" probes derived from rhodamine for Hg(Ⅱ) recognition and sensing: Synthesis, characterization and performance[J]. Sensors and Actuators B: Chemical, 2015, 221: 1271-1278.

[105]Wang F H, Cheng C W, Duan L C, et al. Highly selective fluorescent sensor for Hg^{2+} ion based on a novel rhodamine B derivative[J]. Sensors and Actuators B: Chemical, 2015, 206: 679-683.

[106]Yan Y Y, Ding G D, Xu H. A selective and sensitive "naked-eye" rhodamine-based "turn-on" sensor for recognition of Hg^{2+} ion in aqueous solution[J]. Journal of Industrial and Engineering Chemistry, 2015, 25: 73-77.

[107]Yang Y K, Yook K J, Tae J. A rhodamine-based fluorescent and colorimetric chemodosimeter for the rapid detection of Hg^{2+} ions in aqueous media[J]. Journal of the American Chemical Society, 2005, 127(48): 16760-16761.

[108]Ko S K, Yang Y K, Tae J, et al. In vivo monitoring of mercury ions using a rhodamine-based molecular probe[J]. Journal of the American Chemical Society, 2006, 128(43): 14150-14155.

[109]Yang H, Zhou Z G, Huang K W, et al. Multisignaling optical-electrochemical sensor for Hg^{2+} based on a rhodamine derivative with a ferrocene unit[J]. Organic Letters, 2007, 9(23): 4729-4732.

[110]Zhou Q, Wu Z M, Huang X H, et al. A highly selective fluorescent probe for in vitro and in vivo detection of Hg^{2+}[J]. Analyst, 2015, 140(19): 6720-6726.

[111]Yu H B, Xiao Y, Guo H Y, et al. Convenient and efficient FRET platform featuring a aigid biphenyl spacer between rhodamine and BODIPY: Transformation of "turn-on" sensors into ratiometric ones with dual emission[J]. Chemistry-A European Journal, 2011, 17(11): 3179-3191.

[112]Liu Y M, Zhang J Y, Ru J X, et al. A naked-eye visible and turn-on fluorescence probe for Fe^{3+} and its bioimaging application in living cells[J]. Sensors and Actuators B: Chemical, 2016, 237: 501-508.

[113]Xiang Y, Tong A J. A new rhodamine-based chemosensor exhibiting selective Fe(Ⅲ)-amplified fluorescence[J]. Organic Letters, 2006, 8(8): 1549-1552.

[114]Wang C C, Zhang D, Huang X Y, et al. A fluorescence ratiometric chemosensor for Fe^{3+} based on TBET and its application in living cells[J]. Talanta, 2014, 128: 69-74.